Ökonomische Kriterien und Anreizmechanismen für eine effiziente
Förderung von industrieller Forschung und Innovation

Forschungsergebnisse der Wirtschaftsuniversität Wien

Band 15

PETER LANG
Frankfurt am Main · Berlin · Bern · Bruxelles · New York · Oxford · Wien

Bernhard Klement

Ökonomische Kriterien und Anreizmechanismen für eine effiziente Förderung von industrieller Forschung und Innovation

Mit einer empirischen Quantifizierung der Hebeleffekte von F&E-Förderinstrumenten in Österreich

PETER LANG
Europäischer Verlag der Wissenschaften

Bibliografische Information der Deutschen Nationalbibliothek
Die Deutsche Nationalbibliothek verzeichnet diese Publikation
in der Deutschen Nationalbibliografie; detaillierte bibliografische
Daten sind im Internet über <http://www.d-nb.de> abrufbar.

Gefördert durch die
Wirtschaftsuniversität Wien

ISSN 1613-3056
ISBN 3-631-54497-9
© Peter Lang GmbH
Europäischer Verlag der Wissenschaften
Frankfurt am Main 2006
Alle Rechte vorbehalten.

Das Werk einschließlich aller seiner Teile ist urheberrechtlich
geschützt. Jede Verwertung außerhalb der engen Grenzen des
Urheberrechtsgesetzes ist ohne Zustimmung des Verlages
unzulässig und strafbar. Das gilt insbesondere für
Vervielfältigungen, Übersetzungen, Mikroverfilmungen und die
Einspeicherung und Verarbeitung in elektronischen Systemen.

www.peterlang.de

Abstract

In der innovationspolitischen Praxis erfolgt die Ausgestaltung von F&E-Fördersystemen – nicht zuletzt mangels entsprechender ökonomischer Aussagen – regelmäßig ad hoc und daher oft suboptimal. Die vorliegende Arbeit versucht einen (bescheidenen) Beitrag zu leisten, ökonomische Kriterien für eine wohlfahrtssteigernde Gestaltung zu identifizieren und einen Katalog von möglichen förderpolitischen Maßnahmen zu entwerfen. Um Marktversagen (aufgrund positiver Externalitäten, Projektrisiko, unvollkommener Kapitalmärkte) und Systemversagen (wegen Förderrisiko, Mitnahmen, Moral-Hazard) entgegenzuwirken, werden Maßnahmen auf den Ebenen Fördersystem-Organisation, Förderinstrumente, Fördervergabeverfahren untersucht. Zu den Maßnahmen auf systemischer Ebene zählen zur Förderrisiko-Reduktion eine politische Entkoppelung der Fördermittel vom Haushaltsbudget eines Staates sowie eine unabhängige und transparente Evaluierung (zB Stiftungscharakter, politische Weisungsfreiheit der Förderstellen, Double-blind-Verfahren bei der Förderantrags-Evaluierung, öffentliche Verantwortung durch Berichts-Transparenz); zur Vermeidung eines Suchkosten-intensiven Förderdschungels und zur Generierung von Netzwerkeffekten innerhalb von nationalen Forschungsfeldern eine Förderprogramm-Konzentration bei gleichzeitiger Einrichtung eines zentralen komplementären Diversitäts-Fördertopfes. Auf Ebene der F&E-Förderinstrumente werden Ex-ante- und Ex-post-Förderungen einander gegenübergestellt und gezeigt, dass beide relative Vorteile aufweisen (dazu werden die Dimensionen Mitnahmen, Moral-Hazard, positives Risk-Shifting und Effektivität bei der Beseitigung unterschiedlicher Marktversagensgründe untersucht). Die Ex-ante-Anreizkompatibilität auf der Dimension erwarteter Projekt-Gewinn (Selbstselektivität) sowie die Ex-post-Anreizkompatibilität hinsichtlich des Wohlfahrtseffektes (Moral-Hazard) und hinsichtlich der Projekt-Varianz (Anreiz zu positivem Risk-Shifting) werden für reale Förderinstrumente untersucht (Stock-Option-Förderung, entgeltliche Haftungsübernahme, bedingt rückzahlbares Darlehen). Als mitnahmenresistente wohlfahrtsrelevante Selektionskriterien werden Sektorzugehörigkeit, Unternehmensgröße, kooperative Projektdurchführung identifiziert. Abschließend werden die relativen Vorteile einzelner Förderinstrument-Typen einander gegenübergestellt und ein Screening-Prozess vorgeschlagen, um zwischen Typen von Förderanträgen zu unterscheiden (zB zwischen Marktversagen wegen Risikoaversion und Marktversagen wegen positiver Externalitäten). Drittens werden auf der Ebene des Fördervergabeverfahrens anreizeffiziente Gestaltungsmöglichkeiten analysiert. Es werden etwa Transparenz-förderliche Maßnahmen zur Minimierung von Förderrisiko skizziert. Um Mitnahmen und Moral-Hazard einzugrenzen, werden die Möglichkeiten eines wettbewerblichen Verfahrens, befristeter Fördersperrzeiten (Supergame) und von Bonus-Pönale-Systemen erörtert. Ergänzend wird die Notwendigkeit der Koordination von F&E-Förderpolitik mit anderen innovationspolitisch relevanten Politikbereichen (Bildung, Wettbewerb, geistiges Eigentum, uam) mit Komplementär-Effekten begründet. Der empirische Teil untersucht auf Projektebene den Hebeleffekt von in Österreich eingesetzten Förderinstrumenten. Er schätzt diesen auf durchschnittlich größer eins sowie erheblich überdurchschnittlich für relativ selbstselektive Förderinstrumente und kleine Unternehmen. Der durchschnittliche private Wertschöpfungseffekt von unternehmerischen F&E-Ausgaben wird auf Basis einer Cobb-Douglas-Produktionsfunktion auf größer eins geschätzt.

Inhalt

ABSTRACT 5
VORWORT VON WERNER CLEMENT 11
VORWORT DES AUTORS 17
ABKÜRZUNGEN 19
I EINLEITUNG 21
  1 DAS F&E-FÖRDERSYSTEM ALS TEIL DES NATIONALEN INNOVATIONSSYSTEMS 21
  2 AUSGANGSSITUATION UND THEMATISCHE MOTIVATION 23
    2.1 Problemstellung und Wissensstand 23
    2.2 Wissenschaftliche Motivation 30
    2.3 Innovationspolitische Motivation 30
  3 FORSCHUNGSFRAGE 31
  4 VORGANGSWEISE 32
    4.1 Methodologischer Ansatz 32
    4.2 Theoretisch-konzeptioneller Ansatz 36
    4.3 Methodischer Ansatz 39
II THEORETISCHER TEIL 43
  1 ANNAHMEN 43
  2 MARKTVERSAGEN, STAATSVERSAGEN UND DAS RECHTFERTIGUNGSKALKÜL FÜR FÖRDERPOLITISCHE MAßNAHMEN 44
    2.1 Die Bedeutung von F&E-Förderungen als staatlicher Markteingriff 44
    2.2 Förderwürdigkeit 47
  3 F&E-PROJEKTE UND NEOKLASSISCHES MARKTVERSAGEN 49
    3.1 Positive Externalitäten 49
    3.2 Risikoaversion: Projektrisiko 53
    3.3 Unvollkommene Kapitalmärkte 58
    3.4 Weitere Marktversagensmomente: Marktmacht, unvollkommene Information 59
    3.5 Schlussfolgerung 60
  4 F&E-FÖRDERSYSTEME UND SYSTEMISCHES VERSAGEN 61
    4.1 Systemisches Versagen, nicht-erschöpfende Identifizierung 61
    4.2 Risikoaversion: Förderrisiko 64
    4.3 Mitnahmeeffekt 67
    4.4 Mitnahmen bei asymmetrischer Information: Fördergeber vs Fördernehmer 68

		a) Vor Fördervergabe: Signalling und Screening	69
		b) Nach Fördervergabe: Moral-Hazard und positives Risk-Shifting	73
	4.5	*Weitere Fälle unvollkommener Information: Staat vs Förderstelle*	*80*
	4.6	*Wirtschafts- und innovationspolitische Mismatches*	*82*
	4.7	*Schlussfolgerung*	*84*
5	FÖRDERPOLITISCHE ANSATZPUNKTE ZUR BESEITIGUNG VON MARKT- UND SYSTEMVERSAGEN		84
	5.1	*Gestaltungs-Prinzipien*	*85*
		a) Wohlfahrtsmaximierung	85
		b) Holistischer Ansatz	85
	5.2	*Wohlfahrtseffiziente Organisation des Fördersystems*	*85*
		a) Innovationspolitische Ansätze	86
		b) Institutionelle Organisation von Förderstellen	91
	5.3	*Anreizeffiziente Förderinstrumente*	*100*
		a) Beseitigung der Informationsasymmetrie	101
		b) Ex-ante- vs Ex-post-Förderung	102
		c) Anreizkompatibilität: Selbstselektion und Wohlfahrtsanreiz	104
		d) Selbstselektive Förderinstrumente: Incentive-Subsidy und Wirkungsweise anderer Instrumente	108
		e) Hebeleffekt und empirische Evidenz	124
		f) Projekt- und Förderrisiko: Risikostruktur und Risikoanreize	128
		g) Effizienter Mix an Förderinstrumenten im NIS	142
		h) Förderfokus: mitnahmenresistente Selektionskriterien und Wohlfahrtseffekt	145
	5.4	*Anreizeffiziente Fördervergabeverfahren*	*148*
		a) Transparenz gegen Förderrisiko	148
		b) Informationsanreize gegen Mitnahmen und Moral-Hazard	150
	5.5	*Sonstige innovationspolitische Maßnahmen*	*152*
6	HYPOTHESEN FÜR DIE UNTERSUCHUNGEN DES EMPIRISCHEN TEILES		154

III EMPIRISCHER TEIL 157

1	EINLEITUNG		157
2	INPUT-ADDITIONALITÄT: HEBELEFFEKT		159
	2.1	*Methodischer Ansatz*	*159*
	2.2	*Daten*	*163*
	2.3	*Definitionen und Notation*	*169*
	2.4	*Modelle und Schätz-Ergebnisse*	*170*
		a) Strukturmodell und Regressionsmodell	170
		b) Zeitlich gepooltes Grundmodell	171
		c) Fixed-Effekt- und Random-Effekt-Modelle	177
		d) Lokale Hebeleffekte und deren Bestimmungsfaktoren: Varianten des zeitlich gepoolten Grundmodells	178
	2.5	*Interpretation*	*187*

3 OUTPUT-ADDITIONALITÄT: UMSATZ- UND CASHFLOWEFFEKT 190
    3.1 Methodische Ansätze *190*
    3.2 Daten *191*
    3.3 Definitionen und Notation *193*
    3.4 Modelle und Schätz-Ergebnisse *195*
        a) Strukturmodell und Regressionsmodell 195
        b) Cross-Section-Modell: Schätz-Ergebnisse 200
        c) Partitionierte Analyse 204
    3.5 Interpretation *206*

IV ZUSAMMENFASSENDE SCHLUSSFOLGERUNGEN **209**

ANHANG **213**

BIBLIOGRAPHIE **217**

Vorwort von Werner Clement

„Dogmatik, weiße Flecken und Evidenz bei der Forschungs-, Technologie- und Innovationsförderung"

Die außergewöhnliche Arbeit von B. Klement zeigt auf höchstem fachlichem Niveau, wie die Problematik der Evaluierung von F&E-Instrumenten teilweise in den Griff zu bekommen ist. Insbesondere mit ihrem empirischen Teil und dessen Schlussfolgerungen leistet sie für die praktische Gestaltung und Beurteilung des österreichischen F&E-Förderungssystems einen besonders verdienstvollen und wirtschaftspolitisch exzellent umsetzbaren Beitrag. Folgerichtig sei denn auch an den österreichischen (und andere) Innovationsförderer die Hoffnung gerichtet, die neuen Erkenntnisse tatkräftig aufzugreifen und so die Innovationsleistung in unserer Volkswirtschaft weiter zu stärken.

Der Innovationsförderer muss sich dabei auf schwierigem Terrain zurechtfinden. Ist F&E der wichtigste Wachstumsfaktor? Führt die inputseitige Steigerung der F&E-Ausgaben und der Humanressourcen tatsächlich zur BIP-Steigerung? Stellt infolgedessen die Existenz der FTI[1]-Verwaltung einen Pfeiler für die Zukunft des Staatswesens dar? Mit welchem Instrumenten-Mix kann die maximale Wirkung des staatlichen Förderbudgets realisiert werden?

Der Ökonom zaudert zunächst (wie so oft). Folgende Zweifel betreffend die nachfolgenden Themen gehen ihm durch den Kopf:

(i) Makroökonomische Produktionsfunktionen
(ii) Alternative Modellansätze, zB Schumpetersche evolutionäre Ökonomie
(iii) Spezifikationsprobleme des Modellansatzes
(iv) Nationale Umfeldbedingungen im Querschnittsvergleich/Zeitverlauf
(v) FTI-Evaluierungen leidend unter einem Endogenitätsbias
(vi) Analyse des Instrumenten-Mix grundsätzlich

---

[1] Forschung, Technologie und Innovation

(vii) Fehlende Endogenisierung von sich überschneidenden Politikbereichen (Humanressourcen, Kapitalmarkt, Crowding-Out mit anderen öffentlichen Aufgaben).

Wahrlich ein ambitiöses Analyseprogramm! Deshalb nachfolgend nur einige Stichworte für den Nicht-Spezialisten zu diesen Themen.

Ad (i) Makroökonomische Produktionsfunktionen

Seit den 60er Jahren des letzten Jahrhunderts war Wachstumstheorie ein zentrales Forschungsthema der Ökonomie, begleitet von aufstrebenden und absterbenden Paradigmen, zwischenzeitlich auch von Resignation. Die Ambition einer essentiell neoklassischen makroökonomischen Produktionsfunktion kann nur sein, mit möglichst wenig Variablen einen hohen Beitrag zur Erklärung der Varianz des realen BIP-Wachstums zu liefern. Gewiss, seit der Bemerkung von M. Abramovitz, dass der technische Fortschritt „das Maß unserer Unwissenheit" sei, hat sich viel verbessert, vor allem durch die Endogenisierung des technischen Fortschritts (P.M. Romer, Endogenous Technological change, Journal of Political Economy 99, S. 71 - 102) und die explizite Berücksichtigung von Spillovers. Dennoch, eine wirtschaftspolitische Handlungsanweisung kann aus Wachstumsfunktionen nicht abgeleitet werden. Marktwirtschaftler würden sagen: Glücklicherweise! Damit bleibt die Zurechnung von erklärenden Variablen zum BIP-Wachstum problematisch.

Ad (ii) Evolutionäre Ökonomie

Die Skepsis gegenüber der Rechenhaftigkeit des Wirtschaftswachstums kommt am deutlichsten in der evolutionären Ökonomie zum Ausdruck. Formale Modellierungen sind zwar in der neueren evolutionären Ökonomie durchaus vorhanden, dennoch betten sie sich bewusst in ein reicheres, gesamtheitliches Umfeld ein. Dabei sind allerdings durchaus sehr unterschiedliche Spielarten zu unterscheiden und der Bezug auf Schumpeter (ungleichgewichtige Ansätze und Innovation als Schlüsselkonzepte) ist oft nur die paradigmatische Geste.

Gugler und Pfaffermayer kommen nach extensiven ökonometrischen Schätzungen auf prinzipiell noch neoklassischer Basis zum Schluss: „No single trade or growth model can convincingly explain rapid productivity convergence combined with much slower convergence in structure". Und wenig später findet sich eine mögliche Schlussfolgerung: "Evolutionary models emphasize the cumulative and path-dependent character of technological change (...) as an explanation for persistent structures". Man kann zwar der grundsätzlichen Einsicht zustimmen: "Economic growth seems to be a process of constant transformation rather than one of adjustment to a long-run fixed target path", die konkreten Strukturänderungen als Handlungsempfehlung – und nicht als Ex-Post-Erklärung - zu interpretieren, ist nach wie vor eher eine Kunst, denn eine wissenschaftliche Lösung. Dies ist aber auch einer der Gründe, warum vor allem dogmatische Neoklassiker eine profunde Abneigung gegenüber den weichen Ansätzen der evolutionären Ökonomie hegen.

Ad (iii) Spezifikationsprobleme des Modellansatzes

Selbst wenn man makroökonomische Wachstumsfunktionen als Basis heran zieht, gibt es immer noch vehemente Disputationes über adäquate Spezifikationen der Gleichung. Am triftigsten dürfte der Umstand sein, dass es mitunter wenig klar ist, aus welchem Zusammenhang eines Strukturmodells die zu schätzende reduzierte Form abgeleitet wurde. Somit beherrschen ökonometrische Schätzungen mittels Einzelgleichungen das Feld, obwohl es klar ist, dass Modelle vergleichbar im Umfang den Konjunkturmodellen mit zumindest mehreren Dutzend Gleichungen erforderlich wären, um den jeweiligen Wachstumskontext einigermaßen abzubilden und auf diese Weise auch direkte und indirekte Effekte von erklärenden Variablen bestimmt werden könnten.

Ad (iv) Nationale Umfeldbedingungen im Querschnittsvergleich/Zeitverlauf

Bei den meisten Schätzungen wird der raum-/zeitliche Bezug der Spezifikation kaum betont. Eine Zeit lang bemühte man sich zB um die Lösung des österreichischen, angeblichen Produktivitätsparadoxons (gute Produktivitätsentwicklung trotz scheinbar veralteter Strukturen), welches sich dann auf wundersame Weise durch plötzlich bessere F&E-Statistiken, bei denen ua der Faktor „Entwicklung" deutlicher abgefragt wurde, weitgehend löste. Gegenwärtig steht man vor einem ähnlichen Problem: Wieso stellt man eine Produktivitätskonvergenz in europäischen Ländern fest, obwohl nationale Spezifika und damit das Tempo des Strukturwandels beharrlich stabil bleiben? Hier kommt man offensichtlich um Kategorien nicht herum, wie Verhaltensweisen beim Ertrags- und Investitionsstreben, Arbeitsethos, Unternehmertum (als Eroberer wie bei Schumpeter) usw. Solche Aspekte sind aber den Ökonomen (außer Max Weber) verdächtig, und sind jedenfalls schwer in Modelle zu inkorporieren.

Ad (v) Endogenitätsbias der FTI-Evaluierungen

Nachdem FTI-Förderungen mit Markt- und Systemversagen begründet werden, steht die Politik mit diesen öffentlichen Gütern vor einem Legitimationsproblem. Evaluierungen, einzeln oder durch Plattformen, sind daher das Gebot des sparsamen Umgangs mit öffentlichen Mitteln. Bedenklich erscheint hierbei allerdings der Umstand, dass die Evaluierungsaufgabe üblicherweise endogen bestimmt ist. Also, inwieweit wurden die Programm-/Projektziele mit welchem Effizienzgrad erreicht? Die umfassendere Fragestellung müsste sein: Was ist der optimale Instrumenten-Mix, um bestimmte wirtschafts- und technologiepolitische Ziele zu erreichen?

Ad (vi) Grundsätzliche Analyse des Instrumenten-Mix

Die vorstehende Fragestellung führt unmittelbar zu der Debatte direkt versus indirekte Förderung bzw sodann zur Optimierung des Instrumentenportfolios. Hier sollten im Grunde ordnungspolitische Positionen offen gelegt werden. Meist wird aber kryptonormativ mit Effizienzkriterien argumentiert. Es steht völlig außer Frage, dass Themen, wie Anreiz- und Sanktionsmechanismen, Intensität der öffentlichen Lenkung von Innovationsprozessen, Vorhersehbarkeit von wissenschaftlich-technischen Neuerungen uä diskutiert werden müssten. Als Mittelweg zwischen direkter versus indirekter Förderung wird bei thematischer direkter Förderungen unterstellt, dass zwar eine gewisse Leitfunktion der öffentlichen Instanzen besteht, dass aber im Wege der offenen Antragsförderung ein erheblicher Freiraum für die unternehmerische Disposition verbleibt.

Schließlich könnten auch polit-ökonomische Bezüge zum Eigeninteresse der Fördergeber betrachtet werden.

Ad (vii) Fehlende Endogenisierung von Politikbereichen

Der Einsatz öffentlicher Mittel für FTI-Förderung wird in der Praxis der jährlichen Budgetverhandlungen durchweg isoliert beurteilt und findet sodann in der institutionellen und funktionellen Budgetgliederung seinen Niederschlag. Die Konkurrenz verschiedener Budgetbereiche wird selten oder nie thematisiert, obwohl der Trade-Off augenscheinlich ist. Wer vermag aber schon zu formulieren „Forschung versus Gesundheitswesen", „Forschung versus Pensionszahlungen", etc? Tatsächlich kann es aber ein Crowding-Out von Aufwendungen für FTI durch „zu hohe" Sozialausgaben geben, wie die jüngste Debatte des „Barroso Relaunch" des Lissabon/Barcelona-Prozesses erkennen ließ.

Mindestens ebenso bedenklich ist es, dass die explizite Verquickung von öffentlicher FTI-Förderung mit dem Kapitalmarkt oder dem Bildungssystem unterbleibt. Unverbindliche – und unreflektierte – Bemerkungen, wie „Humanressourcen sind der Schlüssel für Forschung und Wirtschaftswachstum" (ohne Kenntnisnahme von 40 Jahren bildungsökonomischer Forschung, vor allem auf dem Gebiet der Investitionen in Humankapital und Age-Earnings-Profile) sind wenig hilfreich. Ähnlich ist das Bedauern in Österreich über das angeblich fehlende Venture Capital zu sehen. Erstens kann nur mit Mühe von Risikokapital bei staatlicher Garantie gesprochen werden, zweitens, sollte man nach den Ursachen der Überliquidität der meisten Venture-Fonds fragen und drittens, die Klage vieler Risikokapitalwerber anhören, warum sie sich nicht oder nur ungern einer Due-Diligence-Prüfung unterziehen wollen.

Was ist die Schlussfolgerung für Innovations- und Wirtschaftspolitik?

Die Berechtigung von öffentlichen Förderungen für FTI wird meist kurz mit Marktversagen bzw Versagen des Innovationssystems begründet. Wie vorstehend angedeutet, werden die Zusammenhänge aber regelmäßig recht unspezifisch oder gar verkürzt analysiert. Eine aussagekräftige empirische Analyse auf der Ebene einzelner geförderter Projekte erfolgt selten.

Umso mehr ist es also ein ganz besonderer Verdienst der Arbeit von B. Klement – mit höchster Präzision und tiefer Fachkenntnis – einer systematischen und gesamtheitlichen Auseinandersetzung zur Optimierung des FTI-Systems tatkräftig Vorschub zu leisten. B. Klement legt zunächst die theoretischen Grundlagen übersichtlich und umfassend dar. Wie sind öffentliche Förderungen für industrielle Forschung und Entwicklung aus der Sicht der theoretischen (Forschungs-)ökonomik zu begründen? Welche Rolle spielen dabei Informationsprobleme, Anreizmechanismen und Mitnahmeeffekte? Welche Instrumente vermögen Versagensmomente zu überwinden?

Der theoretische Teil wird nicht geschlossen ohne Hypothesen deutlich zu formulieren, um auf deren Basis dann Gleichungen zu spezifizieren und empirisch zu schätzen. Dieser mesoökonomische Ansatz liefert dann auch wichtige Aussagen für das vorne aufgestellte Postulat der Optimierung des Instrumenten-Mix von FTI-Förderungen.

Der ökonometrischen Untersuchung stand ein für Österreich erstmaliges und international wenig untersuchtes Datenmaterial zur Verfügung. Dieses wird lege artis mit unterschiedlichen Schätzmodellen untersucht und im Hinblick auf Input- und Output-Additionalitäten analysiert. Die sauber berechneten Ergebnisse werden messerscharf interpretiert, kommentiert und – soweit möglich – mit anderen Studien verglichen. Der Schlussteil zieht für die praktische Forschungspolitik die Konsequenzen, welche für die fördergebenden Instanzen durchaus erstens erfreulich ausfallen, da die errechneten Hebeleffekte die Sinnfälligkeit der Förderprogramme bestätigen. Zweitens wird ein klarer Weg zur weiteren Erschließung noch schlummernder Innovationspotenzialen skizziert, insbesondere durch den verstärkten Einsatz selbstselektiver Förderinstrumente, aber auch zahlreiche weitere Anregungen. Die Lektüre sei dem Innovationsförderer ebenso wie dem Innovationsökonomen uneingeschränkt ans Herz gelegt.

Vorwort des Autors

Diese Arbeit ist eine korrigierte Fassung meiner Dissertation. Sie entstammt der Überzeugung, dass die Ökonomie einen wesentlichen Beitrag zur Gestaltung eines wohlfahrtsmaximierenden Innovationssystems zu leisten vermag. Es ist dies ein Thema, das ein relativ komplexes Zusammenfügen von (nur teilweise formalisierten) Theorien aus den verschiedensten ökonomischen Bereichen erfordert und das in der jüngeren Vergangenheit Aufmerksamkeit erfuhr – nicht zuletzt aufgrund der europäischen (und österreichischen) politischen Zielsetzung, das Forschungs- und Innovationsniveau ganz erheblich zu steigern (Ziel: 3 % durchschnittliche F&E-Quote bis 2010). Es entstand so ein Bedarf an ökonomisch fundierten Aussagen zur optimalen Gestaltung von F&E-Fördersystemen. Eine zentrale Fragestellung ist dabei, wie der Beitrag von Unternehmen zu den gesamten F&E-Ausgaben (von einem relativ niederen Niveau) überproportional gesteigert werden kann. Dazu bedarf es Ressourceneffizienz und vor allem Anreize, die Rahmenbedingungen für innovative Aktivitäten legen. Dies soll in der vorliegenden Arbeit näher untersucht werden.

Einige Ergebnisse meiner Dissertation vermochten in den vergangenen Monaten in der österreichischen Förderlandschaft bereits fruchtbare Diskurse über die Eignung und den optimalen Einsatz zentraler F&E-Förderinstrumente auszulösen und inhaltliche Impulse zu geben. Dabei ging es insbesondere um die Frage, weshalb und in welcher Hinsicht manche (nämlich: so genannte „selbstselektive") F&E-Förderinstrumente volkswirtschaftlich wesentlich wirksamer sind als andere (weil ihnen die Mobilisierung jener volkswirtschaftlich wertvollen F&E-Aktivitäten gelingt, die ohne Förderung nicht durchgeführt worden wären). Werden nämlich solche besonders wirksamen Instrumente in verstärktem Maße eingesetzt, so gelingt den gleichen staatlich ausgegebenen F&E-Fördermitteln die Mobilisierung zusätzlicher unternehmerischer F&E-Ausgaben – das Potenzial industrieller Innovationstätigkeit wird damit weiter ausgeschöpft. Wenn und soweit die vorliegende Veröffentlichung neben den wissenschaftlichen auch weitere praktisch relevante Denkanstöße zu geben vermag, soll das den Autor ganz besonders freuen.

Die vorliegende Arbeit greift auf Erfahrungen aus thematisch verwandten wissenschaftlichen Studien zurück, die mir die wertvolle Gelegenheit zu praktischen Einblicken in das Innovationssystem Österreichs und in aktuelle förderpolitische Fragestellungen gaben. Mein großer Dank gilt hier Prof. Werner Clement für das Ermöglichen, Unterstützen und für die bereichernde Zusammenarbeit. Mein Dank gilt ebenso Prof. Mikulas Luptacik für spannende Diskussionen und zahlreiche hilfreiche Vorschläge zu meinem Dissertations-Vorhaben.

Ich bestätige den Erhalt eines Förderungsstipendiums der Wirtschaftsuniversität Wien für einen Aufenthalt an einer früheren Ausbildungsstätte, der London School of Economics, auf die auch mein Interesse für Informationstheorien und Ökonometrie zurückgeht. Die Grafiken in dieser Arbeit wurden mittels Mathematica® erstellt. Mein ganz persönlicher Dank gilt meiner Familie und Freunden für die großartige und uneingeschränkte Unterstützung, die dieses Vorhaben erst ermöglicht hat.

Abkürzungen

AERO....... Aeronautik (Förderprogramm)
AplusB .... Academia plus Business (Förderprogramm der TiG)
ASA.......... Austrian Space Agency
BIP .... Bruttoinlandsprodukt
BIT .... Büro für Internationale Forschungs- und Technologiekooperation
BMaA....... (österreichisches) Bundesministerium für auswärtige Angelegenheiten
BMBF....... (deutsches) Bundesministerium für Bildung und Forschung
BMBWK.. (österreichisches) Bundesministerium für Bildung, Wissenschaft und Kultur
BMWA..... (österreichisches) Bundesministerium für Wirtschaft und Arbeit
BReg......... (österreichische) Bundesregierung
BStFG....... (österreichisches) Bundes-Stiftungs- und Fondsgesetz
EStG......... (österreichisches) Einkommensteuergesetz
etc............ et cetera
EU .... Europäische Union
Eurostat .... Statistisches Amt der Europäischen Gemeinschaften
f .... und die (der) folgende
F&E.......... Forschung und Entwicklung
ff............... und die folgenden
FFF .... Forschungsförderungsfonds für die gewerbliche Wirtschaft
FH-plus..... Fachhochschule plus (Förderprogramm der TiG)
Fit-It .... Impulsprogramm Fit-It (Förderprogramm)
Fn .... Fußnote
FOG.......... (österreichisches) Forschungsorganisationsgesetz
FTFG........ (österreichisches) Forschungs- und Technologieförderungsgesetz
FWF .... Fonds zur Förderung der wissenschaftlichen Forschung
GLS .... generalized least squares (method)
idR............ in der Regel
ie............... id est (das heißt)

IHS .... Institut für Höhere Studien

iid .... independent, identically distributed (unabhängig und identisch verteilt)

IV .... instrumental variable(s)

IVS .... Intelligente Verkehrssysteme und Services (Förderprogramm)

IWF .... Internationaler Währungsfonds

IWI .... Industriewissenschaftliches Institut

K-ind .... Kompetenzzentren Industrie (Förderprogramm des BMWA)

K-net .... Kompetenzzentren Network (Förderprogramm des BMWA)

K-plus ..... Kompetenzzentren plus (Förderprogramm der TiG)

Mio .... Million(en)

mwN .... mit weiteren Nachweisen

NANO ...... Nanoinitiative (Förderprogramm)

NatWP ..... Nationales Weltraumprogramm (Förderprogramm)

NhWs ...... Nachhaltig Wirtschaften (Förderprogramm)

NIS .... nationales Innovationssystem

OECD .... Organisation für wirtschaftliche Zusammenarbeit und Entwicklung (englisch: Organisation for Economic Co-operation and Development)

OLS .... ordinary least squares (method)

pa .... per annum (pro Jahr)

REG-plus.. Regionalwirtschaft plus (Förderprogramm)

RFT .... (österreichischer) Rat für Forschung und Technologieentwicklung

S .... Seite(n)

SeedF .... Seed Financing (Förderprogramm)

SMP .... Sondermittelprogramm

TiG .... Technologie Impulse Gesellschaft

ua .... unter anderem

uam .... und andere mehr

uU .... unter Umständen

vgl .... vergleiche

WIFO .... Österreichisches Institut für Wirtschaftsforschung

Z .... Ziffer

I Einleitung

Dieses Kapitel begründet in mehrfacher Dimension die Basis der vorliegenden Arbeit. Abschnitt 1 legt in inhaltlicher Hinsicht zentrale Grundkonzepte dar. Abschnitt 2 skizziert das Problemfeld, den wissenschaftlichen Erkenntnisstand und die thematische Motivation. Abschnitt 3 expliziert die Forschungsfrage und Abschnitt 4 begründet die Vorgangsweise der Untersuchung sowohl unter methodologischen, theoretisch-konzeptionellen als auch methodischen Gesichtspunkten.

1 Das F&E-Fördersystem als Teil des nationalen Innovationssystems

Die zentrale Fragestellung der vorliegenden Arbeit thematisiert Wirkungsweisen von F&E-Fördersystemen als Ausschnitt von nationalen Innovationssystemen (vgl Abschnitt 3). Deshalb ist einleitend klar zu stellen, was mit nationalem Innovationssystem, F&E-Fördersystem und ähnlichen Konzepten gemeint ist. Sie grenzen gleichzeitig den Untersuchungsgegenstand ab und motivieren die Fragestellung.

Definition: Nationales Innovationssystem (NIS). Nationales Innovationssystem (NIS) bezeichne das Netzwerk von Institutionen („NIS-Akteuren" wie Staat, Förderstellen, Forschungseinrichtungen, Unternehmen, Wissenschafter) samt ihrer Interaktionen und Rahmenbedingungen, das die Innovationsleistung (Generierung, Diffusion und Verwertung von Wissen und Information in volkswirtschaftlich wertvoller Weise) einer Volkswirtschaft bestimmt.[1] Der Fokus liegt dabei auf dem technologischen Wissensfluss (zB formell in Publikationen und Patenten, informell durch Mitarbeiter oder indirekt in technologischen Produkten) einer Volkswirtschaft, der nicht in einem linearen

---

[1] Grundlegend zum Konzept nationales Innovationssystem vgl insbesondere Lundvall (1992), Nelson (1993) und Edquist (1997). Zu einer Übersicht von Definitionen siehe OECD (1997a), S 9ff.

Generierungsprozess entsteht, sondern vielmehr in einem Prozess von Rückkopplungen und interaktivem Lernen entsteht, verteilt und verändert wird. Innovative Ideen können dabei jeder beliebigen Ebene einer Wertschöpfungskette entspringen (etwa der Grundlagenforschung, der Entwicklung, der Kommerzialisierung, dem Vertrieb, etc). Von großer Bedeutung sind auch der indirekte Wissensfluss über Produkte von Wettbewerbern und jener über die Wünsche von Endabnehmern; so darf zum Beispiel nicht die *Schnittstelle* zwischen Angebot und Nachfrage nach kommerziellen Produkten übersehen werden, weshalb Machbarkeitsstudien, Markttests uam von Bedeutung sind.[2]

Definitionen: Innovation, industrielle Innovation (industrielle F&E). Mit Innovationen seien dementsprechend technologische Produkt- und Prozesserneuerungen gemeint, die im Sinne Schumpeters zusammenfassend als neue Produktionsformen bezeichnet werden können, wobei „abstrakte Zwischenprodukte" auf dem Weg dorthin (ie Ergebnisse der Grundlagenforschung) mit eingeschlossen seien.[3] Unter Betonung der Generierungsaktivität (statt des Ergebnisses) und unter Betonung des zuletzt genannten Aspektes sei gelegentlich von *Forschung und* Innovation die Rede.[4]

Mit industrieller (oder zutreffender: unternehmerischer) F&E sei die Generierung solcher Innovationen durch gewinnmaximierende Unternehmen bezeichnet.

Definitionen: Innovationspolitik, Förderung, F&E-Fördersystem. Die vielfältigen Weisen, auf die ein Staat Struktur oder Umfang der unternehmerisch generierten Innovationen beeinflusst (bzw gezielt nicht beeinflusst, obwohl er könnte) seien als Innovationspolitik bezeichnet (zB F&E-Förderungen, Wettbewerbsrecht und Marktregulierungen, Schutz geistigen Eigentums, Einrichtung effizienter Kapitalmärkte für junge technologieorientierte Unternehmen uvm).

Ein (bedeutender) Aspekt sind dabei finanzielle Unterstützungen des Staates an Einheiten (zB Unternehmen), die Innovationen generieren (zB Transfers,

---

[2] OECD (1997a), S 22ff zeigt die enorme empirische Bedeutung dieser beiden Relationen als Wissensquellen im industriellen Innovationsprozess. Zu einem Überblick über das NIS Österreich siehe zB OECD (2002a), Country Response to Policy Questionaire.

[3] Vgl zB die Diskussion alternativer Innovationskonzepte in Edquist (1997), S 9f. Zu praktischen Abgrenzungsfragen siehe OECD, Kommission der Europäischen Gemeinschaften und Eurostat (1996), 31ff. Diese sind gegenständlich nicht relevant, da wir alle F&E-Projekte, die F&E-Förderungen erhalten haben, als Innovationen interpretieren werden.

[4] Die gebräuchliche Kurzform F&E sei in diesem Sinne verstanden.

Vorfinanzierungen, Haftungsgarantien, Beteiligungen, etc). Diese seien als Förderungen für Forschung und Innovation bezeichnet (kurz: F&E-Förderungen, Förderungen).

Das System zur Förderung von Forschung und Innovation (kurz: F&E-Fördersystem) sei nun die Gesamtheit an

(i) *Institutionen* (ie insbesondere innovationspolitische Entscheidungsträger und koordinierende Foren, Förderstellen, Netzwerke mit externen Begutachtern, Evaluierungseinheiten, etc),

(ii) *Prozessen* (ie insbesondere staatliche Mittelallokation, Fördervergabeverfahren, Projekt-Evaluierungen, Förderprogramm-Evaluierungen, etc) und

(iii) *Instrumenten* (ie insbesondere NIS-Strategie, Aufträge, strukturierte Förderverträge, Berichte, etc),

die der Konzipierung, der Vergabe, der Abwicklung und der Evaluierung von F&E-Förderungen dienen. Zusammenfassend ist das F&E-Fördersystem also jenes innovationspolitische Instrument, das finanzielle Unterstützungen des Staates für die unternehmerische Generierung von Innovationen umsetzt. Dessen Ziele und die Art und Weise ihrer Umsetzung sind Thema der vorliegenden Arbeit. Das genaue Untersuchungsprogramm ist in der Folge darzulegen.

2 Ausgangssituation und thematische Motivation

2.1 Problemstellung und Wissensstand

Dieser Abschnitt skizziert den problem-definierenden Ausgangspunkt, aus dem sich jene zentrale Fragestellung ableitet (dazu sogleich), die allen weiteren Untersuchungen dieser Arbeit zu Grunde liegt. Ausgangspunkt sind empirische Erscheinungen (der realen Welt): beobachtete und verborgene Wirkungsmechanismen von F&E-Förderungen als Teil von realen nationalen Innovationssystemen (wie im vorigen Abschnitt beschrieben) einschließlich ihrer Unzulänglichkeiten und komplexen Verknüpfungen.

Relevanz von F&E-Förderpolitik: Wachstumstreiber, Markt- und Systemversagen. Zunächst ist klar, dass die Strukturen eines nationalen Innovationssystems (zB wettbewerbsrechtliche, universitäre und förderpolitische Rahmenbedingungen sowie die Ausprägung der korrespondierenden Institutionen) wesentlich über die Effektivität des Systems (seine innovatorische Leistungskraft). Dass dies gerade auch für staatliche Maßnahmen zur Förderung industrieller Forschung und Innovation gilt, wird etwa durch die große praktische Bedeutung öffentlicher Mittel als Finanzierungsressource für F&E-Aktivitäten[5] und die Vielzahl an ausdifferenzierten Fördermaßnahmen indiziert. Die Bedeutung von Innovation für das Wirtschaftswachstum einer Volkswirtschaft kann als theoretisch und empirisch gut untermauert gelten.[6] Das Zusammenspiel der zahlreichen Strukturelemente ist dabei jedenfalls auf den ersten Blick komplex. Es soll hier vorweg genommen werden, dass dabei regelmäßig sowohl Marktversagen (insbesondere aufgrund von Externalitäten, Risikoaversion, Kapitalmarktversagen) als auch systemisches Versagen (insbesondere Ineffizienzen aufgrund unvollkommener Information und Principal-Agent-Konstellationen sowie Mismatches) auftreten, die staatliche, intervenierende Eingriffe in die Marktstrukturen bzw -mechanismen zu rechtfertigen vermögen. Solche staatliche förderpolitische Eingriffe bzw Eingriffskorrekturen (zB Einrichtung oder Korrektur von Förderstellen, Förderprogrammen, Kooperationen, Dotierungsmitteln, Evaluationsprozessen, Beratungsorganen, etc) können tatsächlich in großer Zahl beobachtet werden.[7]

---

[5] Der Anteil staatlicher Ausgaben an den gesamten BIP-Ausgaben für Forschung und Innovation betrug 2001 in Österreich 41,1% (2003: 40,4%), in der EU durchschnittlich 34,3%, in Deutschland 31,5% und in den USA 27,8%. Dies kontrastiert übrigens erheblich mit den jeweiligen F&E-Quoten, diese beträgt in Österreich 1,92% (2003: 1,93%, OECD-adaptiert), in der EU durchschnittlich 1,93%, in Deutschland 2,51% und in den USA 2,74%, vgl jeweils SourceOECD, Datenbank Main Science and Technology Indicators 2003-2. Vgl auch Kommission der Europäischen Gemeinschaften (2003b), S 2f.

[6] Vgl etwa Solow (2000), Valdés (1999), Aghion und Howitt (1998), Schumpeter (1934), Nelson und Winter (1982), Romer (1986), Porter (1990). Zum empirischen Zusammenhang F&E-Ausgaben und Wirtschaftswachstum bzw Produktivität vgl zB die ökonometrische Studie in Kommission der Europäischen Gemeinschaften (2003a), S 6, Guellec und Pottelsberghe de la Potterie (2001), Coe und Helpman (1995), Bönte (2003) sowie Reviews in Salter und Martin (2001), S 514, Stoneman (1995), Dodgson und Rothwell (1994).

[7] Die vermehrte Häufung förderpolitischer Aktivitäten in der jüngeren Geschichte ist vor dem Hintergrund einer sich räumlich ausweitenden und intensivierenden Wettbewerbssituation sowie zunehmender Arbeitsteiligkeit und Wissensbasiertheit unternehmerischer Wertschöpfungsprozesse zu sehen. Die besondere Häufung in jüngster europäischer Vergangenheit ist auch auf eine politische Erkenntnis und Zielsetzung auf EU-Ebene zurückzuführen. Demnach soll bis 2010 ua eine durchschnittliche Forschungsquote von 3% erreicht werden (als Meilenstein zum weltweit wettbewerbfähigsten Wirtschaftsraum), vgl Kommission der Europäischen Gemeinschaften (2003a), S 21f. Siehe auch die

Neoklassik und Mitnahmeeffekte. Die Neoklassik empfiehlt, positive externe Effekte durch staatlichen Eingriff dem Verursacher zu Gute kommen zu lassen, dh durch Transfers im Wege von Förderungen an innovative Akteure externe Effekte für diese (teilweise) zu internalisieren. Sie übersieht jedoch die Fälle der so genannten Mitnahmen. Während das Ausmaß an Mitnahmeeffekten wenig untersucht ist, kann ihre Natur wie folgt beschrieben werden. In der realen Welt weisen viele F&E-Förderungen positive Anreize auch für solche potenzielle Fördernehmer auf, die auch ohne staatliche Förderung die Innovationstätigkeit im gleichen Ausmaß ausgeführt hätten und daher nach der Intention der Theorie nicht förderwürdig wären. Mit anderen Worten, werden solche Akteure gefördert (wenn auch nicht intentierter Weise), wird durch den Transfer öffentlicher Mittel keine zusätzliche F&E-Aktivität und keine *zusätzliche* F&E-spezifische Wertschöpfung generiert. Es handelt sich vielmehr um wohlfahrtsökonomisch nicht erwünschte Umschichtungen. Die Verteilung solcher Mittel sowie deren vorausgegangene Einhebung im Steuerwege sind jedenfalls mit Kosten verbunden. Gleichzeitig stehen die an nicht-förderwürdige F&E-Projekte vergebenen Mittel jenen F&E-Projekten, die aus wohlfahrtsökonomischer Sicht sehr wohl förderwürdig sind, nicht mehr zur Finanzierung zur Verfügung (soziale Opportunitätskosten aufgrund entgangener Externalitäten). Mitnahmeeffekte sind also wachstumshemmend und wohlfahrtsvernichtend.

Informationsasymmetrie. Des weiteren ist zu bedenken, dass die empirische Verifizierung der Motivationslage eines Fördernehmers sowie der aus einem F&E-Projekt zukünftig resultierenden Wohlfahrtseffekte durch die Förderungen vergebende Stelle sowohl ex ante als auch ex post aufgrund unvollkommener Informationslagen zu ungenau und zu komplex ist, als dass effektiv und effizient bewertet werden könnte, ob ein konkretes F&E-Projekt förderwürdig ist. Solcherart sind für die Förderstelle Mitnahmeeffekte weder voraus- noch zurückschauend vollständig identifizierbar. Das bedeutet aber, dass die durchschnittliche realpolitische Induzierung von innovativer Aktivität (und damit Wachstum) unter ihrem Potenzial – mutmaßlich signifikant – zurück bleiben muss.

Hier besteht forschungs- und technologiepolitisch ein enormer Bedarf an *ökonomisch fundierten* Aussagen darüber, mit Hilfe welcher Maßnahmen Hebel- und Wohlfahrtseffekte effektiv und effizient gesteigert werden können. Realpolitisches (europäisches und nationales) Ziel ist dabei, mit geringer

---

korrespondierenden österreichischen Zielsetzungen in den jüngsten Regierungsprogrammen, BReg (2001, 2003b).

Belastung der staatlichen Budgets die gewünschten Steigerungen der F&E-Quoten[8] zu realisieren (vgl Fn 7). Ungeachtet dieser expliziten Zielsetzungen erfolgt in vielen Ländern die Innovationspolitik regelmäßig ad hoc bzw punktuell anstatt einer umfassenden, ökonomisch legitimierten nationalen Innovationsstrategie zu folgen.

Risikoaversion, Projektrisiko, Förderrisiko. Daneben ergibt sich ein weiterer wichtiger Aspekt realer unternehmerischer Innovationstätigkeit aus der Tatsache, dass (innovative) Unternehmen risikoavers sind. Dass Projekt-Risiko und Risikoaversion des Unternehmens für die Projektentscheidung überhaupt relevant sind, kann damit erklärt werden, dass die Eigentümer des Unternehmens nicht vollständig im Markt diversifiziert sind, dass die Kapitalmärkte nicht perfekt funktionieren (irrationale Investoren bzw nicht effiziente Märkte) oder dass es eine Interessensdivergenz zwischen Management und Eigentümern gibt (Principal-Agent-Problem). Diese Erklärungsansätze erscheinen äußerst realitätsnah, insbesondere eine Kombination derselben ist plausibel (dazu existieren empirische Studien für diverse Kapitalmärkte). Dabei ist zu bedenken sich die Risikoaversion eines (potenziellen) Fördernehmers nicht nur auf den erwarteten Ertrag eines geplanten F&E-Projektes richtet, sondern ebenso auf den erwarteten Förderbarwert einer (möglichen oder zugesicherten) Förderung. Beide Risiko-Aspekte können zur Nicht-Durchführung von innovativen (und förderwürdigen) Projekten führen.

Auch die Relevanz dieser Aspekte (Existenz und Folgen von Risikoaversion) kommt in der realpolitischen Innovationsförderung mutmaßlich nicht ausreichend zum Tragen, weshalb Wachstumspotenziale in wohlfahrtsvernichtender Weise verloren gehen. Auch hier gilt, dass ein Bedarf an *ökonomisch fundierten* Aussagen (über den optimalen Entwurf eines Fördersystems und von Förderinstrumenten) besteht.

Wissenschaftlicher Erkenntnisstand. Die soeben dargelegten Kernprobleme sollen der zentrale Ausgangspunkt der theoretischen und empirischen Untersuchungen der vorliegenden Arbeit sein. Es ist in der Folge der wissenschaftliche Erkenntnisstand der für dieses Vorhaben maßgeblichen Literaturansätze zu skizzieren; und zwar zunächst hinsichtlich theoretischer Formulierungen und dann hinsichtlich vorhandener empirischer Evidenz. Das Untersuchungsfeld sei dabei anhand des problem-definierend beschriebenen

---

[8] F&E-Quote sei definiert als die Summe aller gesamtwirtschaftlichen Ausgaben innerhalb eines Landes (staatliche, private und solche aus dem Ausland) zur Forschung und Entwicklung in Relation zum Bruttoinlandsprodukt.

Untersuchungsgegenstandes und der anwendbaren theoretischen Konzepte eingegrenzt. Die konkrete Forschungsfrage sei dann aus Kombination von Problem und Wissensstand (qua Forschungslücke) abgeleitet.

Aufgrund der Heterogenität des Feldes sollen hier knappe Hinweise auf die Literatur genügen. Inhaltliche Überlegungen und weiterführende Literatur sind den Hauptkapiteln dieser Arbeit zu entnehmen.

Systemische Theorieansätze. Wie unten darzulegen sein wird, kommt zur Analyse des Untersuchungsgegenstandes ein für Innovationssysteme spezifischer Ansatz zur Anwendung (Theoriefeld im engeren Sinne). Er umfasst folgende Theorieelemente, die eher jüngeren Ursprungs sind und (noch) Potenzial zu Verdichtung und Formalisierung sowie empirischer Verifizierung aufweisen.

(i) *Theorie der nationalen Innovationssysteme.* Diese Ansätze gehen insbesondere auf die Arbeiten von Lundvall (1992), Nelson (1993), Edquist (1997), Eliasson und Eliasson (1996) und andere zurück. Vgl auch Nelson und Winter (1982). Auch die OECD hat das Konzept für ihre Studien übernommen, vgl OECD (1997a). Diese Konzepte sind systemischer und teilweise evolutionstheoretischer Natur. Sie sind analytisch, zeigen Zusammenhangslinien, Bedingungen und Einflussfaktoren in nationalen Innovationssystemen auf, sind aber kaum formalisiert bzw modelliert. Hinsichtlich der staatlichen Innovationspolitik berücksichtigen sie sowohl nachfrageseitige Instrumente (zB Förderungen, Importe) als auch angebotsseitige Instrumente (zB Marktregulierung, Steuern, Diffusionsförderung). Sie verknüpfen bzw verweisen jedoch weitgehend auf Theorieelemente aus anderen Bereichen; dazu zählen etwa Netzwerk- bzw Feedbackeffekte, interaktive Lerneffekte, Wachstums- und Evolutionstheorien, Innovationskonzepte, Technologiewandel, Wissensdiffusion, Pfadabhängigkeit, Risikoaversion und mikroökonomische Informationstheorien (zu diesen sogleich). Diese letztlich wohlfahrtsorientierten Ansätze sollen den konzeptionellen Basisrahmen dieser Arbeit bilden.[9]

Anwendung weiterer Theorien (bzw Konzepte). Im Zuge dieses systemischen Ansatzes bzw parallel dazu kommt eine Kombination von Theorieansätzen bestehend aus folgenden Elementen zur Anwendung (Theoriefeld im weiteren

---

[9] Sie könnten noch abstrakter, und zwar spieltheoretisch formuliert werden. Dies wäre für die vorliegende Arbeit jedoch kaum von Nutzen.

Sinne). Sie dienen dieser Arbeit überwiegend als Analysewerkzeuge, die auf den Untersuchungsgegenstand zu adaptieren sind.

(ii) *Neoklassische Mikroökonomie.* Die neoklassische Theorie trifft vereinfachende Annahmen (zB exogene Technologie, perfekte Information). Sie kann als Main-Stream oder Lehrbuch-Literatur bezeichnet werden. Trotz ihrer Annahmen ist sie in der Lage (zumindest in der Grenzziehung ihrer Reichweite) Marktversagensmomente aufzuzeigen, die insbesondere auf die Existenz von (a) positiven Externalitäten, (b) Risikoaversion und (c) Kapitalmarktversagen zurückzuführen sind. Siehe zB Mas-Colell, Whinston und Green (1995). Zur innovationspolitischen Relevanz vgl etwa Klodt (1995), siehe auch Solow (2000).

(iii) *Endogene Wachstumstheorien.* Diese Theorien endogenisieren die Entscheidung über die Generierung technologischer Innovationen (F&E, Learning-by-Doing, etc) und untersuchen deren Zusammenhang mit Produktivität und Wachstum. Vgl grundlegend Romer (1986) und zu einer umfassenden Darstellung neuerer Entwicklungen Aghion und Howitt (1998); siehe auch Solow (2000), Kapitel 7-12.

(iv) *Theorien nicht-perfekter Information.* Diese gehen zurück auf Beiträge von Coase (1960), Akerlof (1970), Alchian und Demsetz (1972), Spence (1973), Rothschild und Stiglitz (1976), Jensen und Meckling (1976), Dasgupta, Hammond und Maskin (1979), Grossman und Hart (1983), Laffont und Tirole (1993) uam. Eine Anzahl entwickelter Modelle leistet hier Aussagen über private Anreize, die Struktur von Gleichgewichten sowie über Wohlfahrtseffekte bei asymmetrischer bzw sonst unvollkommener Information. Sie können für den Bereich Innovationspolitik adaptiert und besonders nutzbringend angewendet werden. Hinsichtlich solcher Anwendungen besteht weiterhin Spielraum für Analysen, Modell-Adaptierungen und empirische Verifizierungen. Vgl auch Fölster (1991), S 48ff, OECD (1997b) oder Lehrbücher wie MasColell, Whinston und Green (1995) uam.

(v) *Netzwerktheorie.* Netzwerk- und Feedbackeffekte werden etwa in Shapiro und Varian (2001) diskutiert.

(vi) *Investitionstheorien unter Risiko.* Aus den Bereichen Investitions- und Portfoliotheorie besteht eine Anzahl gut entwickelter Modelle zu Entscheidungen unter Unsicherheit und Risikopräferenzen. Zu einer Übersicht über Portfoliotheorie und Risikokonzepte vgl etwa Eichberger und Harper (1997) und Aggarwal (1993), zu Realoptionen vgl Dixit und Pindyck (1994) uvm. Siehe auch Campbell, Lo und MacKinlay (1997).

Ökonometrische Untersuchungen. Empirische quantitative Daten und ökonometrische Auswertungen sind gering in der Anzahl und überwiegend partiell bzw wenig differenzierend in der Tiefe der Analyse.[10]

(vii) *Empirische Schätzungen von Anreizwirkungen und Wohlfahrtseffekten.* Fölster (1991) untersuchte etwa in Schweden experimentell empirische Hebeleffekte unterschiedlicher Förderinstrumente in mehrfach geschichteter Form. Diese Untersuchung soll der hier konzipierten Arbeit als Beispiel dienen. Es besteht im Übrigen eine Anzahl internationaler Studien, die einzelne Parameter schätzen. Dazu zählen etwa OECD (2000a), Guellec und Pottelsberghe de la Potterie (2001), Coe und Helpman (1995), Bönte (2003), Kommission der Europäischen Gemeinschaften (2003a), S 6, Berger (1993), Bailey und Lawrence (1987, 1992), Hall (1992), McCutchen (1993), Hines (1993), Maimuneas und Nadiri (1997). Siehe Reviews in David, Hall und Toole (2000), Klette, Møen und Griliches (2000), Salter und Martin (2001), S 514, Stoneman (1995), Dodgson und Rothwell (1994), Aghion und Howitt (1998), Kapitel 12. Für Österreich vgl Hutschenreiter, Polt und Gassler (2001), Schibany et al (2004), Blecha, Hillebrand und Hochgerner (1998), S 146ff. Sie sind überwiegend wenig differenzierend hinsichtlich Unterscheidungsmerkmale wie Art des Förderinstrumentes, Unternehmensgröße, F&E-Thema, Grad der Informationsasymmetrie, Marktmacht uäm und untersuchen aggregierte Größen (auf den Ebenen Unternehmen, Sektor und Volkswirtschaft). Für Untersuchungen auf der Ebene von F&E-Projekten liegen hingegen regelmäßig keine (verlässlichen) Daten vor.

Forschungslücke. Damit kann zusammenfassend aus der Problemstellung und dem wissenschaftlichen Erkenntnisstand folgende Forschungslücke identifiziert werden. Auf theoretischer Ebene fehlt in mehrfacher Hinsicht eine integrierende Fundierung für F&E-Fördersysteme, die die Vielfalt unterschiedlicher relevanter Ansätze konsistent zusammenführt (mit den Kernfragen Design von Förderinstrumenten und Organisation der Förderstelle). Zum zweiten ist die Anzahl und Tiefe empirischer Untersuchungen zu Anreizwirkungen und Wohlfahrtseffekten von unterschiedlichen F&E-Förderinstrumenten äußerst unbefriedigend (sowohl aus wissenschaftlicher als auch aus innovationspolitischer Sicht), insbesondere aufgrund mangelnder Vergleichsstudien zu unterschiedlichen F&E-Förderinstrumenten.

---

[10] Es besteht hingegen eine größere Anzahl an Fallstudien und anderen (vornehmlich qualitativen) Untersuchungen.

2.2 Wissenschaftliche Motivation

Die wissenschaftliche Motivation der vorliegenden Arbeit liegt also im Leisten eines (bescheidenen) Beitrages zur Fortentwicklung des Erkenntnisstandes über die Funktionsweise von F&E-Fördersystemen.

So sollen im theoretischen Teil dieser Arbeit eine Reihe von Ansätzen und Konzepten in integrierender Weise und adaptiert auf die spezifischen Eigenheiten von F&E-Fördersystemen angewendet werden, um in einer solchen Zusammenschau von Konzepten neue, theoretisch fundierte Aussagen zu erarbeiten, die zur Beantwortung der Frage nach der wohlfahrtsoptimalen Ausgestaltung von Förderinstrumenten und F&E-Fördersystemen beizutragen versuchen.

Der empirische Teil soll in Konfrontation mit bekannten bzw neuen theoretischen Hypothesen über die Wirkungsmechanismen von F&E-Förderinstrumenten Aussagen treffen und so die eher spärlichen vorhandenen Untersuchungen um konkrete Aspekte zu ergänzen versuchen. Dabei soll auch ein besonders strukturierter Datensatz herangezogen werden, um entsprechende Fragen überhaupt bzw auf neue Art und Weise untersuchen zu können.

2.3 Innovationspolitische Motivation

Neben der Motivation des wissenschaftlichen Erkenntnisfortschrittes soll diese Arbeit aber auch einen Beitrag zu ganz praktischen förderpolitischen Fragen liefern. Im Einklang mit der innovations- und wohlfahrtsökonomischen Rechtfertigung für die Notwendigkeit von gesteigerten F&E-Aktivitäten (im Interesse von Wirtschaftswachstum und sozialer Wohlfahrt) kann nämlich auch auf konkrete korrespondierende politische Zielsetzungen hingewiesen werden (zB: Wie können F&E-Förderinstrumente und F&E-Fördersystem verbessert werden, um in Österreich bis zum Jahr 2006 eine F&E-Quote von 2,5% des BIP zu erzielen?[11]). Dass die Aktualität solcher praktischer Fragestellungen der wissenschaftlichen Forschungsfrage Relevanz verleiht, soll dem Autor nur recht sein. Der Endzweck wissenschaftlicher Erkenntnisse soll deren praktische Anwendung sein. Dazu braucht es adäquater Untersuchungsgegenstände und Fragestellungen. Ein daraus abgeleiteter Interessenskonflikt ist hier nicht

---

[11] Vgl das jüngste Regierungsprogramm, BReg (2003), den Aktionsplan für Europa, Kommission der Europäischen Gemeinschaften (2003a), S 21f, sowie aktuelle Bemühungen um eine Neuordnung der F&E-Förderlandschaft, zB Der Standard (2004a, 2004b).

ersichtlich; vielmehr sollen aktuelle innovationspolitische Aspekte die wissenschaftliche Arbeit bereichern.[12]

An dieser Stelle sei darauf hingewiesen, dass die vorliegende Arbeit, soweit sie allenfalls dem hypothetischen politischen Gestalter Maßnahmen empfiehlt, lediglich einen wirtschaftspolitischen Beitrag mit Ziel Wirtschaftswachstum zu leisten vermag. Hingegen sind wertebasierte Entscheidungen wie zB Fragen der distributiven Allokation (soziale Umverteilung) nicht Thema dieser Arbeit; die Grenze soll bei Aussagen über die Pareto-Optimalität von Maßnahmen liegen.

3 Forschungsfrage

Nachdem die vorausgegangenen Abschnitte die Problemstellung und den Raum für (relevante) wissenschaftliche Fragestellungen skizzierten, ist nunmehr die konkrete Forschungsfrage der vorliegenden Arbeit zusammenfassend zu formulieren.

Forschungsfrage. Die Forschungsfrage bezieht sich auf Forschungs- und Innovationstätigkeiten. Und zwar fokussiert sie insbesondere solche, die von profitorientierten produzierenden Unternehmen durchgeführt werden (industrielle F&E). Die vorzunehmende Untersuchung soll auf mehreren analytischen Ebenen erfolgen. Sie stellt dabei gerade die Verschmelzung mehrerer Konzepte in den Mittelpunkt, um Wirkungszusammenhänge in ihrer gesamten für das nationale Innovationssystem relevanten Tragweite zum Untersuchungsgegenstand zu machen. Die leitende Fragestellung spricht in erster Linie bisher wissenschaftlich kaum umfassend (systemisch) dargestellte Überlegungen an und kann wie folgt formuliert werden:

Wie können ökonomische Kriterien und Anreizmechanismen die Wirksamkeit und Effizienz der Förderung von Forschung und Innovation voraussagend in wohlfahrtsmaximierender Weise und theoretisch bzw empirisch gestützt fundieren?

Teilfragen. Diese Fragestellung kann in zwei Komponenten zerlegt werden, einerseits eine theoretisch-analytische und andererseits eine empirische. Beide

---

[12] Vgl folgende in einem engen zeitlichen Naheverhältnis stehende Arbeiten, zu denen der Autor einerseits zentrale Beiträge leistet und über die er andererseits spezifische Einblicke gewinnen konnte, Klement (2004b, 2004c) und Clement, Klement und Turnheim (2003).

haben ihre eigenständige Berechtigung (dazu weiter unten). Erstere umfasst insbesondere die im Folgenden unter den Punkten (i) bis (iii) genannten Untersuchungsdimensionen. Die empirische Untersuchung (Punkt (iv)) wird sich – notwendigerweise – auf ausgewählte Aspekte des (österreichischen) Innovationssystems beschränken müssen. Die Teilfragen lauten wie folgt.

(i) Unter welchen Bedingungen sind staatliche Eingriffe (insbesondere in Form öffentlicher Finanzierungstätigkeiten) in private F&E-Aktivitäten wohlfahrtssteigernd?

(ii) Worin bestehen strukturelle (organisatorische) Anforderungen für eine effektive und effiziente F&E-Förderung (insbesondere hinsichtlich Organisationsstruktur und Allokationsverfahren bei der Fördervergabe)?

(iii) Wie ist ein anreizkompatibler Mix an Förderinstrumenten zur Maximierung der Innovationstätigkeit zu entwerfen (insbesondere Hintanhaltung von Mitnahmeeffekten und Vermeidung nachteiliger Folgen von Risikoaversion)?

(iv) Ökonometrische Schätzung des Hebeleffektes von bestimmten F&E-Fördermaßnahmen in Österreich und Verifizierung von Hypothesen über Anreiz- und Wirkungsmechanismen (komparative geschichtete Schätzungen bzw Tests)?

4 Vorgangsweise

4.1 Methodologischer Ansatz

In diesem Abschnitt ist zu begründen, ob denotative („deduktiv-quantitative") oder konnotative („qualitative") Forschungsmethoden im Zuge dieser Arbeit zur Anwendung kommen sollen.[13] Um über diese Frage entscheiden zu können, ist zunächst von den Eigenschaften des Untersuchungsgegenstandes auszugehen.

Gemischt nomologisch-autopoietisch. Ist zunächst zu zeigen, dass der Charakter des realen Untersuchungsgegenstandes (als Ausschnitt nationaler Innovations-

---

[13] Vgl zu diesen und weiteren diesem Abschnitt zu Grunde liegenden erkenntnis- und wissenschaftstheoretischen Konzepten Schülein und Reitze (2002).

systeme) einerseits nomologische und andererseits auch autopoietische Realitätselemente enthält (gemischter Charakter).

Autopoietische Elemente. Auf mikroökonomischer Ebene kann die unternehmerische Innovationstätigkeit und ihre Reaktion auf Anreizmechanismen in weiten Teilen als dynamisch autopoietisch bzw reflexiv autopoietisch qualifiziert werden, da sie in ihren Möglichkeiten sowohl komplex als auch offen ist und sich (zumindest teilweise) selbst steuert.

So erscheint es etwa plausibel, dass innovative Unternehmen auf das Angebot staatlicher F&E-Förderinstrumente vollkommen unterschiedlich reagieren. Beispielhaft sei dies veranschaulicht. Der Staat biete innovativen Unternehmen aufgrund bestimmter, aber sehr allgemein gehaltener Kriterien einen fixen („verlorenen") Zuschuss zu ihren F&E-Personalkosten. Unternehmen könnten nun unter anderem auf folgende Weisen reagieren: (a) keine Reaktion wegen Unkenntnis von der Fördermöglichkeit, (b) keine Reaktion, weil der Förderzuschuss keinen hinreichenden Anreiz darstellt, (c) Inanspruchnahme der Förderung zur Finanzierung eines F&E-Projektes, das auch ohne Förderung durchgeführt worden wäre, und Abschöpfung überhoher Gewinne, (d) künstlichformelle Umschichtung von Beschäftigten in den Bereich F&E zur Erlangung von Fördermitteln, (e) Beschäftigung eines weiteren F&E-Mitarbeiters zur Durchführung eines zusätzlichen Projektes, das privaten Gewinn und negative Externalitäten aufweist, (f) Durchführung eines (anderen) zusätzlichen F&E-Projektes, das positive Externalitäten aufweist. Bedenkt man nun, dass die unternehmerische Auswahl unter diesen Kategorien denkmöglicher Reaktionsweisen aufgrund einer Vielzahl von Einflüssen erfolgt, die unter anderem auf eigendynamischen Prozessen basieren (zB Firmen- und Machtpolitik, persönliche Beziehungen, Vorurteile, etc), so wird klar, dass der Effekt eines konkreten Förderangebotes (zumindest teilweise) als dynamisch autopoietisch bzw reflexiv autopoietisch zu qualifizieren ist.

Auf der Ebene des nationalen Innovationssystems (systemische Ebene) setzten sich diese Freiheitsgrade eigendynamisch in einer Anzahl von „Mismatches" fort (wohlfahrtsökonomische Ineffizienzen). Solche Abweichungen von der optimalen Ausprägung des Fördersystems (zB dem optimalen Förderverhältnis von Grundlagenforschung zu angewandter Forschung) können dabei in vielfache Richtungen erfolgen und Auslöser kausal verknüpfter, dynamischer Prozesse (im Sinne Hegels) sein.

Nomologische Elemente. Einzelne Elemente des Untersuchungsgegenstandes wie das Marktversagen (zB die unmittelbare „mechanische" Wirkung der Unvollkommenheit von Information auf Anreizmechanismen) oder der Zusammenhang zwischen der Ausgestaltung von Förderinstrumenten und ihren erzielten Anreizstrukturen sind hingegen auf dem kontinuierlichen Spektrum von Realitätstypen näher dem nomologischen Ende einzuordnen.

Solcherart ergibt sich insgesamt ein gemischter Charakters des Untersuchungsgegenstandes, der sich aus nomologischen und autopoietischen Elementen zusammensetzt.

Zur Erklärung der nomologischen Elemente können abstrakte, denotative Hypothesen formuliert werden, die mittels deduktiver (quantitativer) Methoden überprüft werden können (intersubjektiv, wiederholbar, objektiv). Dabei ergibt sich ein Selektionszwang hin zu quantifizierbaren Elementen der Realität (zB Größen wie Höhe des Förderbarwertes, Höhe der gesamten F&E-Ausgaben, etc).

Aufgrund des insgesamt gemischten Charakters des Untersuchungsgegenstandes (nomologisch und autopoietisch) würde die Anwendung ausschließlich denotativer Theorien jedoch bedeuten, dass keine erschöpfende Modellierung der zu untersuchenden Wirkungszusammenhänge möglich ist und jedenfalls Komplexität in Form (minder-) relevanter Faktoren in der Abstraktion notwendigerweise verloren geht.

Methodologische Vorgangsweise. Daher erscheint es für die vorliegende Arbeit adäquat, den empirischen Untersuchungsgegenstand ausgehend von (etablierten bzw neueren) theoretischen Fundamenten (also denotativ) zu erklären versuchen (theoretischer Teil). Aus dem annahmen-basierten Theoriegebäude können dann quantitative Aspekte herausgegriffen und empirisch überprüfbare Hypothesen abgeleitet werden (zB betreffend die Unterschiedlichkeit der Hebeleffekte von Förderinstrumenten mit unterschiedlichen Anreizstrukturen). Diese können operationalisiert werden (Wahl von Beobachtungsindikatoren) und anhand standardisiert erhobener und ökonometrisch ausgewerteter empirischer Daten deduktiv-nomologisch überprüft werden (Verwerfung bzw vorläufige Annahme der Hypothesen; empirischer Teil).

Ökonometrisches Kausalitätsproblem. Klar ist aber, dass eine Kausalität der Zusammenhänge mittels statistischer Methoden prinzipiell *nicht* begründet werden kann. Zur Veranschaulichung diene folgendes Beispiel. Eine positive, von Null verschiedene Korrelation zwischen Unternehmenserfolg (oder Wohlfahrtsbeitrag) und der Höhe von F&E-Förderungen für dieses Unternehmen könnte zB ihre kausale Ursache darin haben, dass der Unternehmenserfolg (der soziale Nutzen) durch eine F&E-Förderung gesteigert wird (aufgrund direkter und indirekter Effekte) oder aber gerade umgekehrt darin, dass die Förderstelle nur solchen potenziellen Fördernehmern Förderungen zuspricht, die auch ohne Förderung überdurchschnittlich erfolgreich sind (überdurchschnittliche Wohlfahrtsbeiträge generieren). Die

Korrelation allein sagt über das Bestehen und die Richtung von Kausalität nichts aus. Ähnlich verhält es sich mit anderen empirischen Effekten. Aus erkenntnistheoretischer Sicht ist dies zunächst trivial, da Kausalität nicht beobachtbar ist, sondern lediglich eine Denkkategorie darstellt. Das Problem selbst ist umso komplexer. Ob so genannte (ökonometrische) Kausalitätstests, die die zeitliche Struktur von Effekten thematisieren (Voraussetzung: beobachtbare Zeitreihen mit adäquater Sampling-Frequenz) und damit uU über die Verlaufsrichtung einer (zuvor anzunehmenden) Kausalität etwas auszusagen vermögen (vgl zB Granger-Kausalität), weiterhelfen können, ist zu prüfen. Bei den konkret zur Verfügung stehenden Daten muss dies jedoch aufgrund der extrem kurzen Zeitreihen vorab zumindest als fraglich gelten.

Es erscheint daher adäquat, die zu testenden Hypothesen theoriengestützt zu bilden (entgegen dem strengen Kritischen Rationalismus Poppers, demzufolge die Herkunft von Hypothesen irrelevant ist), um die erheblichen Kausalitätsprobleme der ökonometrischen Auswertung interpretativ in den Griff zu bekommen. Dabei ist zunächst von traditionellen theoretischen Ansätzen auszugehen, die auf den Untersuchungsgegenstand zu adaptieren sind. Soweit diese jedoch offenkundige Evidenz oder Vorwissen aus anderen empirischen Untersuchungen nicht zu tragen vermögen, ist auf unkonventionellere Ansätze auszuweichen. Verbleibende Lücken im Theoriengebäude können analytisch mit Hypothesen gefüllt werden. Dabei kann eine konnotative bzw spekulative Komponente zur Anwendung kommen, die jedoch durch das Erfordernis der Konsistenz mit Theorie und empirischem Vorwissen in adäquate Bahnen geleitet wird. Das ökonometrische Modell soll demgemäß von einer Strukturform ausgehen.

Damit ergibt sich für die vorliegende Untersuchung ein zweistufiges Programm, das aus einem theoretischen Teil und einem empirischen Teil besteht. Diese bedingen sich in ihrer Legitimation wechselseitig. Einerseits hat sich die Adäquatheit der Theorie (Hypothesen-Sammlung) letztlich empirisch zu erweisen.[14] Andererseits bedingt der empirische Teil zu einer sinnvollen Interpretation (Kausalitätsproblem) gleichzeitig einen sorgfältigen theoretischen Teil. Die Ergebnisse der empirischen Untersuchung dienen insgesamt mehreren Zwecken: (i) der Evaluation der Adäquatheit des Theoriegebäudes, (ii) der Ableitung von Empfehlungen an den (hypothetischen) förderpolitischen

---

[14] Dabei ist im Rahmen dieser Arbeit selbstverständlich keine erschöpfende empirische Verifizierung leistbar, es können nur in selektiver Weise Partialeffekte getestet bzw quantifiziert werden (vgl unten).

Gestalter und allenfalls (iii) der konnotativen Datenauswertung zur Generierung neuer Hypothesen. Dieser Analyse-Ansatz entspricht dabei dem Charakter des realen Untersuchungsgegenstandes (F&E-Fördersystem als Teil des nationalen Innovationssystems), der einerseits nomologische und andererseits auch autopoietische Realitätselemente enthält.

Selbstverständlich bestünde eine Reihe von alternativen methodologischen Zugangsweisen. Dazu zählen unter anderem (i) eine rein empirische Arbeit, die entweder willkürliche Hypothesen testet (Nachteil Kausalitätsproblem), (ii) ein rein konnotativ-qualitativ theorienfindender Ansatz (Nachteil keine Verifizierung, dh spekulativ bzw nicht verallgemeinernd) oder (iii) eine rein theoretische Arbeit (keinerlei Konfrontation der Annahmen und Schlussfolgerungen mit der Empirie). Solche Alternativen würden den möglichen Erkenntnisraum der Untersuchung wesentlich einschränken und den Fokus der Fragestellung erheblich abändern.

4.2 Theoretisch-konzeptioneller Ansatz

Im vorigen Abschnitt wurde neben der methodologischen Rechtfertigung bereits das Programm der Untersuchung kurz skizziert (theoretischer Teil und empirischer Teil). In diesem Abschnitt ist die theoretische Fundierung der Arbeit – ausgehend vom wissenschaftlichen Erkenntnisstand und der Forschungsfrage – darzulegen.

Dies soll hier für den theoretisch-analytischen Teil erfolgen, da die theoretische Basis des empirischen Teiles im Wesentlichen eine Teilmenge des ersteren bildet. Zu dessen theoretischer Ausgangsbasis (Literatur) zählen folgende ökonomische Theorien bzw Ansätze. Ausgangspunkt ist das neoklassische Marktversagen aufgrund von Externalitäten (denen ein positiver Effekt auf das Wirtschaftswachstum korrespondiert). Darüber hinaus sind dies (i) mikroökonomische Informations- und Anreiztheorien (Informationsasymmetrie, Principal-Agent-Theorie, Moral-Hazard, uam), (ii) Konzepte der Investitionstheorie unter Unsicherheit (zB Risikokonzepte, Versicherung, Portfoliotheorie), (iii) Netzwerkeffekte (positives Feedback) und (iv) systemorientierte Wachstumstheorien (zB Theorie der nationalen Innovationssysteme). Diese werden ergänzt um die Ergebnisse internationaler ökonometrischer Studien sowie um empirisch Evidentes (zB gegenwärtige Struktur der österreichischen Förderlandschaft und eingesetzter Mix an Förderinstrumenten).

Die Untersuchung erfolgt dabei auf zwei Ebenen. Einerseits ist dies die Beziehung zwischen Fördernehmer und Fördergeber sowie Art und Ausmaß der anreizmotivierten F&E-Aktivitäten des Fördernehmers (mikroökonomische Ebene). Andererseits ist dies das F&E-Fördersystem als Teil des nationalen

Innovationssystems mit potenziellen Mismatches (systemische Ebene). Diese Ebenen greifen ineinander (dazu unten).

Am Beginn der theoretischen Untersuchung stehen grundlegende Annahmen über Akteure und Strukturen. Diese werden näher zu definieren und in ihrer Adäquatheit zu rechtfertigen sein; vorweggreifend umfassen diese jedenfalls folgende Annahmen,

(i) industrielle F&E-Fördernehmer sind rationale, *risikoaverse* Gewinnmaximierer,

(ii) zwischen Fördernehmer und Fördergeber besteht *Informationsasymmetrie* bzw unvollständige Information (sowohl ex ante als auch ex post) hinsichtlich der zu fördernden unternehmerischen F&E-Aktivität einschließlich der durch sie induzierten Wohlfahrtseffekte,

(iii) der Erwartungswert der durch F&E-Aktivitäten induzierten *Externalitäten* ist im Allgemeinen positiv.

Bedingungen des staatlichen Eingriffs als Maßstab. Auf dieser Basis sind zunächst die Bedingungen zu klären unter denen ein staatlicher Eingriff (F&E-Förderung) gerechtfertigt ist. Auf diese Weise wird die optimale F&E-Förderpolitik implizit definiert (Normativität). Davon abgeleitet sind die wohlfahrtsvernichtenden Effekte von Risikoaversion, Informationsasymmetrie und Externalitäten (und anderen Problemen) zunächst analytisch zu zerlegen. Anschließend gilt es auf verschiedenen Ebenen innovationspolitische Maßnahmen zu ihrer Hintanhaltung zu entwerfen, und zwar auf Ebene der F&E-Förderinstrumente und auf Ebene der Struktur des F&E-Fördersystems und des Fördervergabeverfahrens.

Effizienter Förderinstrumente-Mix. So sind insbesondere anreizkompatible Förderinstrumente zu modellieren und real umsetzbare Varianten zu konstruieren (vgl als erste Überlegung etwa die Incentive-Subsidy in Fölster 1991). Leitender Gedanke ist dabei die Maximierung des Hebeleffektes von staatlichen Förderausgaben einschließlich der Minimierung von Mitnahmeeffekten. Dazu sind etwa einerseits die Anreize zur *Ausnützung* von Informationsasymmetrie zu eliminieren bzw ist das strukturelle Ungleichgewicht in der Informationsverteilung selbst zu verringern.[15] Daraus werden entsprechende designorientierte

---

[15] Anreiz-Probleme aufgrund von unvollkommener Information können auf mehreren Ebenen auftreten. Sie bestehen zwischen dem Staat und der Förderstelle ebenso wie zwischen der Förderstelle und dem Fördernehmer. Ein Principal-Agent-Problem mit asymmetrischer Informationsverteilung besteht auch zwischen dem Wähler (Menschen als Endnutznießer der

Prinzipien für die Gestaltung von F&E-Förderinstrumenten abzuleiten sein. Dabei wird auf verschiedene Weisen zu differenzieren sein. Im Zuge dessen wird auch zu untersuchen sein, ob aus Konzepten wie Lemons-Markt (Akerlof 1970), Risikoprämien und Realoptionen ein Erkenntnisgewinn für den wohlfahrtsoptimierenden Entwurf von F&E-Förderinstrumenten erzielt werden kann.

Organisatorische Anforderungen an Fördergeber und Vergabeverfahren. Punkte wie Risikoaversion (welche auch hinsichtlich der Förderung besteht) und Informationsasymmetrie legen auch auf systemischer Ebene Maßnahmen nahe, um die Effizienz und Effektivität (und damit die Hebelwirkung) von F&E-Förderungen zu verbessern. Diese betreffen einerseits die Organisation des Fördergebers (institutionelle Organisationsanforderungen) und andererseits die Strukturierung des Fördervergabeverfahrens (Verfahrensprinzipien) insbesondere zur Eliminierung der nachteiligen Auswirkungen von Informationsasymmetrie und Risikoaversion. Dabei werden auch Konzepte wie Netzwerk-, Skalen- und Scopeeffekte Berücksichtigung finden sowie organisatorisch implementierbare Mechanismen zur Hintanhaltung diverser Mismatches im Fördersystem.

Hypothesen-Generierung. Dieses analytische Konzept für die theoretischen Untersuchungen strebt die Klärung der Teilfragen (i), (ii), (iii) der Forschungsfrage an. Des weiteren ist dabei ein Set empirisch verifizierbarer Hypothesen deduktiv abzuleiten, die insbesondere die unterschiedliche Wirkungsweise von unterschiedlichen F&E-Förderinstrumenten betreffen (theoriegestützte Prognosen zu Anreizwirkungen und geschichteten Hebeleffekten). Dazu sind vornehmlich die Konzepte Hebeleffekt (induzierte

---

Wohlfahrt) und dem Staat (Regierung als innovationspolitischer Gestalter mit privaten Anreizen). Diese Problematik ist jedoch allgemeiner staatstheoretischer Natur und nicht spezifisch für die Innovationspolitik. Sie wird in der hier vorliegenden Arbeit nicht explizit thematisiert. Daneben besteht noch ein weiteres Principal-Agent-Problem, und zwar zwischen unabhängigen Evaluierungsexperten (wissenschaftliches Publikationsinteresse, Förderung des eigenen Forschungsfeldes, Interesse an weiteren Evaluierungsaufträgen) und deren jeweiligem Auftraggeber (zB Regierung, Förderstelle, etc). Dieser Problematik kann der Auftraggeber durch Heranziehung internationaler Experten und einer transparenten (ie öffentlich einsehbaren) Berichterstattung beggnen. Auch diese Problematik wird in der vorliegenden Arbeit nicht weiter untersucht. Zu den unterschiedlichen Interessenslagen der insgesamt zumindest vier wesentlichen Akteure in nationalen Innovationssystemen siehe auch Fölster (1991), S 48ff.

F&E-Ausgaben zu Förderausgaben), Wohlfahrtseffekt (induzierte Wohlfahrt zu F&E-Ausgaben) und deren Elastizitäten heranzuziehen.

Auf den methodisch geprägten empirischen Teil und sonstige methodische Aspekte ist im folgenden Abschnitt einzugehen.

4.3 Methodischer Ansatz

Theoretisch-analytischer Teil. In methodischer Hinsicht werden – wie bereits oben dargelegt – die genannten Theorien bzw Analyseansätze (insbesondere neoklassische Theorie, Investitionstheorie unter Unsicherheit, Theorien unvollkommener Information, systemisch-evolutionäre Innovationstheorien) im Sinne von Ansätzen zur Problemlösung auf Sachverhalte der Innovationsförderung übertragen. Dabei sollen strukturelle Probleme ausgemacht werden (Abweichungen von Idealkonzepten), diese in ihre Effekte und Einflussfaktoren analytisch zerlegt und modelliert werden sowie optimierende Lösungsansätze neu entworfen werden, indem verschiedene Theorien integriert, weiterentwickelt bzw übertragen und in innovationspolitische Maßnahmen umgesetzt werden. Im Ergebnis soll sich ein konsistentes theoretisches Gesamtkonzept mit deduktiv abgeleiteten und quantitativ überprüfbaren Hypothesen ergeben.

Empirischer Teil. Dieser hat einen Ausschnitt der im theoretischen Teil formulierten komparativen Hypothesen betreffend die Hebeleffekte unterschiedlicher F&E-Förderinstrumente (ein Subset) bzw die ergänzende Fragestellung nach absoluten quantifizierenden Schätzungen zum Ausgangspunkt. Dabei kommen ökonometrische Standard-Tests bzw Schätzungen zur Anwendung.

Stichprobe und Datenerhebung. Die Stichprobe wird aus der Population der in Österreich tätigen innovativen Unternehmen gezogen. Sie soll möglichst das Gesamtspektrum an geförderten innovativen industriellen Aktivitäten und deren Struktur widerspiegeln (Sektoren, Unternehmensgrößen, etc). Unter Berücksichtigung einer Rücklaufquote von kleiner Eins, sollen letztlich Daten von zumindest 150 F&E-Projekten (bei insgesamt rund 50 Unternehmen) zur Verfügung stehen, um geschichtete Analysen vornehmen zu können.[16] Die Daten werden – als Besonderheit dieser Untersuchung – projektbezogen und förderstellenübergreifend erhoben. Die erfassten Größen umfassen neben (i) Basisdaten zum Unternehmen, (ii) typologische Eigenschaften des jeweiligen

---

[16] Diese Vorab-Schätzung stützt sich auf vergleichbar strukturierte Untersuchungen in der Literatur. Sie hängt von der Heterogenität der untersuchten Größen ab.

Förderinstrumentes und der jeweiligen F&E-Aktivität sowie (iii) den Förderbarwert und (iv) die projektspezifischen Förderausgaben per annum. Diese Daten konnten im Zuge eines aktuellen, außerhalb dieser Arbeit liegenden Forschungsprojektes mit erhoben werden, wobei Anforderungen für die hier vorzunehmende Auswertung Berücksichtigung finden konnten.[17] Die Erhebung erfolgte in standardisierter, schriftlicher Form.

Auswertung und Interpretation. Aufgabe der Auswertung ist das Herausfiltern von signifikanten Effekten, die theoretisch erklärt und damit sinnvoll interpretiert werden können. Geschätzt werden sollen die Hebeleffekte (ie die induzierten F&E-Ausgaben zu den Förderausgaben) von verschiedenen Arten von F&E-Förderinstrumenten, um diese einander gegenüber stellen zu können (vornehmlich Cross-Section-Analysen; Zeitreihen- und Panel-Analysen scheinen hingegen aufgrund der extrem kurzen Zeitreihen vorab wenig adäquat). Im einfachsten Fall erfolgt dies durch lineare Regressionsanalysen ohne zeitliche Lag-Strukturen (OLS). Gegebenenfalls auftretende Probleme (zB Heteroskedastizität, Lag-Strukturen, Endogenitäten) können mit allgemein bekannten ökonometrischen Methoden unter Kontrolle gebracht werden. Was das Schätzmodell betrifft, erscheint es sinnvoll, für die jeweiligen Regression die Inkremente zur Vorperiode einzusetzen, um das Kausalitätsproblem etwas abzumildern (Additionalität; dies wird im Detail zu erörtern sein). Daneben soll theoretisches Sampling einzelne Effekte herausfiltern und so zu interessanten Ergebnissen führen. Die Interpretation der geschätzten Parameter bzw durchgeführten Tests soll jedenfalls unter Rückgriff auf den theoretischen Teil erfolgen, um die bereits weiter oben dargestellten erheblichen Kausalitätsprobleme weiter in den Griff zu bekommen.

Aufgabe ist es daher, (i) empirische Daten in ökonometrisch verwertbarer Weise verfügbar zu machen (Datenkonsistenz, -zuverlässigkeit und -vollständigkeit, Stichprobenumfang, Standardannahmen existierender ökonometrischer Verfahren) und (ii) die integrierten theoretischen Elemente (teilweise) empirisch zu verifizieren bzw die empirischen Daten mit der Theorie in sinnvolle Relation zu setzen. Auf diesem Weg können potenziell neue Aussagen über die Theorie der nationalen Innovationssysteme gewonnen werden. Gegebenenfalls sind ergänzend (in konnotativer Weise) auch neue Hypothesen zu formulieren.

---

[17] Aufgrund des enormen Befragungsaufwandes (Mehrfach-Kontaktierung von über 900 Unternehmen über mehrere Monate auf unterschiedlichen Kommunikationskanälen samt Motivationsgeschenken und ministeriellen Schreiben) gilt hier mein Dank für das Ermöglichen dieses Vorhabens Professor Werner Clement sowie der AMC Management Consulting.

Die dabei erwarteten Ergebnisse sind sowohl wissenschaftlich motiviert (zB Aussagen über Anreizmechanismen und geschichtete Hebeleffekte) als auch von innovationspolitischem Interesse (zB effizienter Mix an Förderinstrumenten und -verfahren, Ansatzpunkte zur Vermeidung von Mitnahmeeffekten). Gegebenenfalls können dem (hypothetischen) förderpolitischen Gestalter wohlfahrtsoptimierende Empfehlungen gegeben werden.

Methodische Zusammenfassung. Das hier vorgeschlagene Verfahren entspricht daher in etwa dem Normalmodell des quantitativen Forschungsparadigmas, nämlich der logischen Abfolge: Problem – Fragestellung – (theoriengestützte) Hypothesenbildung – empirische Untersuchung – deduktiv-nomologische Interpretation – Evaluation der Theorie – neue Probleme.

II Theoretischer Teil

Dieses Kapitel soll im Sinne der oben dargelegten Forschungsfrage klären, wie F&E-Fördersysteme wohlfahrtsökonomisch effizient gestaltet werden können. Dies soll in folgender Schrittfolge versucht werden. Abschnitt 1 legt allgemeine Annahmen der weiteren Untersuchungen dar. Abschnitt 2 klärt das ideale normative Ziel der F&E-Förderpolitik sowie die Natur und Rechtfertigung von F&E-Förderungen. Abschnitt 3 fundiert Marktversagensmomente als Abweichungen vom normativen Idealfall und damit die grundsätzliche Rechtfertigung und die erforderlichen Wirkungsmechanismen staatlicher F&E-Förderungen. Abschnitt 4 erkundet systemische Ineffizienzen des F&E-Fördersystems. Abschnitt 5 untersucht, auf welche Weise Markt- und Systemversagen über die davor identifizierten Parameter zielkonform eingedämmt werden können. Abschließend formuliert Abschnitt 6 allfällige Hypothesen, die auch empirisch verifiziert werden können und sollen.

1 Annahmen

Es wird im gesamten vorliegenden theoretischen Kapitel ohne weitere Erörterung grundsätzlich von folgenden Eigenschaften der Akteure ausgegangen:

(i) innovative Unternehmen (ie potenzielle und tatsächliche F&E-Fördernehmer) seien (a) rational und (b) maximieren ihren privaten Gewinn,

(ii) der Staat (vertreten durch politische Entscheidungsträger insbesondere die Regierung) sei (a) rational und (b) maximiere die soziale Wohlfahrt der Volkswirtschaft,

(iii) menschliche Individuen (ie Konsumenten[1], Manager[2], Politiker[3] und andere mehr) seien (a) rational und (b) maximieren ihren privaten Nutzen.

---

[1] Haushalte werden ebenso behandelt.

Diese (Standard-) Annahmen stellen klar, dass die Akteure grundsätzlich zu ihrem eigenen Vorteil agieren; wobei damit auch indirekte oder langfristige Effekte umfasst sind (zB scheinbarer Altruismus). Diese sind letztlich auf egoistische Grundmotivationen wie Überleben und Lustmomente zurückzuführen, die für die Nutzen- und Gewinnmaximierung hier nicht näher darzulegen sind. Jedoch ist die Zielfunktion „soziale Wohlfahrt" in Annahme (ii) als zentraler Blickwinkel der vorliegenden Arbeit im folgenden Abschnitt 2 näher abzugrenzen.

2 Marktversagen, Staatsversagen und das Rechtfertigungskalkül für förderpolitische Maßnahmen

Es ist hier darzulegen, erstens von welcher volkswirtschaftlichen (gesellschaftlichen) in der Folge Zielsetzung ausgegangen wird (Zielfunktion für Verbesserungen des F&E-Fördersystems), zweitens was die Natur von staatlichen F&E-Förderungen ist und drittens wann diese zur Zielerreichung beizutragen vermögen.

2.1 Die Bedeutung von F&E-Förderungen als staatlicher Markteingriff

Soziale Wohlfahrt und gesamtwirtschaftliche Wertschöpfung. Zunächst sei uneingeschränkt davon ausgegangen, dass der Staat (repräsentiert durch seine obersten Organe, insbesondere die Regierung) die nationalen Interessen einer Volkswirtschaft vertritt und dabei als Ziel einzig die Maximierung der sozialen Wohlfahrt (des „sozialen Gesamtnutzens") verfolgt. Deren partielle Ableitungen nach den individuellen Nutzenfunktionen seien nicht-negativ. Für die theoretische Formulierung gilt, dass unter der Annahme quasi-linearer individueller Nutzenfunktionen, Änderungen der erzielbaren sozialen Wohlfahrt

---

[2] Im Allgemeinen wird von der Abwesenheit eines Principal-Agent-Konfliktes zwischen Unternehmenseigner und Unternehmensführer (Manager) ausgegangen; ein solcher Konflikt wird jedoch an mehrfacher Stelle als wesentliche Abweichung von Annahme (i) explizit eingeführt.

[3] Im Allgemeinen wird von der Abwesenheit eines Principal-Agent-Konfliktes zwischen Volkswirtschaft (Endnutznießer Volk) und „Volksvertretern" (politische Entscheidungsträger) ausgegangen; auch ein solcher Konflikt wird an mehrfacher Stelle als wesentliche Abweichung von Annahme (ii) explizit eingeführt.

über Änderungen der Marshall-Gesamtrente gemessen werden können.[4] Ceteris paribus bewirken dann Erhöhungen der gesamtwirtschaftlichen Wertschöpfung (die über das Bruttoinlandsprodukt einfach messbar sind) Erhöhungen der Marshall-Gesamtrente und damit der erzielbaren sozialen Wohlfahrt.[5]

Zu beachten ist, dass diese Form der Wohlfahrtsmaximierung nichts über die Frage der Einkommensverteilung aussagt, während in der Realität bestimmte Verteilungsfunktionen gegenüber andern gesellschaftlich bevorzugt werden. So ist in unserer Formulierung die Schlechterstellung eines Akteurs mit der Besserstellung eines beliebigen anderen Akteurs in geringfügig größerer Höhe jedenfalls gerechtfertigt.[6] Maximiert ein solches unerwünschtes Verteilungsergebnis die Marshall-Gesamtrente (und ist damit Pareto-optimal), so ist dies insoferne unproblematisch, als die politisch erwünschte Verteilung im Wege von kompensierenden staatlichen Transfers realisiert werden kann. Dabei ist allerdings zu beachten, dass solche Transfers mittels ursprünglicher Verteilung vor dem Einsetzen der Marktkräfte umzusetzen sind (Zweites Wohlfahrtstheorem[7]). Dies ist auch intuitiv klar, da Ex-post-Transfers – gerade im Zusammenhang mit F&E-Aktivitäten – die Ex-ante-Anreize zur Innovation im Allgemeinen verändern, dh das erwartete transferierende Abschöpfen von Innovationsrenten wird geringere Anreize zu innovativer Aktivität zur Folge haben.[8] Das Zweite Wohlfahrtstheorem erlaubt uns, die Verteilungsproblematik

---

[4] Vgl Mas-Colell, Whinston und Green (1995), S 328ff.

[5] Dabei ist die tatsächlich erreichte soziale Wohlfahrt im Allgemeinen von der Verteilung der Gesamtrente bzw der Wertschöpfung abhängig. Dieses Verteilungsproblem ist nicht Gegenstand der vorliegenden Arbeit. Es geht hier vielmehr um die Größe des „Kuchens", nicht dessen Verteilung. Daher ist es auch nicht erforderlich, Annahmen über die konkrete soziale Wohlfahrtsfunktion zu treffen. Diese Vorgangsweise ist der Annahme eines repräsentativen Endverbrauchers äquivalent, vgl zB Mas-Colell, Whinston und Green (1995), 116ff.

[6] Vgl demgegenüber zB die Rawlsche Wohlfahrtsfunktion, die als das Minimum der individuellen Nutzenfunktionen definiert ist. Zu Überlegungen, wie technologischer Wandel auf die Verteilung wirkt, vgl zB Aghion und Howitt (1998), S 298ff.

[7] Vgl zB die formalisierte Darstellung in Mas-Colell, Whinston und Green (1995), Kapitel 10 und 16 mwN.

[8] Vgl auch den in Aghion und Howitt (1998), S 280ff, dargestellten Gegeneffekt, dass eine ungleiche Einkommensverteilung Kapitalmarktversagen verstärkt und so Wachstum hemmt. Vgl auch das wirtschaftspolitische Fortschrittswiderstand-Modell (basierend auf den Einkommenseffekten von Schumpeters kreativer Destruktion) von Aghion und Howitt (1998), Kapitel 9.

(weitgehend) auszublenden; sie ist nicht weiter Gegenstand der vorliegenden Arbeit. Unser Augenmerk gilt der Effizienz von F&E-Fördersystemen im Sinne der Maximierung der gesamtwirtschaftlichen Wertschöpfung.

F&E-Förderung als staatlicher Markteingriff. Staatliche F&E-Förderungen stellen Transferleistungen (quantitativ zusammenfassbar in der Größe Förderbarwert) dar, die der Staat an einzelne oder Gruppen von Unternehmen (F&E-Fördernehmer) leistet. Solche Transfers sind entweder projektbezogen (so genannte selektive Förderungen) oder an ein äußerst allgemeines Kriterium wie zB das grundsätzliche Bestehen von F&E-Ausgaben im Kalenderjahr geknüpft (so genannte allgemeine Förderungen). In jedem Fall ist ein solcher (innovationsbezogener) staatlicher Transfer als Staatsintervention gegenüber dem Marktgeschehen zu qualifizieren, da er ist keine vom Marktgeschehen unmittelbar generierte Erscheinung darstellt. Dies bedeutet – zunächst wertungsfrei im Hinblick auf unsere Zielfunktion – eine Entfernung vom Setting eines Marktes vollkommener Konkurrenz. Ob und wann solche förderpolitischen Staatsinterventionen (staatliche F&E-Förderungen aller Form) aus wohlfahrtsökonomischer Sicht zu befürworten sind, ist in der Folge zu klären.

Normativität der vollkommenen Konkurrenz und Marktversagen. Das Erste Wohlfahrtstheorem[9] stellt klar, dass Marktergebnisse (Preis-Mengen-Allokationen) der vollkommenen Konkurrenz Pareto-optimal sind, ie durch (staatlichen) Eingriff in den Markt kann kein Marktteilnehmer besser gestellt werden, ohne dadurch zumindest einen anderen schlechter zu stellen.[10] Die konstituierenden Charakteristika (Bedingungen) eines Marktgleichgewichtes unter vollkommener Konkurrenz sind

(i) rationale, gewinn- bzw nutzenmaximierende Marktteilnehmer,

(ii) homogene Produkte und keine Marktmacht (Preisnehmer),

(iii) vollständige Transparenz für alle Marktteilnehmer über Angebot und Nachfrage und keine sonstigen Friktionen (Transaktionskosten, zeitliche Verzögerungen, etc) und

(iv) Markträumung (Angebot gleich Nachfrage, falls Preise streng positiv).

---

[9] Vgl zB die formalisierte Darstellung in Mas-Colell, Whinston und Green (1995), Kapitel 10 und 16 mwN.

[10] Das Ergebnis der oben angesprochenen Maximierung der Marshall-Gesamtrente entspricht dem hier angeführten Marktgleichgewicht unter vollkommener Konkurrenz, vgl Mas-Colell, Whinston und Green (1995), S 331.

Erklärt man die Bedingungen des Ersten Wohlfahrtstheorems adäquaterweise zum Regelfall (weil überwiegend zutreffend), so sind staatliche Markteingriffe notwendigerweise (aber nicht hinreichenderweise) mit der Verletzung einer oder mehrerer Annahmen des Ersten Wohlfahrtstheorems zu begründen, wenn sie ein Wohlfahrtssteigerungspotenzial realisieren wollen. Die Fälle, in denen diese Bedingungen (teilweise) verletzt sind und in denen folglich das Marktergebnis die soziale Wohlfahrt nicht in Pareto-optimaler Weise maximiert, seien als (neoklassisches) Marktversagen bezeichnet.

Rechtfertigung staatlicher Fördereingriffe und Staatsversagen. Die Sub-Optimalität eines realen Marktergebnisses gegenüber einem normativen Ideal sagt aber noch nichts darüber aus, ob ein staatlicher Eingriff diese zu lindern vermag. Die Erforderlichkeit einer Korrektur ist nicht mit deren erfolgreicher Realisierung zu verwechseln. Ein staatlicher Eingriff ist daher dann gerechtfertigt, wenn (a) Marktversagen vorliegt und (b) der Eingriff dieses effektiv und effizient bekämpft werden kann, ie zu einer Pareto- (bzw Wohlfahrts-) Verbesserung führt. In Fällen, in denen staatliche Eingriffe (realpolitisch) nicht in der Lage sind, Marktversagen in optimaler Weise zu beheben (oder zumindest zu reduzieren) und so Pareto-Optimalität herzustellen (anzunähern), sei von Staatsversagen gesprochen. Dies ist dann der Fall, wenn dem politischen Entscheidungsträger entweder nicht die erforderlichen Mittel zur Verfügung stehen (zB unvollkommene Informationslage, bürokratische Trägheit uam) oder seine eigenen Handlungsanreize nicht wohlfahrtskonform sind (zB Partikularinteressen politischer Entscheidungsträger wie privater Nutzen in Form von Macht und Prestige, *kurzfristige* Wahl-Interessen uam).

2.2 Förderwürdigkeit

Projektebene. Auf der Untersuchungsebene eines F&E-Projektes soll zunächst unabhängig von den konkreten Versagensmechanismen formuliert werden, wann eine F&E-Förderung wohlfahrtsökonomisch in Betracht kommt.

Förderwürdigkeit eines F&E-Projektes. Ein unternehmerisches F&E-Projekt, das für die soziale Wohlfahrt von inkrementellem Vorteil ist, jedoch auf dem freien Markt[11] nicht (bzw nur in abgeänderter Form) realisiert werden kann, ist – im Sinne der Zielfunktion Wohlfahrtsmaximierung – genau soweit durch staatliche Unterstützung mitzutragen, als dies (i) einerseits zu seiner Realisierung notwendig ist und dies (ii) andererseits durch die gewonnen Wohl-

---

[11] Das Marktproblem kann dabei sowohl auf dem Produktmarkt der Innovation liegen als auch auf dem Inputfaktormarkt oder dem Kapitalmarkt.

fahrtszuwächse zumindest gedeckt ist (Grenzbetrachtung). Ein solches F&E-Projekt sei als förderwürdig bezeichnet.

Exkurs: Unternehmensebene. Auf Unternehmensebene kann die Förderung ganzer innovativer Unternehmen wohlfahrtsökonomisch legitim sein. Dies ist etwa dann der Fall, wenn in konzentrierten Märkten neue, innovative Marktteilnehmer unterstützt werden sollen, um Wettbewerb zu generieren oder wenn aus sonstigen makroökonomischen Gründen (zB arbeitsmarktpolitischen) kleinere Unternehmen gefördert werden sollen. Zwar folgen daraus uU auch innovationsfördernde oder -hemmende Impulse (zum Zusammenhang Marktmacht und Innovationsintensität vgl Aghion und Howitt 1998, S 58 und 205ff; zum Zusammenhang Unternehmensgröße und Innovationsintensität vgl Symeonidis (1996); zu beiden vgl unten Abschnitt 3.4), jedoch handelt sich hierbei überwiegend um allgemeine wirtschaftspolitische Fragen, die nicht vornehmlich über F&E-Förderpolitik zu lösen sind und daher kein zentrales Thema der vorliegenden Arbeit konstituieren. Jedoch wird im Abschnitt über Systemversagen auf das Prinzip einer konsistent abgestimmten Innovationspolitik einzugehen sein.

Exkurs: Sektorebene. Eine differenzierende Förderung der einzelnen Wirtschaftssektoren kann mit unterschiedlichen (zukünftigen bzw barwerten) Wohlfahrtseffekten der sektorspezifischen F&E-Aktivitäten begründet werden. Dazu sind zwei Anmerkungen zu machen. Erstens, rein förderpolitisch handelt es sich hier um eine Frage nach unterschiedlichen empirischen Wohlfahrtszuwächsen je Euro F&E-Förderung über die Sektoren, zu der hier theoretisch jedoch wenig zu sagen ist[12] (außer dass sämtliche diskrete Förderausgabe-Einheiten nach ihren positiven Wohlfahrtseffekten zu ordnen sind und jene mit größeren Zuwächsen einen wohlfahrtsökonomisch vorrangigen Förderanspruch haben; diese Rationierungsregel ist allerdings keine Vorgangsweise, die für die Sektor-Dimension spezifisch wäre). Zweitens besteht hier über F&E-Förderpolitik hinausgehend eine ganz erhebliche Überdeckung mit allgemeiner Wirtschaftspolitik (Entwicklung von Sektoren als Teil der Wettbewerbsfähigkeit

---

[12] Solche Unterschiede rühren vermutlich insbesondere aus dem unterschiedlichen Grad an Externalitäten, der sich aus mehreren Dimensionen ergibt, zB Nicht-Ausschließlichkeitscharakter des generierten innovativen Wissens, Marktstruktur, Wertschöpfungspotenzial eines Themas (Nutzen für den Menschen, Erforschungsgrad), Reife des Innovationsmanagements in einem Sektor uam. Diese Effekte scheinen realistischerweise kaum modellierbar und noch weniger einzeln messbar; sie können stellvertretend insbesondere in der Sektorzugehörigkeit eines Unternehmens (oder auch eines Projekt-Themas) gemessen werden. Dies sei empirischen Untersuchungen vorbehalten. Vgl dazu auch unten Kapitel I Abschnitt 3.

einer Volkswirtschaft); da dies mit ganz erheblichen Rückkoppelungen auf die F&E-Quote einer Volkswirtschaft verbunden ist, wird darauf im Zuge von Abschnitt 4 über Systemversagen einzugehen sein.

In den folgenden Untersuchungen ist daher ausschließlich auf Projektebene auf Ursachen von Förderwürdigkeit einzugehen.

Für die weitere theoretische Untersuchung ergibt sich daher folgende Struktur. In einem ersten Schritt sind jene Fälle zu identifizieren, in denen Marktversagen im Zusammenhang mit F&E-Projekten (ie der unternehmerischen Generierung von technologisch innovativen Produkten und Prozessen) auftritt (Abschnitt 3). Zweitens sind diese um abgeleitete Fälle des Staatsversagens (ie Lücken und Ineffizienzen im F&E-Fördersystem) zu ergänzen (Abschnitt 4). Als zentrale dritte Aufgabe sind förderpolitische Maßnahmen zur Behebung oder Reduzierung dieser innovationsbezogenen Markt- und Staatsversagensmechanismen zu entwerfen (Abschnitt 5).

3 F&E-Projekte und neoklassisches Marktversagen

In diesem Abschnitt werden zentrale Fälle F&E-Marktversagens ausgemacht und damit implizit die Inhalte der normativen Aussagen des Ersten Wohlfahrtstheorems gefasst.

3.1 Positive Externalitäten

Positive und negative Externalitäten von F&E-Aktivitäten. Technologische Innovationen eines Unternehmens i weisen regelmäßig externe Effekte auf, ie beeinflussen die private Wertschöpfung bzw den Nutzen anderer Akteure (Unternehmen j, $j \neq i$ bzw Haushalte).[13] Der Wert dieser externen Wirkungen kann im Allgemeinen in positive und negative Teileffekte zerlegt werden. Positive Komponenten wären

---

[13] Zu Definition und Effekten vgl zB Mas-Colell, Whinston und Green (1995), Kapitel 11.

(i) *Spillovers von technologischem Wissen*[14], die insbesondere den produktionstechnischen Möglichkeitenhorizont anderer Unternehmen jedenfalls erweitern (effizientere bzw zusätzliche Produktionsfunktion),

(ii) *Komplementäreffekte*[15], die sich aus neuen Produkten bzw neuen Produktionsprozessen ergeben können (zB Entstehen einer Zuliefer- und Serviceindustrie rund um ein gänzlich neues technisches Produkt oder Komplementärprodukt-Effekte wie zB Anstieg des CD-Verkaufs durch Entwicklung des portablen CD-Players)

und negative Komponenten wären

(iii) *Substitutionseffekte*[16], die sich ebenfalls aus neuen Produkten bzw neuen Produktionsprozessen ergeben können (zB Substitutionsprodukt-Effekte wie zB Verdrängung eines Musikträgerproduktes durch ein neues).

Mittelbare Effekte. Aus diesen können sich mittelbare Effekte mit sämtlichen denkbaren Konsequenzen für die Wohlfahrt ergeben; die Richtung der Effekte kann sowohl positiv als auch negativ sein. Nur beispielhaft seien einige herausgegriffen, etwa

(iv) das Entstehen neuer Wachstumsmärkte oder ganzer Industrien (Wachstum, Arbeitsplätze),

(v) das Entstehen von Markteintrittsbarrieren und Verschiebungen von Marktkonzentrationsgraden (Marktmacht, Monopolrenten),

(vi) das Entstehen von Produkten neuer Qualität oder die kostengünstige Massenherstellung bisheriger Luxusartikel (Konsumentennutzen, Lebensqualität einschließlich Gesundheit und Lebenserwartung),

(vii) das Entstehen negativer Einflüsse auf die natürliche Umwelt (ie soweit mit negativen Folgewirkungen für Menschen verbunden)

(viii) und viele andere mehr.

---

[14] Dies resultiert teilweise auch aus dem Spezialfall eines öffentlichen Wissens-Gutes (Nicht-Ausschließbarkeit, Nicht-Erschöpfung), das etwa durch den einmaligen Verkauf eines zu Grunde liegenden Produktes, das dieses Wissen implizit in sich trägt, entstehen kann. Vgl zB Mas-Colell, Whinston und Green (1995), Kapitel 11.

[15] Ähnlich auch Solow (2000), S 172 zu Recht in Kritik an Aghion und Howitt (1998).

[16] Ähnlich auch Aghion und Howitt (1998), S 504 unter Verweis auf Schumpeter.

Der Nettoeffekt von F&E-Externalitäten (samt ihre Folgewirkungen) kann sowohl positives als auch negatives Vorzeichen annehmen. Empirische Evidenz legt jedoch nahe, dass Innovation insgesamt mit erheblichem Wirtschaftswachstum einhergeht, was das Bestehen positiver Externalitäten nahe legt. Zum Zusammenhang F&E-Ausgaben und Wirtschaftswachstum vgl die aktuellen ökonometrischen Studien in Kommission der Europäischen Gemeinschaften (2003a), S 6 sowie Guellec und Pottelsberghe de la Potterie (2001). Vgl auch die grundlegende kritische Auseinandersetzung in Aghion und Howitt (1998), Kapitel 12 mit empirischen Ergebnissen zu endogenen Wachstumsmodellen sowie Kritik in Solow (2000), S 172 und 180ff.

Ergänzend sei darauf hingewiesen, dass F&E-Projekte auch aufgrund einer zu langen Pay-back-Periode scheitern können (kurzfristige Sicht der Manager bzw Investoren). Dies kann so interpretiert werden, dass das Unternehmen – im interessierenden Zeitraum – nicht alle (zukünftigen) Gewinne internalisieren kann. Dieser Fall ist daher ähnlich einem Externalitäten-Fall gelagert.

Wohlfahrt und F&E-Externalitäten. In der Folge ist zu zeigen, auf welche Weise das Bestehen externer Effekte von industrieller F&E wohlfahrtsoptimale Marktergebnisse verhindert.[17]

Annahmen. Auszugehen ist von einem Unternehmen, das den Erwartungswert seines privaten Gewinnes[18] maximiert und in einer Grenzbetrachtung über die Durchführung eines innovativen Projektes (kurz: F&E-Projekt) zu entscheiden hat. Das Projekt sei jetzt oder nie durchzuführen und es bestehe keine alternative Investitionsmöglichkeit.[19] Der Kapitalzugang des Unternehmers sei unbeschränkt.

---

[17] Vgl auch Coase (1960).

[18] Alle Größen seien als Barwerte verstanden (also nach kapitalmarktorientierter Diskontierung entsprechend dem systematischen Risiko des Projektes auf den gemeinsamen Zeitpunkt *t*). Der zukünftige Gewinn (und damit dessen Barwert) sei unsicher, dessen Erwartungswert der wahrscheinlichkeitsgewichtete Durchschnitt. Analoges gilt für den unsicheren Wohlfahrtseffekt.

[19] Diese Annahmen dienen ausschließlich der Vereinfachung der Analyse. Sie stellen insoferne keine Einschränkung dar, als die Variablen entsprechend erweitert interpretiert werden können (zB Interpretation der Wertschöpfung als risiko-angepasstes Inkrement gegenüber der besten sämtlicher Alternativinvestitionen einschließlich Varianten des zur Diskussion stehenden Projektes und unter Berücksichtigung von Zeit-, Options- und Interaktionseffekten, vgl Klement 2003).

Der Beitrag des F&E-Projektes zum Barwert der künftigen Gewinne des Unternehmens (kurz: Gewinn) sei mit P_0 bezeichnet (Subskript 0 kennzeichne die Abwesenheit staatlicher Förderung, Subskript F kennzeichne den Förderfall) und sein (direkter und indirekter) Beitrag zur Wohlfahrt der Volkswirtschaft (kurz: Wohlfahrtseffekt[20]) sei mit W bezeichnet. $E[\cdot]$ sei der Erwartungswertoperator.

Marktversagen aufgrund Externalitäten. Das F&E-Projekt sei – bei hypothetischer Durchführung – mit einer erwarteten positiven Externalität E_0,

$$E[E_0] = E[W] - E[P_0] > 0$$

in der Weise verbunden, dass der erwartete Wohlfahrtseffekt des F&E-Projektes positiv sei, ie

$$E[W] > 0,$$

und der erwartete private Gewinnbeitrag negativ sei, ie

$$E[P_0] < 0.$$

Ein rationaler Unternehmer (Eigner und Manager in einer Person) wird ein solches Projekt nicht durchführen (unter der Annahme vollständiger Diversifizierung (über den Kapitalmarkt) und/oder Risikoneutralität), da er sich offensichtlich bei Projektdurchführung schlechter stellen würde als ohne Projektdurchführung ($E[P_0] < E[0] = 0$). Der Volkswirtschaft entgeht gleichzeitig der (erwartetermaßen) positive Wohlfahrtseffekt des F&E-Projektes, W. Die nicht ausreichenden privaten Anreize zur Projektdurchführung sind also wohlfahrtsvernichtend (und wachstumshemmend). Hier versagt also die Selbstregulierung des freien Marktes in dem Sinne, dass sie nicht zum Paretooptimalen (und damit nicht wohlfahrtsoptimalen) Ergebnis führt (Marktversagen). Damit liegt die Grundvoraussetzung für die Rechtfertigung eines staatlichen Eingriffes vor. Denn, falls (wie hier angenommen und regelmäßig zutreffend) der nicht realisierte erwartete Wohlfahrtsgewinn größer ist als der abgewendete erwartete private Verlust, also die Summe der beiden Effekte positiv ist, ie

$$E[W] > -E[P_0]$$
$$E[W] + E[P_0] > 0,$$

---

[20] Barwert aller zukünftigen Wohlfahrtseffekte des Projektes, einschließlich P_0 und im Falle eines geförderten Projektes nach Abzug aller Förderkosten (insbesondere Administrationskosten der Förderstelle und Kosten der Mittelaufbringung).

dann kann durch (teilweise) Internalisierung der positiven Externalitäten (zB mittels Transfers in Form einer F&E-Förderung, die den erwarteten privaten Verlust zumindest ausgleicht), der rationale Unternehmer in Pareto-verbessernder Weise zur Projektdurchführung gebracht werden. Geschieht dies, so werden sowohl der Unternehmer als auch die Volkswirtschaft besser gestellt als ohne Durchführung des F&E-Projektes (Verbesserung der Pareto-Effizienz), ie

$E[P_F] = E[P_0 + \alpha E_0] > 0 > E[P_0]$ wenn $\alpha \in [0,1]$ ausreichend groß (privater Vorteil),

$E[W] > E[0] = 0$ (Wohlfahrtsvorteil),

$E[E_0 - \alpha E_0] \geq 0$ (Vermeidbarkeit der Schlechterstellung Dritter),

wobei α als Internalisierungsgrad zu interpretieren ist. Der staatsintervenistische Transfer ist somit als Pareto-verbessernde Maßnahme gerechtfertigt.

Bevor wir uns den Informationsproblemen bei solchen Transfers zuwenden (vgl Abschnitt 4), sind weitere Formen des Marktversagens im Zusammenhang mit Innovationsprojekten anzusprechen.

3.2 Risikoaversion: Projektrisiko

Da F&E-Projekte naturgemäß risikoreiche Unterfangen sind, wird bei der Entscheidung über ihre Durchführung regelmäßig eine allfällige Risikoaversion des Unternehmers schlagend. Dies ist dann der Fall, wenn alternativ

(i) der Unternehmenseigner nicht vollständig am Kapitalmarkt diversifiziert ist,

(ii) der *Kapitalmarkt nicht perfekt* ist (Kapitalmarktversagen zB wegen Unvollständigkeit, Transaktionskosten, Informationsproblemen, Irrationalität, spekulativer Bubble) oder

(iii) ein *Principal-Agent-Konflikt* zwischen dem unmittelbaren Entscheidungsträger (Manager mit privaten Interessen) und dem Eigentümer (Eigenkapitalgeber) vorliegt, zB der Manager scheut vor großen Transaktionen zurück, deren Return hoch ist, die aber die Liquidität des Unternehmens gefährden könnten und damit seinen Erhalt von Job und Prestige gefährden (Orientierung am Worst-Case-Szenario), während der diversifizierte Investor am *Erwartungswert* des Gewinnes orientiert bleibt und das Konkursrisiko einzelner Investitionsobjekte (Unternehmen) in Kauf nimmt (vorausgesetzt das Erwartungswert-Varianz-Verhältnis ist zumindest marktkonform[21]).

Systematisches und idiosynkratisches Projektrisiko. In einem solchen Setting wird also die Risikoeinstellung des Entscheidungsträgers[22] und damit neben dem systematischen (also mit dem Kapitalmarkt korrelierten) auch der *idiosynkratische* (ie der mit dem Kapitalmarkt *nicht* korrelierte) Teil des Projektrisikoprozesses relevant.[23] Ursachen für systematische Risikokomponenten von F&E-Projekten können zB Konjunkturschwankungen (qua der Finanzierung dienende, mitschwankende Cashflows), Input-Preisänderungen, allgemeiner technischer Fortschritt und andere mehr sein. Demgegenüber sind idiosynkratische Risikoanteile projektspezifisch (auch unternehmensspezifisch) und resultieren etwa aus der Ungewissheit über das Realisieren eines Erkenntnisdurchbruches im Zuge des F&E-Projektes oder der Kündigung des Projektleiters uäm.

Investitionsentscheidung. Die Entscheidungsregel über die Projektdurchführung ist dann über die Nutzenfunktion der Zufallsvariable Gewinn zu formulieren, ie ein Projekt ist rational durchzuführen, wenn

(1) $\quad \mathrm{E}\bigl[U(P_0)\bigr] > \mathrm{E}\bigl[U(0)\bigr],$

wobei $U(\cdot)$ eine risikoaverse Von-Neumann-Morgenstern-Nutzenfunktion darstellt, ie

$U' > 0, \quad U'' < 0.$

Marktversagen trotz positiven privaten Gewinnes. Zu beachten ist nun, dass in einem solchen Setting auch ein Projekt mit positivem erwarteten privaten Gewinn, $\mathrm{E}[P_0] > 0$, das Kriterium (1) uU nicht erfüllt und daher trotz sowohl positiven erwarteten privaten Gewinns als auch positivem erwarteten Wohlfahrtseffekt vom rationalen Unternehmer wegen Risikoaversion nicht durchgeführt wird. Für die (gerechtfertigte) Staatsintervention kann hier die Schlussfolgerung gezogen werden, dass ein Förderinstrument mit Versicherungseffekt,

---

[21] Zur Portfoliotheorie vgl zB Eichberger und Harper (1997).
[22] Ohne Principal-Agent-Problem ist dies gleichzeitig jene des Unternehmenseigners und des Managers.
[23] Es sei daran erinnert, dass definitionsgemäß die Größe $\mathrm{E}[P_0]$ bereits um die Kosten des systematischen Risikos bereinigt ist, vgl Fn 18, S 51. Systematische und idiosynkratische Risikokomponente ergänzen sich zum Gesamtrisiko (Varianz) des F&E-Projektes.

aber Erwartungswert Null genügen kann ("staatsbudgetneutral"[24]), um den rationalen Unternehmer zur Projektdurchführung zu bewegen und damit sowohl Unternehmer als auch Volkswirtschaft besser zu stellen.

Förderwürdigkeit trotz negativer Externalität? Entwickelt man dieses Setting – F&E-Projekt mit $E[P_0] > 0$, $E[W] > 0$ und $E[U(P_0)] < E[U(0)]$ – weiter, so stellt sich folgende Frage. Was soll gelten, wenn dabei der private erwartete Gewinn den erwarteten *positiven* Wohlfahrtseffekt *überschreitet*, ie $E[P_0] > E[W] > 0$ (negative Externalität)? Ein solches F&E-Projekt gelangt also einerseits aufgrund von Risikoaversion nicht zur Durchführung, wäre andererseits jedoch wohlfahrtssteigernd. Geht man allein von der Zielfunktion Wohlfahrtsmaximierung aus, so wäre ein solches Projekt förderwürdig (kostenneutrale Versicherung). Eine Überprüfung mit dem Pareto-Kriterium zeigt jedoch sofort, dass es sich dabei aufgrund der negativen Externalität um eine Umverteilung vom Vermögen Dritter (der von der Externalität betroffenen Akteure) hin zum Vermögen des projektdurchführenden Unternehmens um eine Pareto-ineffiziente Maßnahme handelt, die Dritte schlechter stellt. Insoferne wäre die Maßnahme in Verbindung mit einer kompensierenden staatlichen Umverteilung von Teilen des Gewinnes P_0 in Höhe von $E[P_0] - E[W] < E[P_0]$ an die von der negativen Externalität betroffenen Akteure in Pareto-optimale Bahnen lenkbar. Da der erwartete Gewinn des geförderten Projektes, $E[P_F]$, positiv wäre, weil

$$E[P_F] = E[P_0 - (P_0 - W)] = E[W] > 0,$$

bliebe der erforderliche Gewinnanreiz zur Durchführung des Projektes erhalten. Das erzielte Ergebnis wäre wohlfahrtsmaximierend und Pareto-verbessernd. Die Probleme der Umsetzung einer solchen Maßnahme sind weiter unten zu erörtern.

Staat versus Markt. Hier ist allerdings zu untersuchen, ob grundsätzlich tatsächlich eine staatliche Intervention gerechtfertigt ist. Denn bisher wurde eine wesentliche implizite Annahme außer Betracht gelassen. Es wurde nämlich implizit unterstellt, dass der Fördernehmer die gewünschte Versicherung gegen das – aufgrund von Risikoaversion relevante – Projektrisiko nicht am (Ver-

---

[24] Dahinter steht letztlich die Annahme, dass der Staat entweder risikoneutral ist oder sich besser diversifizieren kann. Dies erscheint plausibel. Für den dadurch versicherten Fördernehmer ist die Versicherung selbstverständlich (aufgrund seiner Risikoaversion) von positivem Wert. Zu beachten ist, dass hier implizit – zum Fokussieren der Kernidee – die Abwesenheit von Förderkosten (Administrationskosten der Förderstelle, Kosten der Steuereinhebung) angenommen wurde.

sicherungs- oder Kapital-) Markt erlangen kann. Könnte er am Markt einen fairen Versicherungsvertrag erlangen, der ihm gegen den fairen Preis („Prämie") unabhängig vom Projekterfolg den erwarteten Gewinn (abgezinst mit dem *risikofreien* Zinssatz) ausschüttet, so würde er das Projekt dann durchführen, wenn der Versicherungspreis unter dem erwarteten risikofrei diskontierten Gewinn liegt.[25] Ob diese Differenzgröße positiv ist, kann eindeutig bestimmt werden und hängt weder vom Projektrisiko noch von der Risikoaversion des innovativen Unternehmens ab. Denn definitionsgemäß (vgl Fn 18, S 51) ist die Größe $E[P_0]$ der Erwartungswert der mit dem *kapitalmarktkonformen Risikozinssatz* abgezinsten Verteilung der zukünftigen Gewinnbeiträge (der so genannte Marktwert), also genau jene Differenzgröße, die man erhält, wenn man vom erwarteten risikofrei abgezinsten Gewinn die Kosten für die systematische (ie mit dem Kapitalmarkt korrelierte) Risikokomponente des F&E-Projektes abzieht. Dies deshalb, weil der Versicherer genau für die systematische Risikokomponente (neben den hier vernachlässigten Administrationskosten) entlohnt werden möchte (um einen ökonomischen Gewinn von Null zu erreichen; „faire Prämie"). Da in unserem Fall $E[P_0] > E[W] > 0$, führt das Marktergebnis zu folgender Verteilung. Das innovative Unternehmen i verkauft den Projekterfolg (wie zB in Fn 25 skizziert) und kann dann die Entscheidung über die Projektdurchführung nach dem *risikoneutralen* (!) Kalkül $E[P_0] > 0$ vornehmen und in unserem Fall positiv entscheiden (also das F&E-Projekt durchführen) und damit einen Gewinnbeitrag $E[P_0] > 0$ erzielen; der Versicherer (zB Venture-Capital-Fonds) macht einen normalen Gewinn und den Dritten bleibt die negative Externalität aufgebürdet. Der Gesamtwohlfahrtseffekt ist gleich jenem im staatsintervenierenden Szenario und in beiden Fällen wird das Projekt realisiert. Ein Transfer der negativen Externalität kommt auf dem Markt allerdings nicht zustande; dies bedeutet – vorausgesetzt es gibt einen funktionierenden Markt für solche Venture-Capital-Vereinbarungen – ist der staatliche Eingriff innovationspolitisch nicht erforderlich. Sollen jedoch negative Umver-

---

[25] Dies entspricht dem sofortigen (ie Ex-ante-) Verkauf des Projekterfolges zum erwarteten (und risikofrei abgezinsten) Gewinn abzüglich eines Disagios für das (systematische) Projektrisiko. Dies wäre praktisch zB realisierbar, indem das F&E-Projekt des innovativen Unternehmens i (uU gemeinsam mit anderen Projekten von i) in eine eigene Gesellschaft ausgelagert wird, dessen Eigenkapitalposition etwa an einen Venture-Capital-Fonds verkauft wird und gleichzeitig vereinbart wird, dass die Management-Kompetenz zur Frage der Verwertung der Ergebnisse des F&E-Projektes ausschließlich bei Unternehmen i liegt (unternehmensinterne Verwertung) und die Gewinnteilung so vorgenommen wird, wie sogleich oben im Text darzulegen ist.

teilungsfolgen der Innovation abgefedert werden, ist der Staat gefordert. Besteht der beschriebene Markt für Venture-Capital-Vereinbarungen nicht oder funktioniert er nicht effizient (zB wegen unvollkommener Information), ist der Staat auch innovationspolitisch gefordert, um die Realisierung der wohlfahrtssteigernden F&E-Aktivität sicher zu stellen.

Blicken wir zum Ausgangspunkt unserer Überlegungen zurück, der bei drei möglichen Ursachen für Risikoaversion des innovativen Unternehmens lag, nämlich

(i) am Kapitalmarkt nicht vollständig diversifizierte Unternehmenseigner,

(ii) ein nicht-perfekte Kapitalmarkt oder

(iii) ein Principal-Agent-Konflikt zwischen Manager und Eigentümer,

so zeigt sich, dass bereits die Problemursache in allen drei Fällen mit wesentlichen Unzulänglichkeiten im Zusammenhang mit der Finanzierung des Unternehmens stand. Dies stimmt wenig optimistisch, dass in diesen Fällen die Probleme von Risikoaversion regelmäßig über eine Versicherung im Wege von Wagnisfinanzierung erreicht werden kann.

Des weiteren kann argumentiert werden, dass in jenen Fällen, in denen eine staatliche Förderung bereits aufgrund positiver Externalitäten gerechtfertigt ist (das ist der Regelfall), diese auch gleich mit Versicherungselementen ausgestattet werden kann und durch die Kombination in einem Instrument uU hemmende Such-, Verhandlungs-, Bereitstellungs- und Überwachungskosten gespart werden können. Insbesondere können jedoch in Fällen positiver Externalitäten bei gleichzeitig geringen positiven privaten Gewinnen die Versicherungskosten aus den Externalitäten abgedeckt werden. Diese kann jedoch nur der Staat in seine Förderentscheidung mit einbeziehen; der private Versicherer (zB Venture-Capitalist) kann nicht auf diese zugreifen oder aus diesen finanziert werden.

Es ist daher abschließend von einem Bedarf an staatlicher Intervention mittels F&E-Förderinstrumenten mit Versicherungscharakter auszugehen.

Der Fall Marktversagen wegen Risikoaversion kann somit (in der Regel[26]) mit folgenden kumulativen (hinreichenden und notwendigen) Bedingungen umschrieben werden,

---

[26] Unter bestimmten (oben diskutierten) Umständen wäre als dritte und unabhängige Bedingung $E[P_0]$ < Kosten der privaten Risikoübertragung (Versicherung) hinzu zu nehmen.

$E[U(P_0)] < E[U(0)]$ und
$E[W] > 0$.

3.3 Unvollkommene Kapitalmärkte

Kapitalmärkte für Eigen- oder Fremdkapital, die uU zur externen Finanzierung von F&E-Projekten angesprochen werden müssen, können aus mehreren Gründen unvollkommen sein, insbesondere wegen

(i) *Unvollständigkeit*, zB Fehlen von Venture-Capital in gewissen Bereichen oder von Fremdkapital bestimmter Laufzeit,[27]

(ii) *Informationsasymmetrien und Informationsbeschaffungskosten* zwischen potenziellen Kapitalgebern und dem kapitalsuchenden innovativen Unternehmen über das Geschäftsmodell oder Projektkonzept,[28]

(iii) *Transaktionskosten*, die die Finanzierung kleiner Projekte verhindern können[29] oder

(iv) *Irrationalität oder Spekulations-Bubble*, zB betreffend die Einschätzung einzelner Wirtschaftssektoren.[30]

Scheitern F&E-Projekte unmittelbar aus Finanzierungsgründen (ie mangelnde interne und externe Finanzierungsmöglichkeiten) *und* sind sie gleichzeitig wegen positiver Wohlfahrtseffekte förderwürdig (ie E[W] > 0), so können staatliche Eingriffe gerechtfertigt sein. Diese können entweder im Schaffen von den erforderlichen Rahmenbedingungen für Kapitalmärkte bestehen oder aber (subsidiär) in der Übernahme von klassischen Vor- und Zwischenfinanzierungen für F&E-Projekte.

Daneben ist zu bedenken, dass es sich hier gleichzeitig um Fälle handelt, in denen Risikoaversion schlagend wird (vgl den vorausgegangenen Abschnitt zu Risikoaversion).

---

[27] Zur Ineffizienz unter Unvollständigkeit vgl zB Eichberger und Harper (1997), S 106ff mwN.

[28] Zur Ineffizienz unter Informationsbeschaffungskosten vgl zB Grossmann und Stiglitz (1980) und zur Kredit-Rationierung unter asymmetrischer Information vgl zB Eichberger und Harper (1997), S 188ff mwN.

[29] Zur Ineffizienz unter Transaktionskosten vgl zB Campbell, Lo, MacKinlay (1997), S 315f mwN.

[30] Zu rationalen Bubbles vgl zB Campbell, Lo, MacKinlay (1997), S 258ff mwN.

3.4 Weitere Marktversagensmomente: Marktmacht, unvollkommene Information

In den folgenden Überlegungen sei zwischen Innovationssektor (ie F&E-Aktivitäten mit dem Ziel monopolistische Schutzrechte für geistiges Eigentum zu erlangen, „Wettrennen um Patente") und Produktmarkt (Markt für den Verkauf innovationsintensiv erzeugter Produkte) unterschieden.[31] Daneben sind die Inputfaktormärkte (zB für Kapitalgüter und F&E-Mitarbeiter) anzusprechen.

Innovationssektor. Aghion und Howitt (1998) zeigen, dass unterschiedliche theoretische Modelle konsistent einen positiven Zusammenhang zwischen dem aggregierten Innovationslevel und der Wettbewerbsintensität im Innovationssektor (ie hohe Anzahl an F&E-betreibenden Unternehmen bzw niedrige Markteintrittsbarrieren zu F&E-Aktivitäten) prognostizieren. Diese gründen auf den negativen externen Substitutionseffekten von Innovationen (ie innovative Produkte substituieren alte Produkte anderer Unternehmen) bzw U-förmigen F&E-Kostenfunktionen (zB zunehmenden Skalenerträge mit Eintrittskosten).[32] Das bedeutet, dass etwa Eintrittsbarrieren und unvollkommene Informationsflüsse im Innovationssektor wohlfahrtshemmend sind.

Produktmarkt. Was den Markt für „technologische Produkte" betrifft, werden in der theoretischen Literatur folgende unterschiedliche Argumente präsentiert. Zunächst ist vom Schumpeterschen Argument auszugehen, dass Innovationsrenten, also (begrenzte) Monopolmacht, erst den Anreiz zu Innovationsaktivitäten schaffen (dh ceteris paribus senkt Marktvollkommenheit die soziale Wohlfahrt).[33] Auf der anderen Seite ist der evolutionäre Effekt plausibel, dass Wettbewerbsintensität auf dem Produktmarkt Marktteilnehmer vor die Wahl stellt, innovativ zu sein oder unterzugehen (dh ceteris paribus erhöht Marktvollkommenheit die soziale Wohlfahrt).[34] Aghion und Howitt (1998) zeigen mehrere Varianten, diesen Ansatz in das Schumpetersche Grundmodell zu integrieren und dabei gleichzeitig empirischen Untersuchungen Rechnung zu tragen, die einen *positiven* Zusammenhang zwischen sektoralem Produktivitätswachstum und Wettbewerbsintensität indizieren.[35] Es erscheint daher insgesamt am plausibelsten, dass Marktvollkommenheit auf dem Produktmarkt

---

[31] Der so genannte Fördermarkt („Markt" für F&E-Förderungen) wird unter systemischem Versagen in Abschnitt 4 behandelt.
[32] Vgl Aghion und Howitt (1998), S 53ff und 206ff und Verweis auf Schumpeter und mwN.
[33] Vgl zB die Darstellung in Aghion und Howitt (1998), Kapitel 2 und 3.
[34] Zur Idee vgl Porter (1990).
[35] Vgl Aghion und Howitt (1998), Kapitel 7 mit Nachweisen zur empirischen Literatur S

dem Innovationsniveau (und damit der sozialen Wohlfahrt) zuträglich ist. Markteintrittsbarrieren, Marktmacht, Informations- und Anreizprobleme und andere Unvollkommenheiten des Produktmarktes sind der Wohlfahrt abträglich.[36] Diese Erkenntnis ist relevant für die Abstimmung von Innovationspolitik mit Wettbewerbspolitik und Marktregulierungen.[37]

Inputfaktormärkte. Die für die Generierung von technologischen Innovationen relevanten Beschaffungsmärkte (zB die Märkte für Kapitalgüter und F&E-Mitarbeiter) können allgemeine Marktversagensmomente aufweisen, die die wohlfahrtsoptimale Allokation von Ressourcen für die Durchführung von F&E-Aktivitäten verzerren. Auch hier ergibt sich die Relevanz aus der Abstimmung von Innovationspolitik mit anderen Politikbereichen (Wettbewerbspolitik, Marktregulierung, Bildungspolitik uam).

3.5 Schlussfolgerung

In diesem Abschnitt wurde also dargelegt, wann aufgrund neoklassischen Marktversagens eine staatliche Förderung für F&E-Projekte grundsätzlich (dh vorbehaltlich staatlichen Versagens) gerechtfertigt ist (nämlich wenn sozial vorteilhafte Projekte mangels privaten Gewinnes, wegen hohen Risikos, mangels Finanzierbarkeit oder wegen Marktverzerrungen nicht realisiert werden; Ursachen sind dabei insbesondere positive Externalitäten, Risikoaversion, ineffiziente Kapitalmärkte, Marktmacht, Markteintrittsbarrieren).

Denkt man zu diesem Marktversagen das Erste Wohlfahrtstheorem hinzu, so wurde damit implizit auch ein normativer Maßstab für den staatlichen (förderpolitischen) Eingriff vorgegeben, der wohlfahrtsökonomisch effiziente F&E-Förderungen von ineffizienten abgrenzt. Auf dieser Basis können im Abschnitt 5 Kriterien für wohlfahrtsverbessernde F&E-Förderinstrumente entwickelt werden.

Im nächsten Schritt ist jedoch aufzuzeigen, auf welche Arten und Weisen reale staatlich finanzierte, gestaltete und betriebene F&E-Fördersysteme Unzulänglichkeiten aufweisen (systemisches Versagen), dazu im folgenden Abschnitt.

---

[36] Vgl beispielsweise auch Bester (2003), S 167ff.
[37] Siehe auch die Überlegungen in Edquist, Hommen und McKelveyz (2001), S 57, Shapiro (2002), Symeonidis (1996), OECD (1996).

4 F&E-Fördersysteme und systemisches Versagen

4.1 Systemisches Versagen, nicht-erschöpfende Identifizierung

Staatsversagen, systemisches Versagen. Ziel dieses Abschnittes ist es, Aussagen darüber zu treffen, unter welchen Umständen (Versagensbedingungen) und in welcher Weise (Versagensmodi) es der Forschungs- und Innovationsförderung (kurz: dem F&E-Fördersystem) als Teil des NIS nicht gelingt, die wohlfahrtsökonomisch unerwünschten Folgen von neoklassischem Marktversagen vollständig zu beseitigen (argumento Erstes Wohlfahrtstheorem). Klar ist damit, dass es sich hier um Probleme des staatlich eingerichteten Fördersystems handelt, also um (vermeidbare und unvermeidbare) Unzulänglichkeiten des staatlichen Eingriffes, der im Finanzieren, Gestalten und Betreiben eines F&E-Fördersystems besteht. Richtig ist aber auch, dass ein solches System im Zusammenspiel all seiner Akteure (insbesondere der politischen Entscheidungsträger, Förderstellen, innovativen Unternehmen, Berater und Evaluatoren von F&E-Projekten, Förderprogrammen und Fördersystem) in gewissem Maße (wenn auch auf Basis seiner Rahmenbedingungen) systemimmanente Eigendynamiken und teilweise in Ansätzen eine Art Fördermarkt entwickelt. Es soll daher von systemischem Versagen des F&E-Fördersystems die Rede sein.[38]

Nicht-erschöpfende Darstellung. Die hier vorzunehmende analytische Untersuchung steht vor der schwierigen Aufgabe, konkrete mögliche Mechanismen zu identifizieren, die zentrale Formen der Abweichung von der optimalen Funktionsweise eines F&E-Fördersystems zu erklären vermögen. Dies ist deshalb eine schwierige Aufgabe, weil nicht nur die möglichen Abweichungen (wenn man sie ursächlich und nicht in einer ergebnisseitigen Zerlegung erfassen möchte) von quasi-offener Anzahl sind, sondern auch die *optimale* Ausgestaltung einer enorm vielfältigen und kaum vergleichbaren Pluralität an Ausgestaltungsvarianten von Fördersystemen unterliegt (denen lediglich das *Ziel* der wohlfahrtsverbessernden Eliminierung von Marktversagen gemein ist, das jedoch auf unterschiedlichsten Wegen zu erreichen versucht wird[39]). Dies hat zur Folge, dass die hier angesprochenen systemischen Versagensmomente nicht als erschöpfende Aufzählung aller möglichen Erscheinungsformen

---

[38] Es soll hier lediglich eine möglichst nicht irreführende Bezeichnung gewählt werden, die der Komplexität des Untersuchungsgegenstandes Rechnung trägt; für Analyse und Schlussfolgerungen ist die Bezeichnung des Problems selbstverständlich irrelevant. Der Begriff Systemversagen wird synonym verwendet.

[39] Vgl auch OECD (1997a, 1998, 1999) und Kommission der Europäischen (2003b).

betrachtet werden können und damit die Untersuchung von Systemversagensmomenten notwendig auf *einzelnen* Dimensionen beschränkt ist. Es wird jedoch versucht, besonders signifikante Dimensionen zu identifizieren und auszuwählen.

Industrielle Fördernehmer. Des Weiteren sei hier nochmals hervorgehoben, dass sich die vorliegende Arbeit ausschließlich mit industriellen Innovationsaktivitäten beschäftigt, dh mit gewinnmaximierenden Unternehmen als jenen Einheiten, die den Kreis der potenziellen Fördernehmer konstituieren.[40]

Systemversagen. Neben dem unmittelbaren neoklassischen Marktversagen können in einem F&E-Fördersystem (als Teil des nationalen Innovationssystems) eine Reihe von systemstrukturellen Versagensmomenten auftreten.[41] Diese Versagensmomente sind dadurch gekennzeichnet, dass sie spezifisch bei nationalen Innovationssystemen bzw im Teilbereich F&E-Fördersystem auftreten und systemstrukturell bedingt sind. Ihre Ursachen liegen vorwiegend in den von der Politik zu formulierenden Rahmenbedingungen für (unternehmerische) Forschung und Innovation bzw deren nichtrechtzeitiger Anpassung an geänderte Umfeldbedingungen.[42] In realen Fördersystemen treten regelmäßig systemische Versagensmomente auf[43], insbesondere

---

[40] Die hier darzustellende Analyse ist nur teilweise auf andere Akteure, die ebenfalls Innovation oder Wissen generieren (und daher auch Teil des NIS sind), wie etwa staatliche F&E-Einrichtungen und wissenschaftliche Institutionen übertragbar. Sie können allenfalls indirekt berührt sein, soweit sie im Auftrag der Wirtschaft forschen bzw entwickeln.

[41] Zum Konzept systemisches Versagen vgl Lundvall (1992), Nelson (1993), Edquist (1997) und OECD (1997a).

[42] Bei diesen politisch gestalteten und notwendigen Rahmenbedingungen geht es um ein Ermöglichen und um positive und zueinander konsistente Anreize zur wettbewerblichen Generierung und Verbreitung von innovativem Wissen.

[43] Siehe OECD (1997a), S 41, OECD (1997c), S 18ff, OECD (1996), S 12, Polt et al (2001), Kapitel 5 und Fölster (1991), S 26ff. Vgl Rechnungshof (2003), S 21ff. Vgl auch BMBF (2000), S 27: „Die Evaluationsberichte warnen [...] vor Schwächen des deutschen Systems: Zu geringe Durchlässigkeit über Organisationsgrenzen hinweg, zu wenig Kooperation zwischen Hochschulen und außerhochschulischer Forschung, eingeschränkte Beweglichkeit in differenzierten Abstimmungsprozessen zwischen den Zuwendungsgebern und fortbestehende Schwächen in der Zusammenarbeit zwischen öffentlich geförderter Forschung und Wirtschaft." Vgl auch BMBF (2002), Financial Times Deutschland (2003), Kommission der Europäischen Gemeinschaften (2002).

(i) mangelnde oder ineffiziente Abstimmung (Informationsaustausch) zwischen den NIS-Akteuren[44] (zB doppelte Förderung und Förderadministration durch mehrere Fördereinrichtungen, doppelgleisige Forschung ohne Wettbewerbsgedanken bzw mangelnde Arbeitsteiligkeit, mangelnde Erhebung über Umfang und Natur des Bedarfs an Förderungen, Unkenntnis über angebotene Förderungen wegen Komplexität und Intransparenz – hoher Suchaufwand im „Förderdschungel", mangelnde Initiative für kooperative F&E-Vorhaben mit Wettbewerbern oder Wissenschaft),

(ii) asymmetrische Informationsverteilungen unter den Akteuren (zB unzureichende Datenlage bei der Vergabe von Fördermaßnahmen führt zu zufälliger oder politischer Vergabe) und mangelnde Datenerfassung (unzureichende Datenlage bei Evaluierung der Effektivität von Förderinstrumenten verhindert Wirkungsvergleiche) (dazu unten im Detail),

(iii) zusätzliche Unsicherheit über die Vergabe von Förderungen durch intransparente Vergabeverfahren und Unsicherheit in der ausreichenden politischen Mitteldotierung des Fördertopfes (dazu unten im Detail),

(iv) Ineffizienzen von Technologietransfer-Einrichtungen (insbesondere aufgrund (i), (ii), (iii), zB Fehleinschätzung des Bedarfes) und fehlende innovationsrelevante Infrastruktur (im Sinne öffentlicher Güter),

(v) ungenügende innovative Rezeptionsfähigkeiten in Unternehmen bezüglich neuer Technologien (insbesondere mangels qualifizierter Humanressourcen und unternehmensintern vorhandenem Wissensstock),

(vi) mangelnde industrielle Innovationsfreude und Risikobereitschaft (zB aufgrund bürokratischer Anforderungen an Unternehmensgründungen und fehlender Venture-Capital-Märkte) sowie

(vii) ein Ungleichgewicht zwischen (öffentlicher) Grundlagenforschung und industrieller, angewandter Forschung[45] (Ursachen sind politische

---

[44] Neben den oben genannten Akteuren eines Fördersystems für industrielle F&E sind hier auch noch die Personengruppen Innovations-Nachfrager (Unternehmen, Haushalte), staatliche F&E-Einrichtungen, wissenschaftliche Institutionen und Wissenschafter mitgemeint.

[45] Für Österreich vgl die Anmerkung in OECD (1997a), S 14, dass öffentliche Forschungszentren nicht ausreichend Industrie-orientiert sind.

Entscheidungen über Mittelallokationen und das Selbstverständnis der Akteure über ihre F&E-Aufgabe, die zB zu einem Prachliegen von Resultaten der Grundlagenforschung führen – frustrierter Forschungsaufwand),

(viii) (sonstige) forschungs- und innovationspolitische Fehlmaßnahmen aufgrund von Fehleinschätzungen oder Interessenskonflikten (insbesondere solche die zu inkonsistenten Anreizen führen) sowie besondere Ineffizienzen (zB administrative Kosten, regulatorische Hindernisse, etc).

Sie alle stellen wohlfahrtsökonomische Ineffizienzen dar. In der Folge ist insbesondere auf die drei abstrakteren Systemversagensmomente näher eingegangen werden, nämlich (i) mangelnde Koordination (vornehmlich erst in Abschnitt 5), (ii) Informationsasymmetrie und (iii) systemintern generierte Unsicherheit.

In Abschnitt 5 wird dann zu zeigen sein, wie ihnen (in erheblichen Bereichen) förderpolitisch in wohlfahrtsverbessernder Weise gegengesteuert werden kann.

4.2 Risikoaversion: Förderrisiko

Zunächst ist auf die bereits weiter oben dargestellten Bedingungen hinzuweisen, unter denen für ein innovatives Unternehmen Aversion gegenüber Risiko entsteht bzw schlagend wird (vgl oben Abschnitt 3.2 zum Marktversagensmoment Risikoaversion bei *Projekt*risiko). Diese konstituierenden Bedingungen sind hier identisch, da sie das gleiche Subjekt betreffen (nämlich das innovative Unternehmen bzw anders formuliert den (potenziellen) F&E-Fördernehmer). Im vorliegenden Abschnitt geht es jedoch um einen anderen Risikoprozess und dessen Folgen, nämlich die Existenz von *Förder*risiko, das ein Nebenprodukt des Fördersystems darstellt.[46]

Ursachen und Natur von Förderrisiko. Förderrisiko kann bei ex post (also nach Durchführung des geförderten Projektes) geförderten Projekten darin bestehen, dass ex ante (also zum Zeitpunkt der Entscheidung über die Projektdurchführung) Ungewissheit darüber besteht,

(i) ob die Förderstelle vom Staat ausreichend Mittel bereit gestellt bekommen wird, um die Förderung auch auszuzahlen oder

---

[46] Vgl auch die in OECD (1996), S 12, zitierte Marktstudie, der zufolge regulatorische Markteingriffe für 49% der Unternehmen risikosteigernd wirken.

(ii) in welcher Höhe die Förderstelle den Förderumfang (Förderbarwert) letztlich festlegen wird (soweit dieser nicht ex ante fix bestimmt ist), weil dieser nicht nur vom Projekterfolg, sondern auch von intransparenten und unpräzisen Kriterien abhängt.

Auch bei ex ante ausgezahlten Förderungen, kann für den Fördernehmer ein Förderrisiko beispielsweise darin bestehen, dass

(iii) im Fördervertrag intransparente und unpräzise Klauseln enthalten sind, die zu einer willkürlichen Rückforderung der Förderung führen können.

Idiosynkratische und systematische Natur. Soweit diese Risiken nicht mit dem Kapitalmarkt korrelieren, können sie als idiosynkratisch qualifiziert werden und werden *ohne* Risikoaversion nicht schlagend. Mit dem Kapitalmarkt korrelierte Risikokomponenten des Förderzeitwertprozesses (zB Schwankungen mit der Konjunktur) finden im Rahmen der risiko-angepassten Diskontierung der Förderleistungen bei der Ermittlung des Förderbarwertes jedenfalls (also auch bei Risikoneutralität) ihren Niederschlag in Form eines Disagios (kapitalmarktorientierter Risikoabschlag).

Nettozahlungsstrom. In welchem Umfang sich das Förderrisiko auf P_F niederschlägt (also wie es P_0 transformiert) ist dabei nicht nur eine Frage der Förderintensität sondern auch der Art der Berechnung der Förderhöhe. Ist das Förderinstrument zB so konstruiert, dass die Förderstelle zunächst eine Fördersumme auszahlt und später Teile des tatsächlichen realen Gewinnes an die Förderstelle *real* zurückfließen (ie eine Art Eigenkapitalbeteiligung ohne Management-Rechte), so erhöht sich das Förderrisiko, weil es anstatt des Förderbarwertes den größeren Barwert der *Auszahlungs*summe (dh ohne Abzug des Erwartungswertes des rückfließenden Teiles) erfasst. Dieses Problem kann dadurch umgangen werden, dass bloß der Nettoposten, also der (saldierte) Förderzeitwert, zur Auszahlung gelangt. Wie dies bei einer Kombination von Ex-ante-Auszahlungen und Ex-post-Bewertungselementen erreicht werden kann, dazu später.

Fördervergabe-Risiko. Es ist noch darauf hinzuweisen, dass man das Förderrisiko nicht nur auf die Entscheidung über die Annahme einer Förderung durch das innovative Unternehmen i beziehen kann, sonders auch auf seine vorgelagerte Entscheidung, ob es sich für i überhaupt lohnt eine möglicherweise geeignete Förderung zu suchen und zu beantragen. Diese Überlegung ist allerdings wohl nur dann nicht vernachlässigbar, wenn es sich im Vergleich zum erhofften Förderbarwert um einen großen Aufwand der Fördersuche und -beantragung handelt oder die erwartete Wahrscheinlichkeit des Förderzuschlages sehr gering ist. Die zentrale Ursache für solches Fördervergabe-

Risiko (zusätzlich zum oben beschriebenen Förderhöhen- und Förderauszahlungsrisiko) können aus der Ungewissheit resultieren,

(iv) welche Kriterien über die Fördervergabe entscheiden bzw wie diese durch die Förderstelle zur Anwendung gebracht werden (intransparente Vergabekriterien).

Wohlfahrtsvernichtender Effekt. Angenommen sei ein risikoaverses Unternehmen i das ein förderwürdiges F&E-Projekt habe, das zum einen positive Externalitäten und positive Wohlfahrtseffekte aufweise, jedoch zum anderen ohne Förderung einen negativen privaten Gewinn erwarten lasse (und damit auch eine ungedeckte Risikoaversion gegenüber dem Projektrisiko aufweise). Es nehme daher eine Förderung in Anspruch, die einen ausreichenden Teil der Externalitäten transferiere, der genau den erwarteten Verlust und die Risikoaversion gegenüber dem Projektrisiko kompensiere (und einen kleinen zusätzlichen Anreiz zur Abwendung der Indifferenz von i biete). Jedoch bestehe seitens i große Unsicherheit darüber, wie die Förderstelle nach Abschluss des F&E-Projektes die im Fördervertrag vorhandenen formalistischen und unpräzisen Klauseln interpretieren wird[47], die zu einer Rückforderung der gesamten Fördersumme führen könnten. Dieses Risiko ist der (damit unsicheren) Größe Förderbarwert zuzurechnen (selbst wenn dieser ex ante ausbezahlt wird), wodurch die Varianz des Gewinnbeitrages des geförderten Projektes (also einschließlich der Förderung), P_F, steigt. Erhöht sich diese Varianz soweit, dass

$$E[U(P_F)] < E[U(0)],$$

wird der potenzielle Fördernehmer auf Förderinstrument und Projekt verzichten, da er so besser gestellt ist als bei geförderter Projektdurchführung. Die positiven Wohlfahrtseffekte des F&E-Projektes müssen in einem solchen Falle aber für die Volkswirtschaft verloren gehen.

---

[47] Dieses Risiko hänge (beispielsweise) von der willkürlichen Tagesverfassung des entscheidenden Förderstellen-Mitarbeiters ab. Soweit es mit dem Kapitalmarkt unkorreliert ist, wird dieses nur bei Risikoaversion schlagend. Ist dieses Risiko hingegen systematisch (also mit dem Kapitalmarkt korreliert, weil es zB mit der Konjunktur schwankt), so müsste selbst ein risikoneutrales Unternehmen einen Abschlag vornehmen.

4.3 Mitnahmeeffekt

Definition Mitnahmeeffekt. Mitnahmeeffekt bezeichne jene Fälle, in denen F&E-Projekte zur Förderung gelangen, für die nach Intention des Fördergebers mangels Förderwürdigkeit des Projektes keine Förderung vorgesehen war (zB weil das Projekt ohne Förderung genauso ausgeführt werden würde oder weil es überhaupt keine positiven Externalitäten bzw Wohlfahrtseffekte aufweist). In diesen Fällen kommt es also zur Förderung nicht-förderwürdiger Projekte.[48]

Wohlfahrtsverlust. Das hat zur Folge, dass solcherart vergebene Fördermittel (unter der Annahme einer bindenden Budgetbeschränkung des Fördergebers) anderen förderwürdigen F&E-Projekten nicht mehr zur Verfügung stehen (soziale Opportunitätskosten). Des Weiteren ist es denkbar, dass sogar Projekte mit negativen Wohlfahrtseffekten gefördert werden (unmittelbarer Wohlfahrtsverlust). Beide Effekte sind der Wohlfahrtsmaximierung entgegen gerichtet.

Ursachen. Solche fehlgeleitete Vergaben von F&E-Fördermitteln können ihre Ursache darin haben, dass

(i) der Fördervergabeprozess (bzw das Förderinstrument) nicht optimal gestaltet ist, weil zB als Vergabekriterium der hohe private Gewinn statt des hohen Wohlfahrtseffektes herangezogen wird (systemisches Versagen),

(ii) die Ex-post-Kontrolle in der Förderungsabwicklung nicht funktioniert und daher nicht entdeckt wird, dass einzelne Fördernehmer offensichtlich eine Förderung erschlichen haben (systemisches Versagen) oder

(iii) die Treffsicherheit der korrekten Vergabe-Kriterien zB aufgrund von Mess- und Kommunikationsfriktionen nicht optimal ist und selbst ex post nicht entdeckt werden kann (systemisches Versagen aufgrund von unvollkommener Information).

Während in den ersten beiden Fällen offensichtlich von systemischem Versagen gesprochen werden kann, ist diese Qualifikation im von der Förderstelle nicht-kontrollierbaren Fall (iii) kurz zu begründen. Dies ist deshalb zutreffend, weil die unvollkommene Information nicht ein Marktergebnis ist (zB am Innovationsmarkt, Produktmarkt, Kapitalmarkt), sondern eine Unzulänglichkeit des staatlich finanzierten, gestalteten und betriebenen F&E-Fördersystems ist (vgl

---

[48] Unter welchen Bedingungen Mitnahmen möglich sind und wie diesen im Design von Förderinstrumenten entgegengetreten werden kann, ist ein zentrales Thema in Abschnitt 5.

oben die Definition zu systemischem Versagen). Darüber hinaus wird in Abschnitt 5 zu zeigen sein, dass (in vielen Fällen) die Förderstelle sehr wohl – quasi vorbeugend – Förderinstrumente in der Weise mit *Anreizmechanismen* ausgestatten kann, dass Mitnahmen für nutzen- bzw gewinnmaximierende Fördernehmer individuell nicht mehr rational sind.

Es wurde hier dargelegt, (a) wie Mitnahmen definiert sind, (b) warum sie wohlfahrtsvernichtend sind und (c) welche Ursachen sie haben können. Ihre Ausprägungen und Wirkungen im angesprochenen Fall der unvollständigen Information sind im nächsten Abschnitt näher darzulegen. Ansatzpunkte zur Beseitigung der negativen Wohlfahrtseffekte von Mitnahmen sind Thema von Abschnitt 5.

4.4 Mitnahmen bei asymmetrischer Information: Fördergeber vs Fördernehmer

Zunächst ist zu begründen, weshalb der soeben genannte Fall der unvollkommenen Information zwischen Fördergeber und Fördernehmer auf den Subfall der asymmetrischen Information eingeschränkt werden soll. In Fällen der beidseitig unvollständigen Information (also für Fördernehmer und Fördergeber in kongruenter Weise unvollständigen Information[49]) hat der Fördernehmer – mangels Wissensvorsprunges – keine Möglichkeit die Unzulänglichkeiten der Förderstelle auszunützen (der Zufall wird ebenso oft auf Seite des Förderwerbers sein wie er auf Seite der Förderstelle sein wird; Mitnahmen ergeben sich nur zufällig im Einzelfall und seien daher als unsystematisch bezeichnet).

Die Abwesenheit eines Wissensvorsprunges nimmt natürlich (scheinbar implizit) an, dass die Unzulänglichkeiten sich unsystematisch manifestieren – diese Annahme ist aber, wie einfach gezeigt werden kann, bereits Teil der Symmetrie-Annahme. Denn wüsste der Fördernehmer über diese Systematik, hätte er einen Wissensvorsprung[50] und wir hätten einen Fall der asymmetrischen Informationsverteilung.

---

[49] Diese Unvollständigkeit kann etwa aufgrund von Messfehlern einer bekanntermaßen von beiden Akteuren in identer Weise verwendeten Messmethode (zB für den privaten Gewinn) entstehen.

[50] Wüsste auch der rationale Fördergeber darum, würde er die systematische Komponente der Verzerrung korrigieren (beseitigen) und wir wären wieder beim Fall symmetrisch unvollkommener Information.

Wir können daher festhalten, dass allein *asymmetrische* Unvollkommenheitsformen der für die Fördervergabe relevanten Information zu *systematischen* Mitnahmeeffekten führen können. Wie in der Folge ersichtlich zu machen sein wird zeichnen sich systematische Mitnahmen dadurch aus, dass ein bewusstes (individuell rationales) Täuschen seitens des Förderwerbers beinhalten. Solchem zielgerichteten Handeln kann potenziell mittels entgegenwirkenden Anreizen die Grundlage entzogen werden. Aus diesem Grunde sind die Wirkungselemente asymmetrischer Information zwischen Fördergeber und Fördernehmer hier näher zu untersuchen.

Demgegenüber führen symmetrische Informationsunvollkommenheiten lediglich zu symmetrisch streuenden Entscheidungsfehlern der Förderstelle. Diese können in der ungünstigen Einzelfall-Ausprägung des Zufalles zu (*unsystematischen*) führen. Zu betonen ist, dass diese unmittelbar und ohne zielgerichtetes Täuschen durch den Förderwerber entstehen (keine Ausnützung von Wissensnachteilen der Förderstelle). Es sind hier daher auch keine einer Ausnützung entgegen gerichteten Anreize von potenzieller Wirkung, weshalb diese unsystematischen Formen von Mitnahmen in diesem Abschnitt nicht näher untersucht werden. Sie werden jedoch im Abschnitt 5 wieder aufgegriffen, wo Maßnahmen zu entwerfen sein werden, die darauf abzielen die (symmetrische) Informationslage zu verbessern (das können auch an den Förderwerber gerichtete Anreize sein; allerdings nicht solche die ein Ausnützen von Asymmetrie verhindern, sondern die ein Anheben des symmetrischen Informationsniveaus betreffen).

Es sind in der Folge die Informationslage zwischen dem staatlichen Fördergeber und dem (potenziellen) Fördernehmer sowie die daraus resultierenden Anreizprobleme zunächst im Detail analytisch-deskriptiv zu erfassen, um in einem weiteren Schritt (vgl Abschnitt 5) entgegenwirkende Maßnahmen entwerfen zu können. Die Untersuchung sei entsprechend zweier Zeitabschnitte des Förderprozesses unterteilt, nämlich jenes vor Fördervergabe und jenes nach Fördervergabe.

a) Vor Fördervergabe: Signalling und Screening

Zur Vereinfachung der Darstellung soll davon ausgegangen werden, dass der potenzielle Fördernehmer (Förderwerber) risikoneutral ist sowie Marktversagen wegen positiver Externalitäten vorliegt. Für die Fälle des Marktversagens wegen Risikoaversion, unvollkommenem Kapitalmarkt oder Marktmacht gelten analoge Überlegungen, jedoch tritt (insbesondere für den Fördergeber) die Komplikation der Verifizierung dieser Fälle hinzu (zB Messung von Nutzenniveaus bzw der Nutzenfunktion). In diesen Fällen wäre daher von einem erhöhten Grad an Asymmetrie in der Informationsverteilung zwischen Fördergeber und Fördernehmer auszugehen.

Ex-ante-Problem. Der Fördervergabe-Prozess kann als Screening- (oder Signalling-) Spiel[51] unter asymmetrischer Informationsverteilung formuliert werden. Regelmäßig umfasst der Auswahl-Prozess von zu fördernden F&E-Projekten durch den Fördergeber (Screening) folgende zwei Schritte,

(i) Vorselektion der förderwürdigen Projekte und Ausscheiden der nicht-förderwürdigen Projekte auf Basis der Informationen erwarteter privater Gewinn, $E[P_0]$, und erwarteter Wohlfahrtseffekt, $E[W]$, (genauer qua Feststellung der Förderwürdigkeit wegen Marktversagens, ie der Kriterien $E[P_0] < 0$, $E[W] > 0$ bzw eines anderen Marktversagens-Falles[52] auf Basis der entsprechenden erforderlichen Informationen) und

(ii) Reihung der förderwürdigen Projekte nach ihrem erwarteten Grad der Wohlfahrtsinduzierung je Euro staatliche Förderausgaben (aufgrund der Budgetbeschränkung des Fördergebers[53]), definiert als erwarteter Wohlfahrtseffekt dividiert durch den Barwert jener Fördersumme I_S, die gerade ausreicht, den Fördernehmer zur Projektdurchführung zu

---

[51] Bei einem Screening-Spiel versucht die weniger gut informierte Seite (hier: Förderstelle) Schritte zu setzen, um zwischen verschiedenen Typen von Individuen (hier: förderwürdigen und nicht-förderwürdigen Förderwerbern) zu unterscheiden (zB durch Anbieten einer Liste von alternativen Verträgen), vgl Rothschild und Stiglitz (1976). Demgegenüber versucht bei einem Signalling-Spiel die besser informierte Seite mittels Signalen sich glaubwürdig zu differenzieren, indem sie typen-spezifische Aktivitäten setzen, vgl Spence (1973). Siehe auch zB Mas-Colell, Whinston und Green (1995), Kapitel 13.C und 13.D sowie zu monopolistischem Screening (nur eine Förderstelle) Kapitel 14.C.

[52] Also Versagen wegen Risikoaversion mit den Kriterien $E[U(P_0)] < E[U(0)]$, $E[W] > 0$, Versagen wegen unvollkommener Kapitalmärkte mit den Kriterien unzureichende interne und externe Finanzierungsmöglichkeiten und $E[W] > 0$ oder Versagen wegen Markteintrittsbarrieren, Marktmacht, Informations- und Anreizprobleme und anderen Unvollkommenheiten des Produktmarktes (hier sind eher die Markthindernisse zu beseitigen, als F&E-Förderungen zu vergeben).

[53] Wohlfahrts-Optimalität des Umfanges der staatlichen F&E-Förderpolitik setzt selbstverständlich voraus, dass *keine* Budgetbeschränkungen die Förderung förderwürdiger Projekte verhindern.

bewegen[54], $\rho = E[W]/I_S$, bzw als Produkt der weiter unten zu definierenden Größen Hebeleffekt und Wohlfahrtseffekt.

Über die in diesem Selektionsprozess benötigten Informationen, $E[P_0]$ und $E[W]$, hat der potenzielle Fördernehmer aufgrund seiner Nähe zum F&E-Projekt und seiner Kontrolle über die Projekt-Durchführung einschließlich diskretionärer Beeinflussungsmöglichkeiten bessere Informationen über Projekterfolg und -wirkungen als der Fördergeber („Ex-ante-Informationsnachteil"). Ist eine Förderung für den potenziellen Fördernehmer von Vorteil und liegt die beschriebene Form von Informationsasymmetrie vor, so hat der (rationale) potenzielle Fördernehmer vor Vergabe der Förderung („ex ante") einen Anreiz, sein zur Förderung eingereichtes F&E-Projekt als förderwürdiger darzustellen, als es tatsächlich ist (unter der weiteren Annahme, der Fördergeber kann mit einer von Null verschiedenen Wahrscheinlichkeit die unkorrekten Angaben des potenziellen Fördernehmers auch später nicht vollständig aufdecken bzw wird diese nicht mit ausreichend hoher Strafe ahnden). Gegebenen das oben dargestellte zweistufige Selektionsprozedere (das dem Förderwerber bekannt sei), wird der potenzielle Fördernehmer daher zweierlei behaupten (selbst wenn unzutreffend), um seine Aussichten auf Förderung zu erhöhen:

(i) das geplante F&E-Projekt wird ohne Förderung nicht realisiert werden, während es positive Wohlfahrtseffekte aufweisen würde ($E[P_0] < 0$, $E[W] > 0$)[55] und

(ii) das Projekt ist im Vergleich zu anderen förderwürdigen Projekten für die gesamtwirtschaftliche Wohlfahrt besonders wertvoll (relativ zum erforderlichen Förderaufwand, ie $\rho \gg 0$).

Es können daher zwei wohlfahrtsökonomisch unerwünschte Effekte auftreten. Zum einen sind dies Mitnahmeeffekte in dem Sinne, dass Projekte zur Förderung gelangen, die ohne Förderung genauso ausgeführt werden würden oder gar keine positiven Wohlfahrtseffekte aufweisen. Zum anderen führt dies (unter der Annahme einer bindenden Budgetbeschränkung des Fördergebers) zur Förderung von anderen als den tatsächlich sozial vorteilhaftesten Projekten unter Reduzierung des für diese besten Projekte verbleibenden Fördertopfes. Beide Effekte sind als wohlfahrtsvernichtend zu qualifizieren und resultieren aus der

---

[54] Diese Überlegung ist in eine kontinuierliche bzw feinstufigere Grenzbetrachtung überzuführen, wenn anzunehmen ist, dass das Projekt in unterschiedlichen Varianten und kontinuierlichen Intensitätsstufen durchgeführt und gefördert werden kann.

[55] Anstatt der Behauptung $E[P_0] < 0$ kann er alternativ auch einen anderen Versagensgrund anführen, vgl Fn 52.

Ex-ante-Informationsasymmetrie, die von Förderwerbern „erfolgreich" ausgenützt wird, indem sie Förderentscheidungen in der wiedergegebenen Weise beeinflussen, die letztlich wohlfahrtsökonomisch nachteilig ist.

Zusammenfassend ist festzuhalten, dass die Ursache für solche Mitnahmen (bzw Allokationsverzerrungen) eine zweifache ist, zum einen

(i) *eine divergierende Interessenlage (inkongruente Zielfunktionen)*, in dem Sinne, dass die Zielfunktionen von Förderwerber (Maximierung des privaten Gewinnes) und Fördergeber (Maximierung der Wohlfahrt) nicht monotone Transformationen voneinander sind, und zum anderen

(ii) *eine divergierende Informationslage (asymmetrische Information)*, in dem Sinne, dass Förderwerber und Fördergeber zur Beurteilung der Vorteilhaftigkeit des zu fördernden Projektes unterschiedliche Informationen zur Verfügung stehen.

Wie solche Ex-ante-Mitnahmen vermieden oder abgeschwächt werden können, ist in Abschnitt 5 zu untersuchen.

Anmerkung: Anreizprobleme innerhalb der Förderstelle. Diese Effekte werden noch weiter verstärkt, wenn der Fördergeber nicht die oben genannten Kriterien (i) und (ii) anwendet.[56] Dies könnte etwa der Fall sein, wenn Förderstellen-Mitarbeiter fehlleitende Anreize haben, die sich beispielsweise daraus ergeben, dass der Erfolg ihrer Arbeit (ie die Projektselektion im Fördervergabeprozess) danach beurteilt wird, ob sich die geförderten Projekte ex post als „wirtschaftlich erfolgreich" erweisen, ie ob ein hoher *privater* Gewinn realisiert wird. Ein solcher Anreiz wäre fatal, führte er doch gerade dazu, dass unter anderem insbesondere solche Projekte zur Förderung ausgewählt werden, die auch *ohne* Förderung einen *großen* privaten Gewinn erzielt hätten und daher im schlechtesten Fall die Förderung nur den privaten Gewinn erhöht und keine *zusätzlichen* Wohlfahrtseffekte induziert werden, weil das Projekt ohnehin durchgeführt worden wäre (also kein Marktversagensfall wegen positiver Externalitäten vorlag, sondern es sich um Fälle besonders großer Mitnahmeeffekte handelt, wenn nicht zufällig ein anderer Marktversagensgrund zielgenau kompensiert wurde).[57]

---

[56] Vgl beispielsweise die Untersuchung zur Förderpraxis des FFF in Jörg und Falk (2004).
[57] Wie oben dargelegt, stellt ein solcher Versagensmechanismus eine eigenständige Ursache für Mitnahmen dar und ist als Systemversagen zu qualifizieren.

b) Nach Fördervergabe: Moral-Hazard und positives Risk-Shifting

Ex-post-Problem I: nach Projektabwicklung. Der hier zunächst zu untersuchende Zeitpunkt zur Beurteilung des Informationsstandes ex post sei jener Zeitpunkt nach Projektabwicklung, in dem die Förderstelle die Ex-post-Kontrolle der Förder- und Projektabwicklung vornimmt und der Förderprozess beendet wird. Dieser Zeitpunkt ist deshalb relevant, weil hier Elemente wie die Verifizierung der vertragskonformen Verwendung der Fördermittel, die allfällige Entscheidung über Rückzahlungen, gegebenenfalls die (endgültige) Festlegung der Förderhöhe uäm möglich sind (und auch in der Praxis stattfinden).

Zunächst ist klar, dass sich im Zuge der Abwicklung des F&E-Projektes die Unsicherheit über den privaten Gewinn des geförderten Projektes,

$$P_F = P_0 + I_S,$$

wobei I_S den erhaltenen Förderbarwert bezeichne, realisiert. (Genauer gesagt, kann die vollständige Realisierung aller dem Projekt direkt und indirekt zuordenbaren Gewinnbeitragseffekte erste einige Zeit nach Projektabwicklung abgeschätzt werden[58]). Da I_S (in der Regel) sowohl dem Fördergeber als auch dem Fördernehmer bekannt ist, ist damit auch das kontrafaktische P_0 bekannt.[59] Analoges gilt für den Wohlfahrtseffekt W, der sich ebenfalls realisiert (wenn er auch schwieriger zu messen bzw schätzen ist) und dem Wohlfahrtseffekt von Null bei Nichtdurchführung des F&E-Projektes gegenüber gestellt werden kann.[60] Sowohl der Fördergeber als auch der Fördernehmer wissen jeweils ex post mehr als ex ante.

Jedoch weiß der Fördernehmer in der Regel auch ex post besser über den privaten Gewinn (Wert) seines Projektes Bescheid als der Fördergeber. Dies liegt daran, dass einerseits der Fördernehmer auch ex post die Möglichkeit hat, von Informationsdefiziten des Fördergebers zu profitieren und sie daher (individuell-rational) nicht freiwillig vollständig zur Verfügung stellt (Anreiz-

---

[58] Der relevante Zeitpunkt ist hier jener der Ex-post-Kontrolle. Es kann im Übrigen davon ausgegangen werden, dass sowohl Fördernehmer als auch Fördergeber in einem zeitlichen Nahebereich zur Projektabwicklung bereits einen hohen Wissensgrad erreichen. (Für die praktische Handhabung einer empirischen Untersuchung kann daher ebenfalls von einer Verlegung der Zäsur in die unendliche Zukunft abgesehen werden.)
[59] Dies ist trivial, wenn man annimmt, dass während der Projektabwicklung keine vor Projektdurchführung vorhandene Information verloren geht.
[60] Zur Annahme der fehlenden Alternativausführung und -investition bzw zur Interpretation von Projekten als Inkrement zur besten Alternative vgl bereits oben Fn 19, S 51.

problem) und andererseits der Fördergeber sich die Informationen des Fördernehmers nur mit positiven, von Null verschiedenen Kosten aneignen kann (Kontrollkosten). Es besteht daher auch im Laufe der Projektdurchführung sowie nach Abschluss des Projektes eine Informationsasymmetrie zu Ungunsten des Fördergebers (Ex-post-Informationsasymmetrie).

Nach Projektabwicklung: Mitnahmen, geringere Asymmetrie. Nach Projektabschluss ist dies relevant für die Frage, ob der Fördervertrag eingehalten wurde und – wichtiger in unserem Zusammenhang – die eventuelle Berücksichtigung einer Ex-post-Bewertung des Projektes für die endgültige Festlegung der Förderhöhe. Hier liegen die Anreize also strukturell ähnlich wie vor Fördervergabe und führen – soweit noch Möglichkeiten dazu bestehen (zB bei Ex-post-Förderungen oder Ex-post-Festlegung der Förderhöhe) – zu Mitnahmen. Das Problem scheint jedoch graduell abgeschwächt zu. So ist es plausibel, dass sich das Informationsungleichgewicht auf zwei Arten verbessert hat. Dies ist besonders deutlich bei den externen Komponenten des Wohlfahrtseffektes W, der ex post von der Förderstelle nahezu ebenso gut beobachtet werden kann, wie vom Fördernehmer (der im Übrigen kaum ein Eigeninteresse an dessen Ermittlung hat). Jedoch kann auch hinsichtlich des Gewinnbeitrages – jedenfalls bei Projekten, die einen großen Anteil der Innovationstätigkeit des Fördernehmers im relevanten Zeitraum ausmachen – von einer Verbesserung der Asymmetrie ausgegangen werden, wenn diese aus den handelsrechtlichen Büchern (insbesondere Gewinn- und Verlustrechnung und Cashflow-Rechnung) abgelesen oder zumindest plausibilisiert werden können. Wie Ex-post-Mitnahmen entgegengetreten werden kann, ist eines der Themen von Abschnitt 5.

Ex-post-Problem II: während Projektabwicklung. Interessant ist aber auch die Frage nach den Anreizen während der Projektdurchführung in einem Setting asymmetrischer Information. Denn, besteht keine voll effektive Kontroll- und Sanktionsmöglichkeit durch den Fördergeber, so hat der Fördernehmer uU Anreize, nach Erhalt des Förderzuschlages von seinen Ankündigungen abzuweichen. Das kann dann der Fall sein, wenn

(i) *die Interessenlagen* von Fördergeber und Fördernehmer sich während der Projektdurchführung unterscheiden (ie deren Zielfunktionen nicht monotone Transformationen sind) und

(ii) *die Informationslagen* zwischen Fördergeber und Fördernehmer zur Beurteilung der Abweichungen vom zum Förderantrag beigelegten Projektkonzept unterschiedlich sind (ie asymmetrische Information über Konzept- und Vertrags-Abweichungen und deren Effekte).

Moral-Hazard versus Innovativität. Geschieht dies zu Ungunsten der sozialen Wohlfahrt (hier vertreten durch den Fördergeber) wäre dies als Moral-Hazard zu qualifizieren. Dies wäre etwa der Fall, wenn der Fördernehmer

(i) sein Anstrengungsniveau hinsichtlich des F&E-Projektes herabsetzt (zB weil er sich einen unzureichenden privaten Grenzgewinn erwartet) oder

(ii) die erhaltenen Fördermittel anderweitig (zu seinem privaten Nutzen) verwendet.

Dadurch entgehen der Wohlfahrt die positiven Effekte des geförderten Projektes teilweise oder zur Gänze (Wohlfahrtsverlust).

Geradezu umgekehrt stellt sich die Lage dar, wenn der Fördernehmer

(iii) Abweichungen hin zu riskanteren im Sinne von noch innovativeren Projektumsetzungen vornimmt (zB weil er gemäß Fördervertrag das Risiko des Projektmisserfolges beim Fördergeber weiß) oder

(iv) dynamisch Anpassungen an geänderte Umstände vornimmt (Flexibilitätspremium), insbesondere an unerwartete Erkenntnisse auf halbem Wege des Projektes, die sich als vordringlich verfolgenswert präsentieren, oder an den fortschreitenden allgemeinen technologischen State-of-the-Art.

Es sind ja gerade solche besonders innovative F&E-Projekte, die dem einzelnen (risikoaversen) Unternehmen zu riskant sind (ex ante hohe erwartete Varianz in P_0)[61] und die aufgrund ihrer besonderen Innovativität besondere Aufmerksamkeit auf sich ziehen und dadurch besonders hohe Externalitäten und einen besonders hohen positiven Wohlfahrtseffekt aufweisen. Ein Anreiz zu solcher gesteigerter Risikofreudigkeit ist daher gesamtwirtschaftlich positiv zu bewerten, weshalb es diese Innovationsfreudigkeit aus Sicht des staatlichen Fördergebers zu unterstützen gilt.[62] Diese gesteigerte (weil gehebelte) Risikobereitschaft sei als positives Risk-Shifting[63] bezeichnet.

Damit ist aber, was Abweichungen des Fördernehmers von den ursprünglichen Projektplänen betrifft, zwischen Moral-Hazard und Innovationsfreudigkeit zu

---

[61] Vgl bereits oben die Ausführungen zur Notwendigkeit eines Versicherungselementes im Falle von Risikoaversion.

[62] Es wird dabei davon ausgegangen, dass erstens durch solche gesteigerte Innovativität sich *nicht* die Schwankungsbreite zwischen wohlfahrtsökonomisch positiver und negativer Effekte erhöht, sondern dies nur die Sprünge positiver Externalitäten betrifft. Zweitens wird in diesem Zusammenhang Risikoneutralität der Menschen gegenüber Schwankungen in der Wachstumsrate des technologischen Fortschrittes der Gesellschaft unterstellt.

[63] Vgl Jensen und Meckling (1976) und Green (1984).

differenzieren. Welche förderpolitischen Konsequenzen daraus gezogen werden können ist weiter unter zu analysieren.

Risikoanreiz von Förderinstrumenten. Im nächsten Schritt soll beispielhaft gezeigt werden, wie solche Anreize zu Risikofreudigkeit durch den Versicherungscharakter von Förderinstrumenten zustande kommen und weshalb diese zu höheren Wohlfahrtseffekten führen. Einfachstes Beispiel wäre eine Förderung in Form einer Verlustabsicherung bei der im Falle des Projektmisserfolges, ie $P_0 < 0$, die Förderstelle den Verlust ausgleicht (Projekt-Haftungsübernahme), ie der private Gewinn des geförderten Projektes wäre daher

$$P_F = \max[P_0, 0].$$

Dies kann als Realoption interpretiert werden, und zwar aus Sicht des Fördernehmers als Call auf den Basiswert P_0, mit Ausübung zum Preis Null im Zeitpunkt T.[64] Zu dessen Eigenschaften sogleich.

Als einfachstes Gegenbeispiel, also ein Instrument *ohne* Versicherungseffekt, sei ein einfacher fixer Transfer („verlorener Zuschuss") mitgedacht, dessen Förderbarwert I_S hinreichend hoch sei, um die die Projektdurchführung (angenommenerweise) sonst verhindernde Risikoaversion zu kompensieren, ie

$$P_F = P_0 + I_S.$$

Ein solches F&E-Förderinstrument kann zwar auch zur Projektdurchführung motivieren. Es ist aber erstens nicht ressourceninefffizient (weil der Fördergeber uU kostenlos versichern könnte, vgl oben Abschnitt 3.2 über Risikoaversion), zweitens weist es aber auch nicht die positiven hier in der Folge auszuführenden Anreize eines Instrumentes mit Versicherungselement auf.

Im Falle der Verlust-Versicherung stellt sich die Frage, ob der Wert des geförderten Projektes, P_F, mit der bekannten und eleganten Black-Scholes-Formel ermittelt werden kann und aus deren partieller Ableitung nach der Standardabweichung von P_0 sich ein positiver Zusammenhang (genannt Vega) zwischen dem Wert der Förderung und der Varianz von P_0 nachweisen lässt. Dazu ist festzuhalten, dass dies nicht zum richtigen Schluss führen würde, weil die Anwendung der Black-Scholes-Formel für den Prozess des Gewinnbeitrages P_0 eine geometrische Brownsche Bewegung unterstellen müsste. Dies wäre allerdings (anders als zB bei Aktienkursen) extrem inadäquat, da eine solches

---

[64] Zu Realoptionen vgl zB die Übersichten und Analysen in Klement (2003) oder Dixit und Pindyck (1993).

Prozessmodell den – hier besonders relevanten – Fall $P_0 < 0$ per Annahme ausschließen würde. Diese Methode wird daher nicht weiter verfolgt.[65]

Jedoch kann auch ohne analytische Lösung der Bewertungsfrage qualitativ ganz einfach gezeigt werden, dass der Wert von max$[P_0,0]$ mit der Varianz von P_0 steigt.[66] Es ist unmittelbar ersichtlich, dass ein solches Förderinstrument die Dichtefunktion des unsicheren Gewinnbeitrages P_0 im Bereich $P_0 < 0$ auf Null setzt, ie

$$\varphi_F = 0 \quad \forall \, P_0 < 0$$

(oder äquivalent $P_F \geq 0$ mit Wahrscheinlichkeit eins und damit auch E$[P_F] \geq 0$, Verlustausschluss). Erhöht man nun die Varianz (ie die Summe aus systematischem und idiosynkratischem Risiko[67]) der Dichtefunktion und erhält damit φ_F^R (ie nimmt der Fördernehmer ein größeres Risiko in Kauf), so steigt die Wahrscheinlichkeit großer Werte für P_F^R (relativ zu P_F) und der Erwartungswert steigt zwangsläufig auf

$$\mathrm{E}\left[P_F^R\right] > \mathrm{E}\left[P_F\right],$$

ie der Fördernehmer wird mit der Wahrscheinlichkeit von eins für sein riskanteres Projekt mit einem höheren Gewinnerwartungswert[68] belohnt, vgl Abbildung 1. Damit kann umgekehrt geschlossen werden, dass das Förderinstrument max$[P_0,0]$ einen unbedingten Anreiz zur Risikomaximierung (positiv interpretiert als Innovativitätsmaximierung) aufweist.[69]

---

[65] Man könnte allenfalls eine lineare Transformation der Gewinnfunktion vornehmen und auf diese Weise das Problem graduell aber nicht qualitativ abmildern und feststellen, dass Vega immer (schwach) positiv ist (ohne eine solche Transformation käme man natürlich und völlig irreführend auf Vega = 0). Greift man auf andere Prozessmodelle zurück, stehen selten geschlossene Lösungen zur Verfügung, vgl Klement (2003), S 69ff mwN.
[66] Für eine genauere Analyse und weitere Untersuchungen vgl unten Abschnitt 5.3 f).
[67] Zu Beispielen zu den beiden Risikoelementen siehe oben Abschnitt 3.2.
[68] Die Aussage, dass der *tatsächliche* Wert sicher steigt, kann nicht sinnvoll getroffen werden, da es sich um zwei unterschiedliche (uU sogar unabhängige) Risikoprozesse handelt (ie die zu vergleichenden Werte würden unterschiedlichen Wirklichkeitsentfaltungen entsprechen).
[69] Dieser Anreiz kann allenfalls auch jede kontinuierliche, gegenläufige Risikopräferenz überwinden.

Abbildung 1 Dichtefunktionen φ und Erwartungswerte $E[\cdot]$ des Gewinnes ohne Förderung, P_0, mit verlustversichernder Förderung, P_F, und bei erhöhtem Risiko mit verlustversichernder Förderung, P_F^R (unter Annahme einer Normalverteilung[70] mit Erwartungswert Null für P_0)

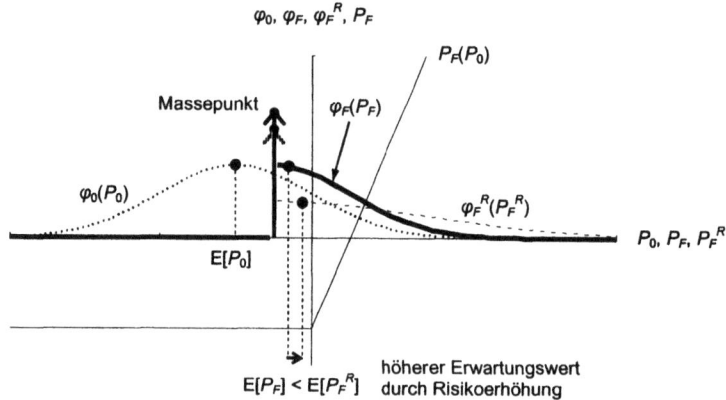

Dies ist aber auch schon intuitiv klar, wenn man bedenkt, dass die Verlustversicherung Verluste zur Gänze abschneidet, während sie Gewinne nach oben nicht begrenzt. Somit kann der Anreiz zum Risk-Shifting aufgrund von asymmetrischen Versicherungselementen in Förderinstrumenten bestätigt werden.

Genau dieser Effekt fehlt in unserem Gegenbeispiel des verlorenen Zuschusses, denn dort belässt die Förderung trivialerweise die Dichtefunktion in ihrer ursprünglichen (wohl annähernd symmetrischen) Form und verschiebt „bloß" die gesamte Verteilung nach rechts. Eine Dichtefunktion höheren Risikos würde in derselben Weise und im selben Ausmaß nach rechts verschoben werden, weshalb sich der Erwartungswert des geförderten Gewinnes durch das erhöhte Risiko nicht ändern würde, vgl Abbildung 2. Dieses (und wie gezeigt werden kann jedes andere) Instrument ohne Versicherungseffekt kann keine eigenständigen Risikoanreize hervorbringen (vgl im Detail unten Abschnitt 5.3 f)).

---

[70] Diese Annahme dient der möglichst einfachen Darstellung des Effektes einer Varianzerhöhung. Im Allgemeinen ist es unwahrscheinlich, dass die Dichtefunktion von des Gewinnes P_0 eines unternehmerischen F&E-Projektes auch nur symmetrisch ist (Schiefe schließt Normalverteilung aus), da solche Projekte regelmäßig (eine Vielzahl von) Realoptionen enthalten, die die Wahrscheinlichkeit großer Verluste eingrenzen und damit die Dichtefunktion entsprechend verzerren, vgl etwa Klement (2003), S 2ff und 47-62.

Abbildung 2 Dichtefunktionen φ und Erwartungswerte $E[\cdot]$ des Gewinnes ohne Förderung, P_0, mit bloß transferierender Förderung, P_F, und bei erhöhtem Risiko mit bloß transferierender Förderung, P_F^R (unter Annahme einer Normalverteilung mit Erwartungswert kleiner Null für P_0)

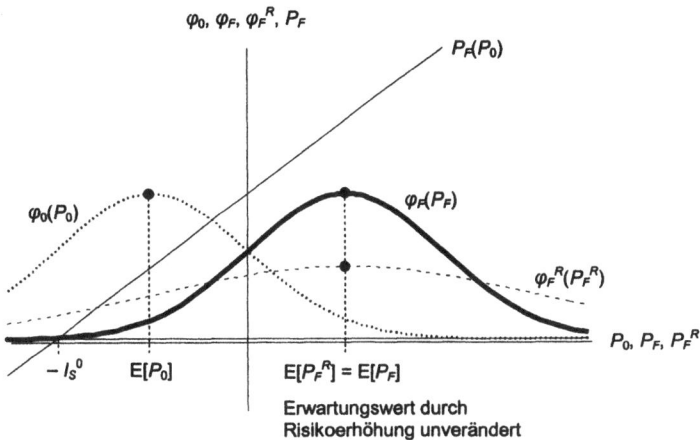

Wohlfahrtseffekt des positiven Risk-Shifting. Da im Sinne der obigen Ausführungen das bei Förderinstrumenten mit Versicherungselementen auftretende Risk-Shifting als Hinwendung zu besonders innovativen F&E-Projekten interpretiert werden kann, ist es auch nahe liegend anzunehmen, dass sich der generierte Wohlfahrtseffekt aufgrund (zumindest proportional[71]) gesteigerter Spillover- und sonstiger indirekter Effekte gegenüber einem weniger innovativen F&E-Vorhaben erhöht (ie der ganze Kuchen würde größer werden und nicht etwa bloß das Stück des Fördernehmers zulasten der restlichen Volkswirtschaft). Dies würde wiederum das Setting einer Pareto-Verbesserung (und damit von Wirtschaftswachstum) skizzieren, da sowohl der Fördernehmer als auch die Volkswirtschaft von der Durchführung des besonders innovativen (und riskanten) Vorhabens profitieren. Dieser erwünschte Versicherungseffekt wird allerdings mit eventuellen Moral-Hazard-Problemen asymmetrischer Information überlagert.

---

[71] Aufgrund der besonderen Aufmerksamkeit, die große neue Forschungsresultate bzw Innovationen mit sich bringen (jedenfalls wenn sie erfolgreich verwertet und damit bekannt werden), erscheinen sogar überproportional steigende Spillovers plausibel. Das würde heißen, positive Externalitätenzuwächse steigen mit der Skala des Risikos der sie verursachenden F&E-Aktivität.

Förderpolitisch ist daher zu folgern, dass Moral-Hazard so zu bekämpfen ist, dass nicht gleichzeitig die positive Innovationsflexibilität und die positiven Innovitätsanreize des Förderinstrumentes verloren gehen (dazu in Abschnitt 5.3 f)). So erscheint etwa eine rigorose fördervertragliche Vorab-Spezifizierung der Details des F&E-Programmes eines geförderten Projektes wohlfahrtsökonomisch potenziell kontraproduktiv zu wirken.

4.5 Weitere Fälle unvollkommener Information: Staat vs Förderstelle

Die Realisierung von divergierenden Interessen aufgrund asymmetrischer Information (Principal-Agent-Konstellation) kann in einem nationalen F&E-Fördersystem nicht nur zwischen Förderstelle und Fördernehmer auftreten, sondern auch zwischen folgenden NIS-Akteuren.[72]

(i) *Staat versus Förderstelle.* Ein Principal-Agent-Problem mit asymmetrischer Informationsverteilung besteht etwa zwischen der Förderstelle und dem Staat, wenn die Förderstelle neben ihrem Förder-Auftrag auch abweichende (private) Interessen verfolgt (dazu sogleich).

(ii) *Volk versus politische Repräsentanten.* Ein weiteres Principal-Agent-Problem existiert zwischen dem (indirekten) Wähler der Regierung (Menschen als Endnutznießer der Wohlfahrt) und der Regierung (innovationspolitischer Gestalter mit privaten Anreizen wie Machterhalt, kurzfristige Wiederwahl, Begünstigung von Freunden). Diese Problematik ist jedoch allgemeiner staatstheoretischer Natur und nicht spezifisch für Innovations-Politik. Sie wird in dieser Arbeit nicht weiter erörtert.

(iii) *Evaluierungsexperten versus Auftraggeber.* Daneben besteht ein wieteres Principal-Agent-Problem zwischen unabhängigen Evaluierungsexperten (mit privaten Interessen wie wissenschaftliche Publikation, Förderung des eigenen Forschungsfeldes, Wiederbeauftragung) und deren jeweiligem Auftraggeber (zB Regierung bei Programmevaluierung, Förderstelle bei Projektevaluierung). Die Ausprägungen dieser Problematik werden in der vorliegenden Arbeit nicht vertieft untersucht, es sei jedoch darauf hingewiesen, dass der Einsatz von unabhängigen, zB internationalen Evaluierungsexperten und die

---

[72] Zu den unterschiedlichen Interessenslagen einiger wesentlicher Akteure in nationalen Innovationssystemen siehe auch Fölster (1991), S 48ff.

Veröffentlichung von Evaluierungsberichten als Gegenmaßnahmen geeignet sein könnten.

Es ist daher in der Folge insbesondere das Verhältnis zwischen Staat und Förderstelle unter der Annahme von Informationsasymmetrie zu untersuchen. Dabei ist die zentrale Frage zu beantworten, wann und inwieweit Förderstellen die Möglichkeit und den Anreiz haben, eine Förderpraxis zu verfolgen, die von den förderpolitischen Vorgaben (Regierung) in eine Richtung abweicht, die wohlfahrtsökonomische Ineffizienzen entstehen lässt. Soweit dies der Fall ist, sind in weiterer Folge Gegenstrategien zu entwerfen.

Problemfelder. Zunächst ist festzuhalten, dass zwischen Staat und staatlich eingerichteten Förderstellen strukturell keinerlei Selektionsproblem zu lösen ist (ie anderes als zwischen Förderstelle und Fördernehmer besteht kein Signalling- oder Screening-Spiel[73]). Es ist jedoch zu prüfen, ob Moral-Hazard-Probleme auftreten können.[74]

Kongruente und mögliche divergierende Interessensmomente. Eine Förderungen vergebende Stelle (Förderstelle) verfolgt regelmäßig neben ihren förderpolitischen Vorgaben ebenfalls selbständige Profilierungsziele als Institution sowie private Vorteile einzelner Mitglieder (zB Begünstigung des eigenen F&E-Hintergrundes). Sie tritt gegenüber der Regierung uU auch quasi als Interessensvertretung der Fördernehmer auf – nicht zuletzt aufgrund der Tatsache, dass zahlreiche Mitarbeiter persönliche Beziehungen zum Bereich F&E haben und aufgrund der Abwesenheit von Wählerentscheidungen über Arbeitsprogramm und Personal von Förderstellen (kein Populismus-Anreiz).

Moral-Hazard. Eine Förderstelle hat grundsätzlich Spielraum, in folgender Weise in ihrer Förderpraxis von der mit der staatlichen Budgetmittelausstattung verbundenen Zweckwidmung (zB Stiftungszweck, Koordinationspflichten) abzuweichen.

(i) *Diskriminierende Vergabe.* Aus wohlfahrtsökonomischer Sicht ist dies insoweit keine zusätzliche Ineffizienz, als ohne Fördermittler (also bei hypothetisch direkter F&E-Fördervergabe durch die Regierung) ein

---

[73] Vgl zB Mas-Colell, Whinston und Green (1995), S 436ff. Allenfalls eine Auslagerung der Förderstellen-Aufgaben (insbesondere Fördervergabe und -abwicklung) an im Wettbewerb stehende gewinnmaximierende Einheiten könnte ein Selektionsszenario entstehen lassen.

[74] Im Übrigen ist die Kompetenz- und Aufgabenverteilung zwischen Regierung und Förderstelle(n) nach den Metaparametern optimale Steuerung und Machtverteilung mit dem Ziel der Wohlfahrtsmaximierung vorzunehmen.

ähnlich gelagertes Anreizumfeld für diskriminierende Vergabe-Handlungen vorliegen würde.[75]

(ii) *Eigenständige, entkoppelte F&E-Förderpolitik.* Dies könnte etwa bei Betreiben einer Förderpraxis außerhalb des definierten Fördernehmerkreises bzw außerhalb der definierten Förderschwerpunkte der Fall sein. Solche Abweichungen sind jedoch relativ einfach im Wege der Evaluierung feststellbar und daher praktisch wohl kaum ein Argument gegen die politische Autonomie der Förderstelle.

Nimmt man an, dass der Staat die wohlfahrtsoptimale Förderpolitik vorgibt, so stellen Abweichungen von dieser – wie im Fall (ii) – Wohlfahrtsverluste dar. Wie diesen relativ unproblematischen Interessenskonflikten begegnet werden kann, ohne die – wie zu zeigen sein wird – aus anderen Gründen vorteilhafte Autonomie der Förderstelle zu beschränken, ist in Abschnitt 5 zu untersuchen.

4.6 Wirtschafts- und innovationspolitische Mismatches

Ob die F&E-Förderpolitik einer Volkswirtschaft (als Teil der nationalen Innovationspolitik) zu erfolgreicher Innovationsinduzierungen führt, hängt ganz wesentlich von den allgemeinen Rahmenbedingungen für Innovationstätigkeiten ab.

Konsistente Innovationspolitik. Es sei hier beispielsweise auf die – weiter oben in der Aufzählung von Systemversagensmomenten bereits genannten[76] – Parameter (a) Ausmaß innovativer Rezeptionsfähigkeiten in (kleinen und mittleren) Unternehmen (Stichwort gesamtwirtschaftliches Bildungsniveau, Akademikerquote), (b) industrielle Innovationsfreude und Risikobereitschaft (Stichwort unbürokratische Unternehmensgründung, keine Wettbewerbsbeschränkungen wie Markt-Eintrittsbarrieren, Schutz geistigen Eigentums, wirtschaftsfreundliches Klima, kultur-geprägte Mentalität) und (c) Wettbewerbsintensität auf den Produktmärkten (Stichwort Markteintrittsbarrieren, Marktkonzentration, Marktregulierungstiefe) hingewiesen. Allein daraus erschließen

---

[75] Ähnliches gilt in der Regel auch für allgemeine Förderungen, die nicht über eigene Förderstellen abgewickelt werden (zB Forschungsfreibetrag gemäß § 4 Abs 4 Z 4 EStG, der Kraft Gesetzes nach klar überprüfbaren Kriterien zusteht und von den Finanzämtern im Zuge ihrer sonstigen Aufgaben abgewickelt wird; hier wacht der jedenfalls der verfassungsrechtlich abgesicherte Gleichheitssatz über die Nicht-Diskriminierung).

[76] Zu einer Aufzählung weiterer Elemente vgl zB OECD, Kommission der Europäischen Gemeinschaften und Eurostat (1996), S 20 und OECD (1996).

sich bereits elementare Zusammenhänge (insbesondere Komplementäreffekte) mit Politikbereichen wie etwa Wettbewerbs-, Bildungs- und Gesellschaftspolitik. Die Liste ließe sich nahezu beliebig erweitern. Die Conclusio muss jedoch sein, dass erstens die Innovationstätigkeit einer Volkswirtschaft von zahlreichen Parametern bestimmt wird, weshalb zweitens – will man die Effizienz der F&E-Förderpolitik sicherstellen – eine F&E-Förder- und Innovationspolitik, die nicht konsistent abgestimmt ist, ins Leere laufen muss (argumento Komplementaritäten, die teilweise limitationaler Natur sind) oder zumindest unnötige Strecken zurückzulegen hat (bloß kompensierende Gegeneffekte). Beides bedeutet wohlfahrtsökonomische Verluste.

Sektorwandel und F&E-Quote. Abschließend sei hier auf den Zusammenhang zwischen einerseits Wandel des Wirtschaftssektor-Profiles einer Volkswirtschaft (und allgemein-wirtschaftspolitischen Bestrebungen einen solchen herbeizuführen oder zu beschleunigen) sowie anderseits der F&E-Aktivität in einer Volkswirtschaft (und darauf gerichteter Förder- und Innovationspolitik) hinzuweisen. Es handelt sich hierbei um einen wechselseitigen Zusammenhang. So sind einerseits

(i) technologische (Produkt- und Prozess-) Innovationen Fundament und treibende Kraft der Entwicklung neuer Sektoren (zB Nanotechnologie, Biotechnologie), während andererseits

(ii) neue Sektoren nach ihrer ersten Entstehens- und Wachstumsphase (mit allgemein-wirtschaftspolitischer staatlicher Initialförderung) eine Eigendynamik qua sektorale Wachstums-, Netzwerk- und positive Feedback-Effekte entwickeln, die auf das Gesamtausmaß an F&E-Aktivitäten der Volkswirtschaft (zB F&E-Quote) positiv rückkoppelt, da ein solcher dynamischer Prozess definitionsgemäß überdurchschnittlich innovationsintensiv ist.

Daraus kann die allgemein-wirtschaftpolitische Forderung abgeleitet werden, zur Stützung des Gesamtausmaßes an Innovationstätigkeit und damit Wirtschaftswachstum, sektorale Entwicklungen hin zu neuen (bzw produkt- oder prozess-technologisch wenig ausgereiften) Wirtschaftssektoren zu fördern (Komplementäreffekt). Die F&E-Förderpolitik kann dies in einem gewissen Ausmaß auch selbst über den Parameter sektorale Allokationsverteilung der Gesamt-Fördermittel beeinflussen. Die allgemeine Wirtschaftspolitik kann jedoch darüber hinaus ganz erhebliche Strukturmaßnahmen setzen, die sich letztlich in F&E-Quote und Wirtschaftswachstum der Volkswirtschaft niederschlagen werden.

4.7 Schlussfolgerung

Die Existenz der in diesem Abschnitt dargestellten wohlfahrtshemmenden Systemversagensmomente (Informationsasymmetrie, fördersystemintern generierte Risikoprozesse, mangelnde Koordination und sonstige Friktionen) indiziert zunächst ganz allgemein ein Potenzial für Verbesserungsmaßnahmen einer F&E-Förderpolitik.

Die Realisierbarkeit dieses Potenzials soll im folgenden Abschnitt auf drei Untersuchungsebenen näher analysiert werden, und zwar sollen erstens mögliche organisatorische Gestaltungsmaßnahmen für das F&E-Fördersystem ausgemacht und entworfen werden. Zweitens sollen Kriterien identifiziert werden, die F&E-Förderinstrumente besonders wohlfahrtssteigernd wirken lassen. Und Drittens soll untersucht werden, wie ob und wie F&E-Fördervergabeverfahren wohlfahrtssteigernd optimiert werden können.

5 Förderpolitische Ansatzpunkte zur Beseitigung von Markt- und Systemversagen

In diesem Abschnitt ist zu untersuchen, wie F&E-Fördersysteme (Organisation, Instrumente, Verfahren) gestaltet werden können, um den in Abschnitt 3 und 4 dargelegten Markt- und Systemversagensmomenten in wohlfahrtsverbessernder Weise entgegenzutreten. Das bedeutet, es wird einerseits die Realisierung der zielgenauen Erfüllung der Kernaufgabe (und existenzielle Rechtfertigung) von staatlicher Förderung angestrebt, nämlich neoklassischem Marktversagen entgegenzuwirken (Normativität des Marktergebnisses unter dem Ideal der vollkommenen Konkurrenz). Andererseits betreffen diese Kriterien die Vermeidung bzw Reduzierung von spezifischen, systemstrukturellen Versagensmomenten staatlicher Forschungs- und Innovationsförderung (systemisches Versagen).

Es werden daher zunächst leitende Gestaltungs-Prinzipen für F&E-förderpolitische Maßnahmen formuliert (Abschnitt 5.1). Anschließend werden konkrete Maßnahmen entwickelt und untersucht, und zwar hinsichtlich der institutionellen Organisation eines F&E-Fördersystems (Abschnitt 5.2), der Gestaltung von F&E-Förderinstrumenten (Abschnitt 5.3) und von F&E-Fördervergabeverfahren (Abschnitt 5.4). Abschließend wird auf konkurrierende bzw ergänzende Elemente allgemeiner Innovationspolitik hingewiesen (Abschnitt 5.5).

5.1 Gestaltungs-Prinzipien

In der Folge sind mögliche Ansatzpunkte zur Beseitigung von Ineffizienzen in F&E-Fördersystemen zu analysieren, um schließlich förderpolitische Maßnahmen zu entwerfen. Dabei sind grundlegend bzw übergeordnet folgende zwei (weiter oben bereits teilweise angesprochene) Prinzipien zur Anwendung zu bringen.

a) Wohlfahrtsmaximierung

Zielfunktion der zu entwerfenden Anforderungen an innovationspolitische Maßnahmen ist die zu maximierende soziale Wohlfahrt der Volkswirtschaft (vgl oben Abschnitt 2 in Kapitel I, S 44). Dabei kann als normativer Maßstab das idealisierende, hypothetische Szenario der vollkommenen Konkurrenz herangezogen werden (argumento Erstes Wohlfahrtstheorem, vgl oben Abschnitt 2). Dieses kann bestmöglich angenähert werden, indem Marktversagensmechanismen möglichst eliminiert werden und im Zuge dessen systemische Versagensmomente vermieden werden bzw gegebenenfalls diesen aktiv entgegengetreten wird. Damit ist klar, dass die Vermeidung von Markt- und Systemversagen der Wohlfahrtssteigerung dient.

b) Holistischer Ansatz

Das Prinzip der Ganzheitlichkeit der F&E-Förderung soll zweierlei sicherstellen. Zum ersten die F&E-Förderpolitik in sich möglichst konsistent sein, ie einzelne Maßnahmen soll nicht einander wieder teilweise kompensieren und damit förderpolitische Anstrengungen, die sozialen Kosten verbunden sind, frustrieren. Zum zweiten soll die F&E-Förderpolitik mit anderen innovationspolitischen sowie wirtschafts-, bildungs- und gesellschaftspolitischen Maßnahmen und Rahmenbedingungen abgestimmt werden, um ein Maximum von Reichweite und Durchschlagskraft zu erlangen (Komplementäreffekte, vgl oben Abschnitt 4.6). Dazu bedarf es uU institutionalisierter Abstimmungsmechanismen, wobei die vorliegende Arbeit sich auf die Analyse der internen Konsistenz des F&E-Fördersystems beschränkt.

5.2 Wohlfahrtseffiziente Organisation des Fördersystems

In diesem Abschnitt ist darzulegen, welche organisatorische Maßnahmen im F&E-Fördersystem die Beseitigung von Marktversagen unterstützen können bzw Systemversagensmomente zu korrigieren vermögen. Besonderes Augenmerk ist dabei der Forderung nach einer konsistenten Innovationspolitik und der häufig mangelnden Koordination von Förder-Anstrengungen untereinander zu widmen.[77]

a) Innovationspolitische Ansätze

Den in Abschnitt 4 dargelegten (und ähnlichen) Schwierigkeiten kann insbesondere mittels eines in sich konsistenten innovationspolitischen Ansatzes zur (positiven) Beeinflussung des NIS gegengesteuert bzw vorgebeugt werden. Dazu zählen beispielsweise folgende Maßnahmen bzw Ansätze.[78]

(i) *Nationale Innovations-Strategie.* Die Formulierung einer nationalen Strategie zu Forschung, Technologie und Innovation durch die Politik bzw ein von der Politik eingesetztes, die betroffenen NIS-Akteure übergreifendes (ie wirtschafts- und wissenschaftsübergreifendes) Organ[79] ist wesentliche Voraussetzung dafür, sowohl inhaltliche als auch organisatorische Maßnahmen zur Verbesserung des nationalen Innovationssystems in konsistenter Weise herbeizuführen. Die Strategie soll dabei die Abstimmung mit komplementären und anderen zusammenhängenden Politikbereichen (zB Bildung, Wettbewerb, Schutz geistigen Eigentums, etc) beinhalten.[80] Zu einer solchen Strategie zählt naturgemäß auch deren kontinuierliche Überarbeitung zur Anpassung an sich verändernde Umfeldbedingungen. Das ausarbeitende Organ ist dabei eine Clearing-Stelle von Interessen der betroffenen Akteure, eine Schnittstelle zu anderen F&E-relevanten Politikbereichen und ein Impulsgeber zur Schaffung und Nützung von

---

[77] Zu Bedeutung und Umsetzungsmöglichkeiten zahlreicher Maßnahmen für das nationale Innovationssystem Österreichs vgl Clement, Klement, Turnheim (2003) und für die EU vgl Kommission der Europäischen Gemeinschaften (2003c). Siehe auch die Beispiele in Simonis (1995), S 389ff.
[78] Für das deutsche NIS vgl zB die Maßnahmenfelder in BMBF (2000), S 28. Vgl auch BMBF (2002).
[79] In fast allen europäischen Staaten ein strategisches Organ ähnlich dem österreichischen Rat für Forschung und Technologieentwicklung installiert, das die Formulierung der nationalen Innovations-Strategie sowie strategische Koordinierungsfunktionen wahrnimmt. Vgl zB für Österreich den derzeit bestehenden nationalen Forschungs- und Innovationsplan und Ergänzungen, Rat für Forschung und Technologieentwicklung (2002, 2003b).
[80] Die institutionelle Realisierung dieses Erfordernisses bedarf eines Austauschmechanismus zwischen den politischen Entscheidungsträgern der unterschiedlichen Politikbereiche. Darauf wird in der Folge nicht näher eingegangen.

kritischen Massen, Netzwerk- und Skaleneffekten innerhalb einer Volkswirtschaft (dazu sogleich).

(ii) *F&E-Konzentration durch Schwerpunktbildung.* Klare politische Leitlinien zum angestrebten Innovationsprofil (insbesondere F&E-Schwerpunktfelder) können eine (gezielte) Schwerpunktsetzung unterstützen.[81] Dadurch können zum einen etwa Synergieeffekte durch vermehrte Kooperation bei gleichzeitig gestärktem Wettbewerb realisiert werden (aufgrund höherer Konzentration und Lernen im Netzwerk[82]). Eine solche Schwerpunkt-Strategie eignet sich besonders in gut vernetzten, abgeschlossenen Innovationssystemen wie beispielsweise kleinen Volkswirtschaften. Ihre Effizienz hängt jedenfalls wesentlich von einer Abstimmung der Rahmenbedingungen und Anreize mit dem Innovationsfokus ab (ganzheitliche Innovations-Politik).[83]

(iii) *Politische Unabhängigkeit und öffentliche Verantwortung von Förderstellen: Förderrisiko-Eingrenzung.* Durch die Unabhängigkeit der Dotierung des F&E-Förderbudgets vom politischen Einfluss kann der Risikoaversion und den mehrjährig vorausschauenden Planungen der Fördernehmer entsprochen werden (Verringerung von Förderrisiko und Planungsunsicherheit). Die Wirkungen der Budgetentkoppelung sind dann effektiv, wenn sie mit objektiven, transparenten und zeitlich

---

[81] Vgl Dachs et al (2003). Vgl auch die diesbezüglich explizit normierte Aufgabe des österreichischen Rates für Forschung und Technologieentwicklung (§ 17 Abs 7 Z 3 FTFG). Zu dessen Schwerpunktempfehlungen in der Mittelverteilung vgl Rat für Forschung und Technologieentwicklung (2003), S 4. Zu den gewählten Schwerpunktförderungen des (wesentlich größeren) deutschen NIS vgl BMBF (2000), S 15ff, 27f.

[82] Kooperation und Wettbewerb sind in zweierlei Hinsicht kein Widerspruch, nämlich insofern als erstens Wettbewerb auf höherer Ebene als Kooperation stattfinden kann (zB Wettlauf von F&E-Kooperationsgemeinschaften) und zweitens es einen Wettbewerb um die Aufnahme in eine F&E-Kooperationsgemeinschaft geben kann. Zu beachten ist auch, dass zumindest auf der Produktseite Wettbewerb oft zu raschem Informationsaustausch unter Konkurrenten führt (Nachahmung und Weiterentwicklung). Aufgrund der positiven Externalitäten für andere Akteure im gleichen Bereich könnte man auch von einem Netzwerkeffekt der F&E-Konzentration sprechen. Zu Netzwerkeffekten vgl zB Shapiro und Varian (1998).

[83] Vgl auch die ergänzenden Überlegungen zu Innovation durch Diversität unten S 92 in der *Anmerkung zu Punkt (ii): Koordination von F&E-Förderungen versus innovative Diversität.*

stabilen Kriterien und Prozessstrukturen im Fördervergabeverfahren verbunden werden (dazu weiter unten) sowie die Fördereinrichtung in ihrer Tätigkeit der öffentlichen Kontrolle unterliegt (zB unabhängige Evaluierung mit öffentlich zugänglichen Prüfberichten).

(iv) *Intra-industrielle Kooperation.* Verstärkende[84] Anreize zu intra-industrieller F&E-Kooperation (zB F&E-Joint-Ventures, auch Kooperationen vertikaler oder informeller Natur[85]) können erstens zT Externalitäten internalisieren (zB innerhalb eines Wirtschaftssektors, wenn alle wesentlichen Akteure teilnehmen), zweitens Netzwerkeffekte nutzen (vgl oben Fn 82) und drittens zu einem insgesamt gesteigerten Informations- und Technologiefluss im NIS (positiver Produktivitätseffekt[86]) führen. Darüber hinaus sind solche Programme dem Aufbau von Innovationskapazität (Mitarbeiterkompetenz) innerhalb von Unternehmen dienlich, was insbesondere deren Aufnahme- und Umsetzungsfähigkeit bezüglich neuer wissenschaftlicher und technologischer Erkenntnisse (Grundlagen- und angewandte Forschung) erhöht und so den entsprechenden systemischen Ungleichgewichten entgegenwirken kann. Solche Kooperationen erfordern dabei jedenfalls einen entsprechenden wettbewerbsrechtlichen Rahmen, der vor allem F&E-Kooperationen unbürokratisch zulässt[87]. Zusätzliche Anreize können etwa durch F&E-Förderinstrumente mit einem Förderfokus auf kooperativ durchzuführende Projekte erreicht werden.

(v) *Kooperation Industrie und Wissenschaft.* Anreize zu F&E-Kooperationen bzw Wissenstransfer zwischen industrieller und öffentlicher Forschung leisten einen Beitrag zum Innovationstransfer in einer Volkswirtschaft und zur Rückkoppelung von relevanten Fragestellungen an die Grundlagenforschung. Dies gelingt zB durch gemeinsame regionale Projekte, Auftragsforschung, Personalkosten-

---

[84] Skaleneffekte und Risikostreuung durch F&E-Kooperationen werden für die gegenständliche, maßnahmenorientierte Diskussion als nicht relevant ausgeklammert.

[85] Zur hohen empirischen Bedeutung von Informationen von Kunden (Abnehmern) und Konkurrenten für den Innovationsprozess vgl OECD (1997a), S 22; innerhalb von Clustern S 26ff. Vgl auch Statistik Austria (2002).

[86] Vgl OECD (1997a), S 15ff mwN.

[87] Vgl die empirischen Ergebnisse von Gugler und Siegbert (2002), die den positiven Wohlfahrtseffekt von F&E-Joint-Ventures stützen (im Gegensatz zum dominanten negativen Marktmachteffekt bei Fusionen).

finanzierung und -austausch.[88] Letztere stärken gleichzeitig die Technologie-Aufnahmefähigkeit und -Adaptionsfähigkeit mittelgroßer Unternehmen durch gesteigertes F&E-Humanressourcenkapital[89]. Daneben entsprechen etwa regionale Innovationskonzepte an der Schnittstelle zwischen Wirtschaft und Wissenschaft (zB Kompetenzzentren) gleichzeitig der Idee von Punkt (i). Zu den Anreizen gilt unter (iv) Angeführtes.[90]

(vi) *Außeruniversitäre Forschungsstrukturen.* Eine wichtige Rolle im Wissenstransfer zwischen Universitäten und der Wirtschaft kommt den öffentlichen und privaten außeruniversitären Forschungsinstitutionen[91] zu. Diese dienen in vielen Ländern als Brücke zwischen der Grundlagenforschung einerseits und der angewandten Forschung bzw experimentellen Entwicklung andererseits. Da die Wirtschaft vorwiegend an marktnahen Forschungsergebnissen interessiert ist (aufgrund von Risikoaversion, eines kurz- bis mittelfristigen Management- und Kapitalmarkthorizontes), sind solche Einrichtungen ein nützliches Instrument im nationalen Innovationssystem. Im Sinne einer kooperativen Vernetzung kann die Wirtschaft dabei durch ihre aktive Zusammenarbeit mit solchen Forschungseinrichtungen den Markteinfluss auf die Themen gemeinsamer F&E-Projekte ausüben und dabei indirekt zu einem im Ergebnis gesteigerten Wissenstransfer beitragen und profitieren. Auf diese Weise kann der volkswirtschaftliche Nutzen weiter gesteigert werden.

(vii) *Koordination von Förderstellen.* Eine enge Koordination oder Zusammenlegung von Förderstellen entspricht nicht nur Punkt (i), sondern es kann dadurch zB eine zentrale Förderdatenbank eingerichtet werden. Eine solche NIS-weite Datenbank ermöglicht erstens eine Hintanhaltung von Doppelförderungen und vor allem zweitens durch die einheitliche Erfassung von Daten einen Effektivitätsvergleich von Förderinstrumenten[92]. Solche Evaluierungen müssen jedenfalls extern

---

[88] Siehe auch Polt et al (2001).

[89] Vgl OECD (1997a), S 18ff mwN.

[90] Vgl diesbezüglich bereits explizit normierte Aufgaben des Rates für Forschung und Technologieentwicklung (§ 17 Abs 7 Z 6 FTFG).

[91] Auch der in Österreich begonnene Aufbau eines Fachhochschul-Sektors kann in diesem Sinne gesehen werden.

[92] Die zu erfassenden Daten sollen zwei Zielen auf unterschiedlicher Ebene dienen, einerseits der Bewertung der Hebelwirkung von Förderinstrumenten auf die unternehmerischen F&E-

durch *effektiv unabhängige* Evaluierungsorgane erfolgen. Des weiteren werden durch Zusammenlegungen von Förderprogrammen kritische Massen erreicht, die (a) den Suchaufwand potenzieller Fördernehmer erheblich senken können (Effizienzverluste), (b) das wettbewerbliche Vergabeelement stärken (Verringerung des Informationsnachteils der Förderstelle, Effizienzverluste), (c) Overhead-Kosten der Vergabeadministration senken (Ausschreibung, Vergabe, Kontrolle, Evaluierung, Kommunikation mit anderen NIS-Einrichtungen, uU Veranlagungsmanagement für ein Stiftungsvermögen) und (d) klarer Förder-Richtungen und Kriterien vorgeben (effektivere Anreizsetzung durch höhere Transparenz).

(viii) *Innovationsförderliche Rahmenbedingungen.* Geeignete Rahmenbedingungen sind Voraussetzung für die Effektivität von F&E-Förderungen. Sie müssen die Initiative zur und Durchführung der F&E-Aktivität mit ermöglichen. Dies betrifft komplementäre politische Parameter wie das unbürokratische Zulassen von Unternehmertum[93], innovativer Diversität[94] sowie internationaler Kooperation, Anreize wie leistungsbezogene F&E-Entlohnungselemente im öffentlichen F&E-Sektor, Anti-„braindrain"-Maßnahmen[95], Marktliberalisierungen und die wettbewerbsrechtliche Absicherung von F&E-Joint-Ventures (und viele andere mehr).[96]

Ausgaben und andererseits der Bewertung des absoluten gesamtwirtschaftlichen Wohlfahrts-Effektes von F&E-Aktivitäten. Es besteht dabei offensichtlich ein Zielkonflikt hinsichtlich der (robusten) quantitativen Messbarkeit einerseits und der Zuverlässigkeit und Relevanz der aus der Analyse zu gewinnenden Aussage andererseits. Vgl Hutschenreiter, Polt und Gassler (2001), S 5f.

[93] Vgl OECD (2003).

[94] Zu Diversität und zu Evolutionstheorien siehe Edquist (1997), S 19, 30, 186ff.

[95] Der Begriff „brain drain" wurde insbesondere für den akademischen Bereich geprägt. In diesem kommt es regelmäßig zur Abwanderung hochqualifizierter Akademiker von Europa in die USA (und andere Regionen). Die Ursachen liegen ua in Differenzen im Entlohnungsniveau und Profilierungspotenzial sowie dem damit verbundenen positiven Feedback-Effekt, der zur Anziehung weiterer hochqualifizierter Personen (Leistungsniveau des Umfeldes als positive Externalität). Vgl auch OECD (2001b).

[96] Eine Analyse der notwendigen Koordination von Innovationspolitik mit anderen politischen Bereichen überschreitet die Grenzen der vorliegenden Arbeit.

Diese Maßnahmen zielen insgesamt auf strukturelle Verbesserungen des F&E-Fördersystems (als Teil des NIS) durch Behebung systemischer Versagensmomente (vgl oben Abschnitt 4.1). Im nächsten Schritt sind Möglichkeiten zu deren organisatorischer Umsetzung darzulegen.

b) Institutionelle Organisation von Förderstellen

Institutionelle Organisationsanforderungen. Die institutionelle Komponente besteht bei den soeben erörterten Maßnahmen in

(i) der Sicherstellung der politischen Unabhängigkeit von Förderstellen (zB durch Errichtung von privatrechtlichen Stiftungen nach dem BStFG[97]; vgl andere Aspekte zur politischen Unabhängigkeit unten),

(ii) der Koordination zur Abstimmung der Förderstrategien (insbesondere der Kernförderprogramme) auf einer organisatorischen Plattform oder unmittelbar in einer zusammengelegten organisatorischen Einheit und unter Integration allfälliger zukünftiger privater oder öffentlicher Initiativen[98] (Senkung der Overhead-Kosten, geringerer Suchaufwand für Fördernehmer, effektiver Gestaltungseinfluss auf Förderstrategie[99], gebündelte Kommunikation im NIS, Erfassung einheitlicher Evaluierungsdaten, Vermeidung von Doppelförderungen uam; siehe oben Abschnitt 4.1)[100],

---

[97] Auch eine Stiftung nach dem PSG oder eine öffentlich-rechtliche Stiftung kommen in Betracht. Die (wünschenswerte) Programm- und Leitlinienfunktion auf Seiten der Politik kann bei Stiftungen dynamisch vorprogrammiert werden. Der Förderfokus kann dabei in flexibel gehaltener Form in der Zweckwidmung der Stiftungserklärung festgelegt und in der Satzung konkretisiert werden; sollte er dennoch zukünftig überholt sein, ist etwa eine Änderung der Satzung möglich. Hierin liegt ein – sehr eingeschränkter – Zielkonflikt mit der geforderten Bestandskraft.

[98] Dies ist etwa mit der Ermöglichung von Zustiftungen realisierbar.

[99] Der gesteigerte Gestaltungseinfluss ergibt sich aus dem höheren Anteil am „Fördermarkt", dem weniger vielschichtigen Abstimmungsaufwand mit anderen Rahmenbedingungen und aus der einheitlichen Kommunikation und Transparenz an die Fördernehmer. Diese Einflussmöglichkeit ist für die Realisierung einer konsistenten abgestimmten Innovationspolitik erforderlich.

[100] Siehe im Anschluss die qualifizierende *Anmerkung zu Punkt (ii): Koordination von F&E-Förderungen versus innovative Diversität*, S 92.

(iii) der Einrichtung eines Begutachtungsnetzes zu international renommierten Wissenschaftern bzw Experten zur Förderantrags-Bewertung auf einem qualitativen Niveau, das den Ansprüchen der Ausschreibung auch auf Seiten der Bewertung zur Umsetzung bringt,

(iv) der Einrichtung von externen und *effektiv unabhängigen* Evaluierungseinheiten oder -mechanismen zur transparenten und öffentlichen Evaluierung von Förderprogrammen (vorausgesetzt entsprechende Datenerfassung bei den Förderprogrammen), bei denen die Unabhängigkeit und die hohe wissenschaftliche Kompetenz der Evaluierungsmitglieder sichergestellt ist (zB ökonometrisches und volkswirtschaftliches Fachwissen auf international aktuellem Stand),

(v) dem institutionalisierten Austausch der Förderstelle mit anderen NIS-Akteuren (insbesondere mit Forschern, F&E-betreibenden Unternehmen und Einrichtungen, anderen Förderstellen) und mit den politischen Entscheidungsträgern im Sinne einer ganzheitlichen und konsistenten F&E-Förderpolitik.

Anmerkung zu Punkt (ii): Koordination von F&E-Förderungen versus innovative Diversität. Zu den unter Punkt (ii) dargebrachten Argumenten *für* eine Koordination von Förderprogrammen ist eine Einschränkung anzubringen. Diese resultiert aus der Beobachtung, dass Innovation den Prinzipien Diversität, Experiment und Widerspruch folgt. Es stellt sich die Frage, ob daraus ein durchschlagendes Argument *contra* koordinierte, also für notwendig widersprüchliche F&E-Förderpolitik folgt.[101] Eine solche Widersprüchlichkeit könnte darin liegen, F&E-Projekte zu fördern, die nicht mit der Main-Stream-Forschung konform gehen, die sich mit Fragestellungen beschäftigen, in denen aktuell keine anwendungsorientierte Bedeutung erblickt kann oder die auf andere Weise schon gelöst wurden bzw werden. Es ist dies das Szenario für grundlegend neue Erkenntnisse. Was die Koordination bzw Zusammenlegung von Förderstellen betrifft, ist dazu zweierlei festzuhalten. Erstens, dieses Argument berührt „nur" die inhaltlichen Punkte Förderfokus und Zielgruppe; nicht jedoch die operativen Dimensionen wie einheitliche Förderprogramm-Evaluierung (letztere sind jedenfalls zu koordinieren) und administrative Synergien. Zweitens, wie weit eine Konzentration auf wenige Schwerpunkte (zB Biotechnologie, Nanotechnologie, etc) sinnvoll ist, hängt wesentlich von der Größe eines NIS ab (Netzwerkeffekte und interaktives Lernen steigen mit dem Vernetzungsgrad, dh mit dem Konzentrationsgrad der Fördermittel und der

---

[101] Vgl Edquist (1997), S 186ff.

regionalen Forschungsintensität in einem Bereich). Ist ein NIS klein, so muss ein großer Teil der Fördermittel koordiniert in thematischen F&E-Schwerpunktbereichen eingesetzt werden, um eine optimale F&E-Dichte zu erreichen.[102] Daneben kann ein kleiner Teil an Fördermitteln außerhalb der NIS-Schwerpunkte zur Vergabe gelangen (solange die Grenzkosten von „Förderdschungel" und organisatorischer Ineffizienz nicht überwiegen). Dies lässt sich auf zweierlei Wegen umsetzen, und zwar (a) durch regionale Förderstellen nach einer Art Subsidiaritäts-Gedanken (Vorteil regionales Bedürfnisbewusstsein und unmittelbare Kontakte; sinnvoll für regionale Kleinförderungen) sowie (b) in einem thematisch unspezifischen (dh flexiblen) nationalen Innovationstopf (Vorteil Diversitätsförderung bei gleichzeitiger organisatorischer Effizienz; sinnvoll für bahnbrechende Großprojekte außerhalb der Förderschwerpunkte).[103]

Organisation Förderstellen. Insbesondere auch bei der Frage nach der Organisation der F&E-Förderstellen eines NIS sind daher die Kriterien (i) politische Unabhängigkeit, (ii) zentrale Koordination, (iii) unabhängiges Begutachternetz für F&E-Projekte, (iv) unabhängige System-Evaluierungseinheiten und (v) institutionalisierte Abstimmung von Förderzielen umzusetzen. Es sind deshalb die sich daraus ableitenden normativen Charakteristika für Förderstellen darzulegen.[104]

Essenzielle Kriterien der politischen Unabhängigkeit und Abgrenzung politischer Aufgaben. Es ist hier darzustellen, aus welchem Katalog notwendiger Kriterien[105] sich praktisch die erforderliche politische Unabhängigkeit einer

---

[102] Widersprüchliche Förderung *innerhalb* eines Förderschwerpunktes für ein bestimmtes Forschungsgebiet wie zB Biotechnologie (oder auch etwas differenzierender abgegrenzt) ist ohnehin auch hier möglich, denn wesentlich erscheint vor allem die Forschungs- und Netzwerkdichte in einem gesamten Forschungssegment von aneinander angrenzenden bzw überlappenden F&E-Fragestellungen und -methoden.

[103] Zu den Konzentrationsbemühungen im deutschen NIS vgl BMBF (2000), S 15ff. Für das österreichische NIS legt dies nahe, Kernförderprogramme genau soweit zusammenzulegen, als hohe Effizienzvorteile erzielbar sind, die den Diversitätsverlust überkompensieren (so sprechen zB mangelnde Synergien und Zielgruppenüberschneidung gegen die Zusammenlegung der Förderung von angewandter und Grundlagenforschung).

[104] Zu finanzwissenschaftlichen und juristischen Aspekten der Umsetzung vgl zB Clement, Klement, Turnheim (2003).

[105] Es wird die terminologische Wendung essenzielle Kriterien für treffender gehalten, da die genannten Kriterien in besonders gelagerten Fällen zur Erreichung des Zieles politische Unabhängigkeit einer Förderstelle nicht streng erforderlich sind.

Förderstelle ergibt. Es sei bereits vorab hervorgehoben, dass das Kriterium politische Unabhängigkeit im oben angesprochenen Sinne ganz bestimmte Dimensionen umfasst und andere explizit nicht erfasst. Die ganzheitliche und konsistente Abstimmung des Förderfokus mit anderen innovationspolitischen Maßnahmen macht es nämlich geradezu erforderlich, einen politischen Gestaltungseinfluss auf den Förderfokus der Förderorganisation vorzusehen (zB über eine dynamische Vorprogrammierung im Stiftungszweckes im Errichtungszeitpunkt).[106] Dies kann zB zweckmäßigerweise im Wege der Satzung durch Festlegung von Förder-Grundprinzipien (zB Berücksichtigung der übergeordneten Innovations- und Förder-Strategie, grundsätzliche Richtlinien zur Ausgestaltung von Förderinstrumenten und Vergabeverfahren[107], obligatorische Programm-Evaluierung) sowie eines Mechanismus zur dynamischen Anpassung des Förderfokus an neue ökonomische Gegebenheiten erfolgen. Die essenziellen Kriterien umfassen die folgenden Punkte.

(i) *Dauerhafte Budgetkontinuität („Budgetausgliederung"): Stiftungscharakter.* Die Vorhersehbarkeit zukünftig zur Verfügung stehender Fördermittel (Risikoaversion der Fördernehmer) kann durch ein glaubhaftes Commitment zu Fördersummen der politischen Abhängigkeit entzogen werden. Dazu kommt in Betracht, (a) die Förderstelle mittels Widmung von öffentlichen Fördermitteln einmalig vorab und unwiderruflich auszustatten und gleichzeitig (b) die Förderstelle mit einem von weiterer politischer Unterstützung unabhängigen Konzept gänzlich in die Autonomie zu entlassen. Als Organisationsform eignet sich dazu insbesondere eine Stiftungsform, also ein mit Rechtspersönlichkeit ausgestattetes (daher unabhängig administrierbares) und zweckgewidmetes Vermögen, bei dem ein Verbrauch des Kapitals ausgeschlossen ist.[108] Die notwendige politische Budgetentscheidung liegt in der Festlegung der Höhe der einmaligen Ausstattung.[109]

---

[106] Vgl oben Abschnitt a).

[107] Vgl dazu die Analyse in den Abschnitten 5.3 und h).

[108] Was das Kriterium der Garantie einer dauerhaften Budgetkontinuität betrifft, kann eine wohlfahrtsökonomische Reihung von möglichen alternativen Organisationsformen vorgenommen werden (mit absteigender Präferenz): (i) Stiftung, (ii) Fonds, (iii) andere staatsferne Formen, (iv) staatsnahe Formen. Stiftung sei funktional definiert als ein abgegrenztes (Stiftungs-) Kapital, dessen Erträgnisse allein (ohne Kapitalantastung) als Finanzierungsquelle ihrer widmungsgemäßen Aktivitäten (F&E-Förderung) dienen. Fonds sei funktional als ein abgegrenztes (Fonds-) Kapital, dessen Verbrauch der Finanzierung seiner widmungs-

(ii) *Objektive Förderkriterien.* Die Förderkriterien müssen detailliert und objektiv formuliert sein (Vorhersehbarkeit bzw transparente Nachvollziehbarkeit von Entscheidungen) sowie allein objektiven Zielen verpflichtet sein, die der Wohlfahrtssteigerung dienen. Eine Anpassung durch politische Prozesse soll ausgeschlossen werden (dient auch der indirekten Umgehung von Punkt (i)); sie mögen jedoch bewusst einmalig „dynamisch vorprogrammiert" werden und durch weitere innovationspolitische Maßnahmen unterstützt werden.

(iii) *Objektive Vergabeverfahren: double-blind, weisungsfrei, internationale Begutachter.* Das Vergabeverfahren darf keinen Zweifel an der Objektivität der Vergabeentscheidung zulassen (Risikoaversion, Effizienz). Dies lässt sich durch ein Double-blind-Verfahren (Begutachtung von Förderanträgen erfolgt beidseitig anonym)[110], ein internationales Begutachter-Netzwerk und die Weisungsfreiheit gegenüber politischen Instanzen sicherstellen. Eine internationale Begutachtung vermeidet dabei nicht nur Interessenkonflikte, sondern ist vor allem indirekt im Wege der Sicherstellung einer hohen und transparenten Begutachtungsqualität (Spezialwissen, Erfahrungen) und der Hintanhaltung von Zufall und Willkür zuträglich (glaubwürdige Sachentscheidungen). Die Funktionsfähigkeit dieser Strukturen ist politisch

---

gemäßen Aktivitäten (F&E-Förderung) dient, definiert (vgl jeweils BStFG). Zu möglichen korrespondierenden Rechtsformen vgl Fn 97.

[109] Wird hingegen ein Fondscharakter vorgesehen (der auch Kapitalverzehr erlaubt), so soll die Erstausstattung zumindest für einen mittel- bis langfristigen (die durchschnittliche Projektdauer klar überschreitenden) Zeithorizont angemessen sein. Ist die Mittelaufbringung zu einem einmaligen Zeitpunkt politisch nicht möglich, so ist zumindest zusätzlich die *verpflichtende* periodische Zuführung öffentlicher Mittel vorzusehen (deren Bestandskraft wird aber fraglich bleiben).

[110] Es ist dabei zutreffend, dass ein Double-blind-Verfahren (jedenfalls im strengen Sinne) nicht zulässt, dass die Förderstelle den voraussichtlichen Erfolg des Projektes über allgemeine Eigenschaften des Förderwerbers (Forschungsbilanz aus der Vergangenheit oder andere nichtprojektspezifische Daten) beurteilt und damit Information bewusst außer Betracht lässt (in einer zweiten nicht-anonymen Prozessstufe können allerdings Doppelförderungen und notorischer Missbrauch ausgeschlossen werden). Ein solches Verfahren hat den großen Vorteil, dass auch etablierte Forschungseinheiten sich mit jedem Projekt dem Wettbewerb stellen müssen. Zu den informationstechnischen Aspekten von wettbewerblichen Verfahren vgl Abschnitt h).

zu initiieren. Zu weiteren Anforderungen an das Vergabeverfahren siehe unten Abschnitt h).

(iv) *Weisungsfreie Gestion.* Die Arbeitsweise und das Management der Förderstelle hat weisungsfrei zu erfolgen, um eine Umgehung der anderen Kriterien dieses Kataloges auszuschließen. Dies lässt sich zweckmäßig über eine rechtlich selbständige Einheit umsetzen.

(v) *Bestellung der Organe.* Die Führungsorgane der Förderstelle dürfen nicht jederzeit durch politische Intervention austauschbar sein, um nicht Kriterium (iv) dieses Kataloges zu umgehen. Die Führungsorgane sind jedoch selbstverständlich der Einhaltung von zB in der Satzung verankerten Grundprinzipen verpflichtet und in jeder Hinsicht der objektiven Kontrolle und Evaluierung verantwortlich.

(vi) *Kontrolle und Evaluierung.* Die Überwachung und Evaluierung der Arbeit der Förderstelle (Effizienz der durchgeführten Förderprogramme) hat nach im Voraus transparent gemachten Kriterien und Methoden sowie auch ansonsten in einer Weise zu erfolgen, die nicht an der Kompetenz (Wohlfahrtsoptimalität) und der (politischen) Unabhängigkeit der Evaluierung zweifeln lässt. Sie soll einerseits die wettbewerbliche, operative Effizienz sicherstellen (Treffsicherheit, Administrationskosten) und gleichzeitig den (gesamtwirtschaftlichen) Wohlfahrtseffekt untersuchen (Förderstrategie, Mix der Förderinstrumente). Sie sollte unter Leitung eines (indirekt) demokratisch legitimierten Kontrollorganes[111] sowie unter Beteiligung internationaler Experten erfolgen. Die Evaluierungsberichte sind detailliert und in transparenter Weise öffentlich zu machen (öffentliche statt unerheblicher politischer Verantwortung). Mit den analogen Argumenten zu (iii) ist auch hier der Einsatz internationaler Wissenschafter sowohl der Qualität (zB volkswirtschaftliches und ökonometrisches Fachwissen am Stand der Wissenschaft) als auch der Unabhängigkeit zuträglich. Um Principal-Agent-Problemen zwischen Staat und Förderstelle vorzubeugen (vgl oben Abschnitt 4.5) kommen neben der öffentlichen Ver-

---

[111] In Österreich könnte dies zB der Rechnungshof sein, uU auch der Rat für Forschung und Technologieentwicklung oder ein eigenständig (vorzugsweise dem Parlament verantwortliches) Gremium sein.

antwortlichkeit transparente, anonyme Vergabeverfahren, leistungsabhängige Entgelte und die Absetzung von Organwaltern in Betracht.[112]

Anmerkung: Kontrolle, Moral-Hazard und Autonomie (politische Unabhängigkeit). Es kann daher gefolgert werden, dass unter Realisierung relativ einfacher Kontrollmechanismen, das Auftreten eines Moral-Hazard-Problems zwischen Staat und staatlich eingerichteter Förderstelle in der Regel weitgehend vermieden werden kann und somit kein zentrales Problem darstellt. Es erscheint deshalb umgekehrt weder erforderlich noch zweckmäßig dieses Principal-Agent-Problem dadurch zu umgehen, dass der Förderstelle jegliche Autonomie genommen wird. Vielmehr steht solchen beschränkenden Überlegungen eine Reihe von Gegenargumenten (also Argumente pro Autonomie) jenseits des Principal-Agent-Problems gegenüber. Solche Argumente pro Autonomie der Förderstelle basieren ua auf (i) der dadurch größeren Nähe der Förderstelle zu den F&E-durchführenden Akteuren, (ii) der höheren Flexibilität der Förderstelle bei der dynamischen Anpassung der Förderpolitik an veränderte Rahmenbedingungen (einschließlich zB einer besonderen Antragslage) und (iii) den bereits weiter oben dargelegten Überlegungen zu Budgetkontinuität und Planbarkeit (Risikoaversion der Fördernehmer). Daraus lässt sich letztlich insbesondere die Forderung nach einer autonomen (ie weisungs- und eingriffsfreien) Gestion der Förderstelle ableiten, wobei es gleichzeitig Aufgabe der Politik bleibt, die Rahmenbedingungen für eine NIS-weite Koordination der Innovations-Politik zu verwirklichen und Entscheidungen über F&E-(Förder-)Schwerpunkte zu treffen (Leitlinien, Aufsichtskompetenz). Die geforderten Kriterien können somit als miteinander vereinbar betrachtet werden.

Essenzielle Kriterien der zentralen förderpolitischen Koordination. Diese dienen der konsistenten F&E-Förderpolitik und umfassen die folgenden Punkte.

(i) *Zusammenlegung von Förderstellen.* Kleine Förderstellen laufen Gefahr, nicht die erforderliche kritische Masse im Sinne operativer Effizienz zu erreichen. Das kann mit administrativer Fixkosten-

---

[112] Um auf der Ebene zwischen Staat (Innovationspolitiker) und Wähler Principal-Agent-Konflikten entgegenzutreten, sind Kontrollmechanismen wie parlamentarische Opposition via parlamentarische Instrumente, Rechnungshof, uäm sowie der Informationsfluss der Massenmedien zu den Wählern geeignet (der wohlfahrtökonomisch unerwünschte Interessenskonflikt kann sich zB aus privaten Anreizen von Politikern wie populistische Verwertbarkeit, Machtansammlung eines Abteilungsleiters durch Prestigeprojekte, Zuständigkeits- und Budgetexpansion, selektive Begünstigung von „Freunden", Absicherung der eigenen Zukunft uäm ergeben).

degression[113] begründet werden, ebenso wie sonstigen steigenden Skalenerträgen, einem sinkenden Suchaufwand potenzieller Fördernehmer und der zunehmenden Budgetkontinuität mit einer steigenden Zahl an (jeweils hinreichend dotierten) vergebenen Förderungen, da sich statistische Schwankungen zunehmend ausgleichen (und eine solche Budgetkonstanz auf die Finanzierungssicherheit auf Ebene der einzelnen Förderung durchschlägt). Solche Förderstellen kommen für eine Zusammenlegung in Betracht. Die entsprechenden Skalenvorteile setzen sich auf Ebene der politischen Koordination (administrative Synergien[114] und Interaktionsaufwand der Koordination[115]), Evaluation und Überwachung fort. Zu weiteren Argumenten siehe oben Punkt (ii), S 91. Solchen Effizienz-Überlegungen stehen zu einem gewissen Grad Argumente der Diversitäts-Stimulierung gegenüber, die uU zu begründen vermögen, einen Teil der Fördermittel *gezielt* im Wege „unkoordinierter" Förderungen zu vergeben (so bereits oben S 92).

(ii) *Nationale Förderstellen-Plattform.* Soweit eine Zusammenlegung von Förderstellen ökonomisch nicht sinnvoll ist, vgl (i), kann eine Plattform oder „Dachorganisation" zur Koordinierung zweckmäßig sein. Diese hat zwei Zielen zu dienen. Sie soll einerseits eine NIS-weite Koordinierung hinsichtlich des Förderfokus der einzelnen Förderstellen insgesamt sicherstellen (zB Vermeidung von Lücken bzw Unterdotierungen, Zuordnung neuer Zielgruppen) und andererseits eine einheitliche Datenerfassung zur Fördertätigkeit koordinieren (zentrale Datenbank[116] zur Vermeidung von Doppelförderung und zur einheitlichen Evaluierung von Förderprogrammen). Mit Blick auf das oben dargestellte Erfordernis politisch unabhängiger Förderstellen ergibt sich, dass diese Plattform bzw Einrichtung ebenfalls politisch unab-

---

[113] Zu bedenken ist auch die mit der Zahl der Förderstellen exponentiell zunehmende Anzahl an Interaktionen zwischen diesen.

[114] Jedenfalls wenn sich überschneidende Fördernehmer-Zielgruppen und überschneidender sonstiger Förderfokus (zB Industriethemen, Innovationsstufe, uam) decken, kann mit solchen Synergien gerechnet werden.

[115] Beispielsweise sind in Österreich derzeit fünf Ministerien mit innovations- und förderpolitischen Kompetenzen ausgestattet.

[116] Sie ist datenschutzrechtlich und organisatorisch insbesondere bei einer Zusammenlegung von Förderstellen unproblematisch.

hängig organisiert sein soll[117], da sie Teilaufgaben einer Gesamtförderstelle wahrnimmt (zB organisatorische Aufgabenverteilungen). Soweit Förderstellen zu einer einzigen zusammengelegt werden, vgl (i), sind Koordinierungsaufgaben intern zwischen Geschäftsbereichen vorzunehmen (bezüglich Synergien und Reibungsverlusten superiore Lösung). Die regelmäßige externe Evaluierung von Förderprogrammen und Förderinstrumenten gewährleistet dabei die Gesamteffizienz der Organisation. Es ist auch möglich, in dieser Plattform bzw Einrichtung eine Kompetenz zur Adjustierung der Gesamt-Budgetallokation auf unterschiedliche Förderbereiche über die Förderstellen zu verankern und die Abstimmung mit der gesamten NIS-Strategie dort vorzunehmen (wohl unter Einschaltung innovationspolitischer Vertreter[118], denn dieses Aufgaben sind eindeutig politisch).

(iii) *Integration zukünftiger privater und öffentlicher Mittelflüsse.* Förderstellen sollen hinsichtlich ihrer finanziellen Ausstattung für allfällige zukünftige private oder öffentliche Kapitalaufstockungen offen sein (zB Zustiftungen), um einerseits auch kleinere Finanzierungsbeiträge verwertbar zu machen und andererseits über die Vermeidung einer Zersplitterung der Förderlandschaft eine Koordination im Sinne von (i) auch im Zeitverlauf zu gewährleisten. Selbstverständlich dürfen solche Kapitalzuschüsse keinesfalls mit eigentümerähnlichen Kontrollrechten verbunden sein (vgl oben politische Unabhängigkeit, S 94ff).

Essenzielle Kriterien unabhängiges Begutachternetz und unabhängige Evaluierungseinheiten. Diese wurden bereits im Rahmen der Kriterien zur politischen Unabhängigkeit, (iii) und (vi), dargestellt (vgl oben S 95f).

Essenzielle Kriterien der institutionalisierten Abstimmung der F&E-Förderpolitik mit innovationspolitischen und anderen politischen Zielen bzw Maßnahmen. Diese umfassen die folgenden Punkte.

(i) *Transparenz: öffentlicher Bericht, öffentliche Verantwortung.* Förderstellen sollen regelmäßig (zB jährlich) einen umfassenden Bericht einschließlich Kosten, Effizienzbewertungen und Evaluierung der Öffentlichkeit zur Verfügung zu stellen. Bei ihrer Errichtung (aufgrund einer politisch getragenen Entscheidung) sollten sie darüber hinaus

---

[117] Bei einer reinen „Plattform" (ie eines bloßen Austauschforums) unabhängiger Förderstellen wäre dies eo ipso der Fall.

[118] Dazu ist auch ein innovationspolitisches Beratungsgremium geeignet, zB in Österreich der Rat für Forschung und Technologieentwicklung.

verpflichten werden, eventuellen anderen Förderstellen sowie den politischen Akteuren (zB Innovations-, Forschungs-Ministerium, Rat für Forschung und Technologieentwicklung) umfassend Auskunft zu erteilen und Förder-Aktivitäten zu koordinieren. Das Management der Förderstelle ist im Wege der Förderstellen-Evaluierung der Öffentlichkeit verantwortlich (zB verbunden mit der Absetzbarkeit durch ein unmittelbar demokratisch legitimiertes Organ).

(ii) *Aktive, institutionalisierte Kommunikation: nationale Koordination, dynamische Anpassung.* Zum Zweck einer Abstimmung der F&E-förderpolitischen Maßnahmen mit anderen innovationspolitischen Maßnahmen empfiehlt sich ein regelmäßiger (zB jährlicher, zweijährlicher) Austausch im Kreis der innovationspolitischen Akteure (jedenfalls Förderstellen, innovationspolitische Vertreter). Dies soll ein gegenüber der Förderstellen-Plattform erweitertes Forum sein. Die Förderstellen sind in der Art der Umsetzung ungebunden (zur politischen Unabhängigkeit vgl oben). Sind jedoch zu verpflichten (zB bereits in der Satzung im Wege einer „dynamischen Vorprogrammierung"), ihren Förderfokus kontinuierlich neuen ökonomischen Gegebenheiten anzupassen und Anpassungen in der nationalen Innovations-Strategie zu berücksichtigen.

5.3 Anreizeffiziente Förderinstrumente

Im vorliegenden Abschnitt soll untersucht werden, ob und wie die *Gestaltung* von F&E-Förderinstrumenten Einfluss auf die durch Förderungen generierten Wohlfahrtszuwächse hat. Zentrales motivierendes Ziel ist dabei die möglichst vollständige Eliminierung von Systemversagensmomenten. Auf Ebene der Förderinstrumente können dazu insbesondere Mitnahmeeffekte ins Visier genommen werden (vgl oben Abschnitte 4.3, 4.4). Sie steigern den so genannten Hebeleffekt von Förderinstrumenten, also die Wirkung von Förderungen auf privaten F&E-Ausgaben als Input für die F&E-Aktivität.[119] Deren Ursache liegt in gleichzeitig divergierenden Interessens- und Informationslagen zwischen potenziellem Fördernehmer und Fördergeber (vgl oben). Förderpolitisch kann daher prinzipiell auf zwei Ebenen angesetzt werden, nämlich durch

(i) *Verringerung der Informationsasymmetrie*, also die Angleichung der divergierenden Informationslagen von Förderwerber und Fördergeber oder

---

[119] Zur Definition siehe unten Abschnitt e).

(ii) *Anreizmechanismen,* die die Interessenslage von Förderwerbern an jene des (wohlfahrtsmaximierenden) Fördergebers angleichen.

Zunächst sollen die Umsetzungs- und Erfolgsmöglichkeiten von Maßnahme (i) angesprochen werden. Da diese Maßnahme – wie zu zeigen sein wird – sowohl theoretisch als auch förderpolitisch wenig ergiebig ist, soll die Realisierung von Maßnahme (ii) das zentrale Thema dieses Abschnitts bilden.

Abschließend ist auf die heterogene Output-Wirkung von unterschiedlichen F&E-Aktivitäten bei gleichem Ressourceneinsatz hinzuweisen (zB Wohlfahrtseffekt) und darzulegen inwiefern diese Mittels Förderinstrumenten vorteilhaft beeinflusst werden kann (Abschnitt h)).

a) Beseitigung der Informationsasymmetrie

Es ist hier darzulegen, auf welche Weise die (regelmäßig vorliegende) Asymmetrie in der Informationslage von Förderwerber und Fördergeber, die zur Beurteilung der Förderwürdigkeit eines F&E-Projektes erforderlich ist (ie $E[P_0]$, $E[W]$, etc), verringert werden kann. Dazu kommen grundsätzlich folgende Maßnahmen in Betracht,

(i) Fördervergabe (bzw Festlegung der Förderhöhe) im *Zeitpunkt der geringsten Asymmetrie* in der Informationslage (ie nach Projektdurchführung, vgl oben Abschnitt 4.4 b)); zu den beschränkten Einsatzmöglichkeiten von Ex-post-Förderungen sogleich),

(ii) Design des Vergabeverfahrens in einer Weise, die für den (potenziellen) Fördernehmer *Anreize zu möglichst umfassender und zutreffender Informationsweitergabe* an den Fördergeber schafft (zB kompetitive Ausschreibung, ex post Belohnungen und Bestrafungen für Informationsgüte und -umfang, insbesondere im Rahmen eines Supergames) sowie

(iii) *eigenständige Informationsbeschaffung durch den Fördergeber* (Recherchen, Vergleiche, etc) zur Verringerung der Informationsasymmetrie (Nachteil Kostenintensivität).

Diese Maßnahmen berühren das Design von Förder*instrumenten* im Wesentlichen nur in der Frage, ob die Förderung ex ante oder ex post vergeben werden soll (Ansatz (i)). Diese Frage ist im nächsten Abschnitt zu untersuchen. Maßnahme (ii) betrifft vor allem die Gestaltung des Fördervergabeverfahrens und kaum das Design eines Förderinstrumentes (zum Vergabeverfahren vgl unten Abschnitt h).). Maßnahme (iii) betrifft die Arbeitsweise des Fördergebers; ihr sind im Übrigen aufgrund der hohen Kostenintensität (und wohl steigenden Grenzkosten) regelmäßig enge Grenzen gesetzt.

b) Ex-ante- vs Ex-post-Förderung

Definition. Reine Ex-ante-Förderungen werden *vor* Projektdurchführung vergeben, wobei gleichzeitig die Höhe des Förderbarwertes in dem Sinne *verbindlich* festgelegt wird, als der tatsächliche Projektverlauf die Förderung nicht beeinflusst. Reine Ex-ante-Förderungen werden hingegen für bereits abgewickelte Projekte vergeben (bzw bereits ex ante „vergeben"[120] und ex post in ihrer Höhe festgelegt).

Ex-ante-Förderungen. Diese haben die Eigenschaften,

(i) *(wohlfahrtsökonomisch negative) Anreize zu Mitnahmen* zu geben, wenn die Informations- und Interessenslagen von Fördergeber und Förderwerber ex ante divergieren (vgl oben Abschnitt 4.4 a)),

(ii) *(wohlfahrtsökonomisch negative) Anreize zu Moral-Hazard* zu geben, wenn die Informations- und Interessenslagen von Fördergeber und Förderwerber während der Projektabwicklung divergieren (vgl oben Abschnitt 4.4 b)),

(iii) *(wohlfahrtsökonomisch positive) Anreize zu risikoreicher Innovativität (positives Risk-Shifting),* wenn kumulativ (a) der Fördernehmer risikoavers ist und (b) das Förderinstrument Versicherungselemente enthält (vgl oben Abschnitt 4.4 b)) und

(iv) *die Beseitigung von Marktversagen wegen (a) positiver Externalitäten (mittels Transferelement), (b) Risikoaversion (mittels Versicherungselement) oder (c) Kapitalmarktversagen (mittels Vor-Finanzierung)* zu ermöglichen (vgl im Detail unten).

Ex-post-Förderungen. Diese haben die Eigenschaften,

(i) *(wohlfahrtsökonomisch negative) Anreize zu Mitnahmen* zu geben, wenn die Informations- und Interessenslagen von Fördergeber und Förderwerber ex post divergieren (vgl oben Abschnitt 4.4 a)),

(ii) *Informationsasymmetrien zwischen Fördergeber und Förderwerber (und damit Mitnahmen) zu reduzieren,* weil sie den Zeitpunkt, zu dem

---

[120] Genauer gesagt, sei das Risiko der bindenden Budgetbeschränkung der Förderstelle (ebenso wie irrationale Förderentscheidungen) für die folgenden Betrachtungen ausgeschlossen. Dies ist dann relevant, wenn die Förderstelle unterdotiert ist und nicht alle förderwürdigen Projekte fördern kann (anteilige Rationierungen auf Projektebene seien ausgeschlossen).

der Fördergeber den Umfang der Förderwürdigkeit beurteilt, verschieben (vgl oben Abschnitt 4.4 b)),

(iii) *die Beseitigung von Marktversagen wegen (a) positiver Externalitäten (mittels Transferelement) und eingeschränkt wegen (b) Risikoaversion (mittels Versicherungselement);* letzteres eingeschränkt, weil das erwartete Förderrisiko im Zeitpunkt der Investitionsentscheidung über die Durchführung des Projektes im Vergleich zu Ex-ante-Förderungen neben dem allfälligen Risiko der Nicht-Förderauszahlung vor allem auch das Risiko über die Festlegung der Förderhöhe umfasst (vgl oben Abschnitt 4.2).

Vergleich. Damit zeigt sich, dass beide Förderarten (unabhängige) Vorteile haben: (a) bei Ex-post-Förderungen sind geringere Mitnahmen und kein Moral-Hazard zu erwarten, während (b) Ex-ante-Förderungen riskante Innovativität fördern und auch Marktversagen wegen Risikoaversion oder Kapitalmarkt-Ineffizienz effektiv zu bekämpfen vermögen. Welche Effekte überwiegen, lässt sich analytisch[121] nicht allgemein sagen, weshalb (unter adäquaten Annahmen) aus der in Aghion und Howitt (1998) präsentierten Signalling- bzw Screening-Überlegung nichts gewonnen werden kann.[122] Es sind jedoch folgende erste Schlüsse möglich:

(i) Soll Marktversagen wegen Kapitalmarktineffizienz bekämpft werden, ist eine Ex-ante-Förderauszahlung jedenfalls erforderlich; soll Risikoaversion begegnet werden, ist eine Ex-ante-Vergabe jedenfalls erforderlich und eine Ex-ante-Festlegung des Förderbarwertes wesentlich effektiver. Die Erforderlichkeit bedingt jedoch keinen Gesamterfolg; ist

---

[121] Genaue Informationen über Förderwürdigkeit und Risikoprofile stehen dem Fördergeber aber nicht zur Verfügung.

[122] Vgl dazu die unvollständigen Ausführungen in Aghion und Howitt (1998), S 486ff, die in diesem Zusammenhang nur das Moral-Hazard-Problem betrachten, während sie (a) die Möglichkeit wohlfahrtsökonomisch positiver Anreize zu risikoreicher Innovativität übersehen und (b) inadäquaterweise per Annahme offenbar zumindest teilweise Informationsasymmetrie bzw Mitnahmen ausschließen (obwohl diese real kaum von den Voraussetzungen des dort betrachteten Moral-Hazard-Problems getrennt werden können), ebenso wie Risikoaversion und Kapitalmarktversagen (obwohl letztere in der Realität zentrale Rechtfertigungsgründe für F&E-Förderungen darstellen). Trifft man jedoch anders als Aghion und Howitt (1998) keine derartigen Annahmen, so kommt man aber auch nicht zu einem Signalling- bzw Screening-Effekt zwischen Ex-ante- und Ex-post-Förderungen in der Weise wie in Aghion und Howitt (1998), S 488f mwN dargestellt.

zB Moral-Hazard so stark ausgeprägt, dass die erwarteten positiven Wohlfahrtseffekte des F&E-Projektes zunichte gemacht werden, dann ist uU keine Förderung und kein F&E-Projekt die wohlfahrtsökonomische Second-best-Lösung.

(ii) In den nachfolgenden Abschnitten wird zu zeigen sein, dass sich Mitnahmen durch Selbstselektionsmechanismen im Förderdesign (weitgehend) vermeiden lassen. Damit bleibt als essenzieller Vorteil von Ex-post-Förderungen lediglich die Ausschließbarkeit von Moral-Hazard. Gelingt es des weiteren, Moral-Hazard mit Maßnahmen des Vergabeverfahrens (vgl oben Abschnitt a), Punkt (ii)) zu eliminieren, dann sind Ex-ante-Förderungen sozial optimal.

(iii) Ergibt sich zwischen den Vorteilen von Ex-ante- und Ex-post-Förderungen insgesamt ein Trade-off-Effekt, so ist uU eine Kombination einzelner Elemente oder Linearanteile der beiden die optimale Lösung (zB Ex-ante-Vorschusszahlung bei Ex-post-Festlegung der gesamten Förderhöhe mit oder ohne die Möglichkeit, dass der Fördernehmer ex post uU den Vorschuss teilweise oder auch mehr als diesen zurückzahlen muss).

c) **Anreizkompatibilität: Selbstselektion und Wohlfahrtsanreiz**

Anreizoptimale Förderung, Anreizkompatibilität, Mitnahmen. Gemäß dem Revelations-Theorem[123] kann der (staatliche, wohlfahrtsmaximierende) Fördergeber bei der Bestimmung des wohlfahrtsoptimalen und in dominanten Strategien implementierbaren Förderdesigns ohne Wohlfahrtsverlust seine Aufmerksamkeit auf die Grundmenge der anreizkompatiblen (auch als selbstselektiv bezeichneten) Verträge (Förderinstrumente) beschränken. Ein Vertrag (Förderinstrument) ist genau dann anreizkompatibel, wenn es für den (jeden) Fördernehmer optimal (ie gewinn- bzw nutzenmaximierend) ist, seinen fördervertragsrelevanten Informationsvorsprung dem Fördergeber (ex ante) *wahrheitsgemäß* preiszugeben. Anders gewendet, wenn ein Förderinstrument anreizkompatibel ist, dann wählen genau jene potenziellen Fördernehmer, für die das Förderinstrument (in wohlfahrtsmaximierender Weise) vorgesehen ist, dieses Förderinstrument freiwillig. Gelingt dies, so bedeutet dies natürlich, dass Mitnahmen – trotz grundsätzlicher Interessens- und Informationsdivergenz –

---

[123] Zu einem formalen Beweis vgl Mas-Colell, Whinston und Green (1995), S 493ff, 871ff mit weiteren Nachweisen. Zur Anreizkompatibilität vgl auch Dasgupta, Hammond und Maskin (1979).

ausgeschlossen werden können. Dies soll die weiteren Untersuchungen motivieren.

Es sei angenommen, dass

$$\partial \mathrm{E}[P_F]/\partial I_S > 0,^{124}$$

um klarzustellen, dass das Resultat der ultimo ratio unternehmerischen Handels (ie Gewinn als Resultat privaten Gewinnstreben) durch Fördermaßnahmen positiv beeinflussbar sein muss.

Anreizkompatible Förderungen: Selbstselektion bei Förderantrag und Wohlfahrtsanreize bei Projektdurchführung. Es sei zunächst der Fall der Förderwürdigkeit von F&E-Projekten wegen Marktversagens aufgrund positiver erwarteter Externalitäten betrachtet (es sei daher Risikoaversion, Kapitalmarktversagen, etc ausgeschlossen).[125] Anreizkompatibilität bei der Förderantragstellung (also das Set an Anforderungen für Selbstselektion) kann dann korrespondierend zu unserer oben vorgenommenen Definition von Förderwürdigkeit formal konkretisiert werden (vgl oben Abschnitt 3.1),

(i) wenn $\mathrm{E}[P_0] < 0$ *und* $\mathrm{E}[W] > 0$ (wahrheitsgemäß förderwürdig), dann $\mathrm{E}[P_F] > \mathrm{E}[P_0]$ (Anreiz zu gefördertem relativ zu nicht-gefördertem Projekt),

(ii) wenn $\mathrm{E}[P_0] > 0$ *oder* $\mathrm{E}[W] < 0$ (wahrheitsgemäß nicht förderwürdig), dann $\mathrm{E}[P_F] < \mathrm{E}[P_0]$ (kein Anreiz zu Förderantrag)

sowie die individuelle Rationalitätsbedingungen dass unter (i)

(iii) $\mathrm{E}[P_F] > 0$ (Anreiz zu Förderantrag)

und unter (ii)

(iv) $\mathrm{E}[P_F] < 0$ (kein Anreiz zu Förderantrag)

sowie Anreizkompatibilität während der Projektdurchführung (ie Wohlfahrtsanreiz)

(v) $\partial \mathrm{E}[P_F]/\partial \mathrm{E}[W] > 0$,

---

[124] $\partial \mathrm{E}[P_0] / \partial I_S = 0$ ist nicht zu fordern, da dies nicht definiert ist (ein nicht-geförderter Gewinn unter Förderung ist offensichtlich ein Widerspruch; ausgenommen im Punkt $I_S = 0$, in dem gilt $P_F = P_0$ und der aus diesem Grund bereits in 0 enthalten ist).

[125] Das entspricht dem Setting in Fölster (1991), S 117f.

mit (wie bisher) P_0 als dem direkten privaten Gewinn aus dem Projekt ohne Förderung, P_F als jenem mit Förderung, W als dem Wohlfahrtszuwachs durch das Projekt, I_S als der Förderhöhe (Förderbarwert) und dem Erwartungswert-Operator E[·] für das Ex-ante-Informationsset des Fördernehmers in den Dann-Teilsätzen und dem vollständigen Informationsset in den Wenn-Teilsätzen. Da unter dem Wenn-Teilsatz von (i)

$$E[P_F] > 0 \;\Rightarrow\; E[P_F] > E[P_0],$$

können (i) und (iii) zu (i') zusammengefasst werden, ie

(i') wenn $E[P_0] < 0$ *und* $E[W] > 0$ (wahrheitsgemäß förderwürdig), dann $E[P_F] > 0$ (Anreiz zu Förderantrag).

Anreizkompatibler Förderantrag. Die Bedingungen (i) und (ii) stellen gemeinsam sicher, dass ein potenzieller Fördernehmer das Förderprogramm dem nicht-geförderten Projekt vorzieht, wenn dieses auch wahrheitsgemäß förderwürdig ist (positiver erwarteter Wohlfahrtseffekt, $E[W] > 0$, und hypothetischerweise kein privater Anreiz ohne Förderung, $E[P_0] < 0$). Bedingung (i') stellt darüber hinaus sicher, dass ein Antragsteller sich *genau* dann für das Förderprogramm interessiert, wenn dieses auch wahrheitsgemäß förderwürdig ist. Das bedeutet im Ergebnis, dass es auf die behauptete Förderwürdigkeit nicht ankommt, weshalb es auch keinen Anreiz zum Vortäuschen von Förderwürdigkeit gibt. Diese Bedingungen sind der Test für die Selbstselektionseigenschaft (und individuelle Rationalität) eines Förderinstrumentes. Im nächsten Abschnitt wird zu zeigen sein, wie selbstselektive Förderinstrumente realisiert werden können.

Individuelle Rationalitätsbedingungen. Es sei darauf hingewiesen, dass in der obigen Darstellung Bedingung (iii) formal gesprochen nicht Teil der Anreizkompatibilität ist, sondern die davon unabhängige Bedingung zur individuell rationalen Förderteilnahme für ein grundsätzlich nicht verpflichtend durchzuführendes Projekt. Die Bedingung $E[P_F] > 0$ stellt sicher, dass es für potenzielle Fördernehmer individuell rational (ie gewinnmaximierend) ist, eine Förderung (und damit die Projektdurchführung) anzustreben (also, dass die Förderung nicht nur relativ zum nicht-geförderten Projekt besser stellt, sondern auch zur Nicht-Durchführung des Projektes). Die zweite individuelle Rationalitätsbedingung, (iv), ist alternativ zu Bedingung (ii), da beide den gleichen Wenn-Teilsatz formulieren und zum gleichen Ergebnis (ie kein Anreiz zu Förderantrag) führen.

Anreizkompatible Projektdurchführung. Bedingung (v) stellt zusätzlich zur anreizkompatiblen Selbstselektion hinsichtlich des Förderinstrumentes auch Anreizkompatibilität während der Projektdurchführung sicher (Anreiz zur Wohlfahrtsmaximierung) und schließt damit Moral-Hazard aus.

Verallgemeinerung Risikoaversion. Zunächst soll dieser Test der Anreizkompatibilität eines Förderinstrumentes für den Fall der Risikoaversion potenzieller Fördernehmer erweitert werden (ie Fördernehmer können risikoavers sein und neben der Förderwürdigkeit wegen positiver Externalitäten wird auch eine solche wegen Risikoaversion eingeführt). Zum Ersten soll das Instrument nicht nur gewählt werden, wenn $E[P_0]<0$, sondern auch wenn die Varianz des privaten Gewinnes aus dem F&E-Projekt (im Vergleich zu einer Größenkennzahl wie etwa das gesamte F&E-Portfolio, die liquiden Mittel oder die Unternehmensgröße) so hoch ist, dass gemäß der individuellen (risikoaversen) Nutzenfunktion des Entscheidungsträgers für den Gewinn ohne Förderung kein privater Anreiz zur Projektumsetzung besteht (vgl oben Abschnitt 3.2). Zum Zweiten ist Risikoaversion auch relevant bezüglich der Vorhersehbarkeit der Förderhöhe sowie der Vorhersehbarkeit der Wirkung eines Förderinstrumentes für den Fördernehmer, die von der Unsicherheit über den Wohlfahrtseffekt und dessen Messung durch den Fördergeber geprägt ist (vgl oben Abschnitt 4.2). All diese Effekte sind in P_F enthalten und über die individuelle Nutzenfunktion des Förderwerbers formulierbar. Damit lautet der Test der individuell rationalen Anreizkompatibilität unter Risikoaversion wie folgt.

(vi) wenn $E[U(P_0)] < E[U(0)]$ *und* $E[W] > 0$ (wahrheitsgemäß förderwürdig), dann $E[U(P_F)] > E[U(P_0)]$ (Anreiz zu gefördertem relativ zu nicht-gefördertem Projekt),

(vii) wenn $E[U(P_0)] > E[U(0)]$ *oder* $E[W] < 0$ (wahrheitsgemäß nicht förderwürdig), dann $E[U(P_F)] < E[U(P_0)]$ (kein Anreiz zu Förderantrag)

sowie die individuelle Rationalitätsbedingungen dass unter (vi)

(viii) $E[U(P_F)] > E[U(0)]$ (Anreiz zu Förderantrag)

und unter (vi) (und alternativ zu (vi))

(ix) $E[U(P_F)] < E[U(0)]$ (kein Anreiz zu Förderantrag)

sowie Anreizkompatibilität während der Projektdurchführung

(x) $\partial E[U(P_F)]/\partial E[W] > 0$.

Da $U(\cdot)$ eine monoton steigende (Von-Neumann-Morgenstern-Nutzen-) Funktion repräsentiert, ie $U' > 0$, gilt unter dem Wenn-Teilsatz von (vi), dass

$$E[U(P_F)] > E[U(0)] \Rightarrow E[U(P_F)] > E[U(P_0)],$$

und somit können (vi) und (viii) zu (v') zusammengefasst werden, ie (v') wenn $E[U(P_0)] < E[U(0)]$ und $E[W] > 0$ (wahrheitsgemäß förderwürdig), dann $E[U(P_F)] > E[U(0)]$ (Anreiz zu Förderantrag).

Fölster (1988, 1991)[126] zeigt, dass (unter relativ allgemeinen Annahmen) keine *Ex-post*-Anreizkompatibilität erzielt werden kann. Daraus folgt zwar die Unmöglichkeit von Ex-post-Wohlfahrtseffizienz. Jedoch ist hier darauf hinzuweisen, dass jedenfalls die Entscheidung über die Projektdurchführung und unter vielen Umständen (zB Risikoaversion, Kapitalmarktversagen) auch die Entscheidung über die Fördervergabe *ex ante* auf Basis der Erwartungswerte (und der erwarteten Varianz) zu erfolgen haben. Einer bestmöglichen Gestaltung der Ex-ante-Anreize steht dieses Ergebnis keinesfalls entgegen.

d) Selbstselektive Förderinstrumente: Incentive-Subsidy und Wirkungsweise anderer Instrumente

Selbstselektionsmechanismen. In diesem Abschnitt geht es darum, das Design eines Förderinstrumentes mit Mechanismen auszustatten, die nur solchen potenziellen Fördernehmern Anreize zum Förderantrag geben, die auch tatsächlich förderwürdige F&E-Projekte planen. Mithilfe von (anreizkompatiblen) Selbstselektions-Mechanismen[127] gelingt es, potenzielle Fördernehmer dahingehend zu lenken, Projekte nur dann zur Förderung einzureichen, wenn diese auch tatsächlich förderwürdig sind. Intuitiv kann dies zB hinsichtlich des Förderwürdigkeitskriteriums $E[P_0] < 0$ durch Gewinnteilungspflichten für den Fördernehmer erreicht werden, dieser nur dann freiwillig auf sich nimmt, wenn er das Projekt ohne Förderung nicht ertragreich realisieren kann.[128] Damit werden Mitnahmeeffekte bereits bei der Antragstellung hintan gehalten (Selbstselektion). Implizit wird dabei (a) als zweites Prinzip die Ex-Post-Bewertung des Projektes und damit die Ex-Post-Festlegung der endgültigen Förderhöhe angewendet und (b) angenommen, dass die Informationsasymmetrie hinsichtlich des Gewinnes nach erfolgter Projektdurchführung[129] geringer ist als ex ante (zur

---

[126] Fölster (1991), S 118f mit weiteren Nachweisen.

[127] Vgl zum Grundmechanismus bereits die Modelle von Rothschild und Stiglitz (1976), Akerlof (1970), Jensen und Meckling (1976). Vgl ansonsten zB Grossman und Hart (1983), Dasgupta, Hammond und Maskin (1979), Laffont und Tirole (1993) und siehe zB Mas-Colell, Whinston und Green (1995), S 436ff sowie Tirole (1988), S 51ff.

[128] Dies unterstellt Rationalität und Gewinn- bzw Nutzenmaximierung des Fördernehmers.

[129] Es ist äußerst plausibel, dass die Förderstelle sich ex post einem relativ geringeren Informationsnachteil gegenübersieht.

Rechtfertigung dieser Annahme vgl oben Abschnitt 4.4 b)). Könnte der Fördergeber auch ex post (mit Ex-ante-Wahrscheinlichkeit von eins) den Gewinn *nicht* abschätzen, verfehlte die Gewinnteilungsregel ihre Wirkung zur Gänze, da sie durch falsche Gewinnangabe umgehbar wäre.

Incentive-Subsidy. Als weitgehend anreizkompatibles Förderinstrument zur Behebung von Marktversagen aufgrund positiver Externalitäten unter Informationsasymmetrie und Risikoneutralität stellt Fölster (1991)[130] die so genannte Incentive-Subsidy vor. Die Incentive-Subsidy ist eine F&E-Projekt-Förderung im Ausmaß von

$$I_S = -P_0 + \alpha W \text{ mit } \alpha \in [0,1],$$

wenn ex post formuliert (so Fölster 1990). Als Ex-ante-Förderung kann sie wie folgt formuliert werden,

$$I_S = -\mathrm{E}[P_0; \Theta_{FG}] + \alpha \mathrm{E}[W; \Theta_{FG}] \text{ mit } \alpha \in [0,1],$$

wobei Θ_{FG} das Ex-ante-Informationsset des Fördergebers bezeichne.

In beiden Fällen kann die Förderung so interpretiert werden (für die Ex-ante-Variante ist bei allen Größen der Erwartungswert-Operator hinzuzudenken), dass sie den privaten Gewinn- bzw Verlustbeitrag neutralisiert und zusätzlich einen (kleinen) Teil des Wohlfahrtseffektes transferiert (wobei beide Komponenten fehlerhaft durch den Fördergeber geschätzt sind[131]). Dabei ist $W - P_0$ die Größe der Externalität, E_0, und $\alpha W - P_0$ kann abhängig von den Vorzeichen größer oder kleiner als diese sein (dazu unten). Im intendierten Förderfall ($W > 0$, $P_0 < 0$) gilt aber

$$0 \leq I_S = \alpha W - P_0 \leq W - P_0 = E_0,$$

weil $0 \leq \alpha \leq 1$, weshalb die Förderung in diesem Fall ($W > 0$, $P_0 < 0$) als teilweiser Transfer der positiven Externalität interpretiert werden kann.

Ex-post- versus Ex-ante-Variante. Hier ist kurz exkursartig anzusprechen, dass die reine Ex-post-Festlegung der Förderhöhe (also nach Durchführung des

---

[130] Siehe Fölster (1991), S 116ff. Der Analyse unter Risikoaversion und asymmetrischer Information in Fölster (1991), S 121ff wird hier *nicht* gefolgt, da sie unvollständig in der Analyse relevanter Effekte ist (vgl zB oben Abschnitt b)), teilweise inadäquate Annahmen trifft und ihre Ergebnisse erheblich annahmensensitiv sind.

[131] Fölster (1991) zeigt, dass eine unsystematische Fehlschätzung weniger schadet als eine systematische (ie mit einem vom Fördernehmer ex ante vorhersehbaren Bias). Vgl außerdem Fölster (1991), S 90ff zu einer praktischen Möglichkeit, W von F&E-Projekten zu schätzen.

Projektes), für den risikoaversen Fördernehmer den Nachteil hat, dass ihm zwar das Risiko bezüglich P_0 (weitgehend) abgenommen wird, dieses jedoch durch das (regelmäßig mit noch größerer Unsicherheit behaftete, weil eigendynamischere) Risiko bezüglich W ersetzt wird.[132] Insofern wird ihm kein wohlfahrtsoptimaler Versicherungsschutz geboten.[133] Vorteil der Ex-post-Variante ist, dass der Fördergeber zur Beurteilung von P_0 (via P_F - I_S) und W einen geringeren Informationsnachteil hat als ex ante, weshalb Mitnahmen und Moral-Hazard im Vergleich zur Ex-ante-Variante reduziert werden können.[134] Es wird zu zeigen sein, dass bei der Incentive-Subsidy Moral-Hazard in beiden Varianten ausgeschlossen werden kann und daher gegenständlich irrelevant wird. Die Ex-ante-Variante hat demgegenüber den Vorteil bei Risikoaversion vorteilhafter zu sein, da sie die Förderhöhe, I_S, ex ante fixiert und damit Förderrisiko vermeidet. Dies ergibt sich daraus, dass der Fördernehmer bereits vor Projektdurchführung erfährt, wie der Fördergeber P_0 und W beurteilt und wie hoch daher seine Förderung ausfällt. Der Förderhöhe ist daher in dieser Variante eine Varianz von Null zuzuordnen (es bleibt jedoch die Varianz des Projektes).[135] Damit haben beide Varianten abhängig von der Konstellation einen relativen Vorteil. Dabei kann eine Linearkombination der beiden Förderinstrumente, ie

---

[132] Hier ist Fölster (1991), S 121 zu widersprechen, der von einer Risikoreduzierung ausgeht und daraus einen Versicherungseffekt ableitet. Dies erscheint nicht plausibel und jedenfalls im Allgemeinen falsch.

[133] Daneben wäre eine solche Ex-post-Förderung uU (nämlich bei Finanzierungsproblemen aufgrund von Kapitalmarktversagen) mit einem Vorschuss (bzw Darlehen) zu verbinden. Da das Kapitalmarktversagen von den anderen Versagensmomenten im Wesentlichen unabhängig behandelt werden kann, ist hier darauf nicht näher einzugehen.

[134] Der höhere Informationsgrad des Fördergebers ex post bedeutet außerdem, dass für den Fördernehmer erkennbare systematische (also zumindest das erwartete Vorzeichen betreffende) Komponenten in den Schätzfehlern des Fördergerbers abnehmen (deren Erkennen könnte der Fördernehmer beim nächsten Förderantrag – wohlfahrtsmindernd – berücksichtigen). Auf diesen Aspekt, der bei systematischen Fehlern und einer Supergame-Formulierung möglich ist, wird hier nicht näher eingegangen.

[135] Sie ist jedoch nicht in der Lage, Marktversagen wegen Risikoaversion zu beseitigen, da ein solcherart gefördertes Projekt ex ante einen Gewinn $E[P_F] = E[P_0] + I_S$ erzielt, wobei (angenommen es besteht neben der festgelegten Förderhöhe auch keinerlei Förderauszahlungsrisiko) die erwartete Varianz von P_F exakt jene von P_0 ist, ie die Ex-ante-Variante vermeidet zwar (im Gegensatz zur Ex-post-Variante) zusätzliches Förderrisiko, nimmt dem Fördernehmer aber nicht sein Projektrisiko ab (kein Versicherungselement).

$$I_S = \lambda I_S^{\text{ex ante}} + (1-\lambda) I_S^{\text{ex post}} \text{ mit } \lambda \in [0,1],$$

wohlfahrtsoptimal sein. Beispielsweise kann bei $\lambda = \frac{1}{2}$ einerseits das Förderrisiko (der Ex-post-Variante) auf den Anteil λ, also die Hälfte, reduziert werden (das kann *im Einzelfall* zB ausreichen, um unter Risikoaversion Systemversagen wegen Förderrisiko gänzlich zu vermeiden), während andererseits hinsichtlich Mitnahmen (und Moral-Hazard) eine Sanktionsmöglichkeit bis zum Ausmaß von $1 - \lambda$ besteht[136] (damit können *im Einzelfall* zB Mitnahmen gänzlich vermieden werden). Das optimale λ hängt jedoch von der Höhe des Förderrisikos, dem Ausmaß der Risikoaversion und dem Grad der Informationsasymmetrie ab und kann allenfalls empirisch aus der Vergangenheit geschätzt werden. Da im vorliegenden Abschnitt Mitnahmen unter Risikoneutralität im Mittelpunkt der Überlegung stehen sollen (insbesondere weil im Falle großer Risikoaversion gänzlich andere, nämlich versichernde Förderinstrumente gefordert sind[137]), wird in weiterer Folge von der Ex-post-Variante ausgegangen ($\lambda = 0$).

Keine erkennbaren systematischen Schätzfehler. Zusätzlich sei angenommen, dass der Fördernehmer nicht vorhersehen kann in welche Richtung sich der Fördergeber ex post bei der Bestimmung von P_0 und W verschätzen wird (ie keine systematische Komponente in Schätzfehlern des Fördergebers; vgl auch Fn 134).

Ex-post-Variante. Der erwartete private Gewinn des Fördernehmers (mit eingerechneter Förderung), P_F, wird zur Beteiligung am erwarteten Wohlfahrtszuwachs des Projektes in Höhe von $\alpha E[W]$, weil (Θ_{FN} bezeichne das private Ex-ante-Informationsset des Förderwerbers mit $\Theta_{FG} \subset \Theta_{FN}$ und $\Theta_{FG} \cap \Theta_{FN} \neq \{\}$)

(2) $\quad E[P_F; \Theta_{FN}] = E[P_0 + I_S; \Theta_{FN}] = \alpha E[W; \Theta_{FN}],$

da unter der Annahme, dass die Ex-post-Schätzung von P_0 und W durch den Fördergeber aus Sicht des Fördernehmers mit keinem systematischen Fehler behaftet ist

$$E\left[E[P_0; \Theta_{FG} \cup \Delta\Theta_{FG}]; \Theta_{FN}\right] = E\left[E[P_0; \Theta_{FN} \cup \Delta\Theta_{FN}]; \Theta_{FN}\right] = E[P_0; \Theta_{FN}] \text{ und}$$

---

[136] Unter der Annahme, dass keine Rückforderung ausgezahlter Fördermittel möglich ist. Es ist darauf hinzuweisen, dass die Verbindung einer Ex-ante-Förderung mit Rückzahlungsklauseln eine Kombination von Ex-ante- und Ex-post-Elementen darstellt, die im Vergleich zur Ex-ante-Förderung Förderrisiko verursacht, weshalb aus Wohlfahrtssicht zu fordern ist, Rückzahlungsklauseln möglichst eng und deterministisch zu umschreiben (zB definierte Missbrauchsfälle festlegen).

[137] Vgl unten Abschnitt f).

$$E\left[E[W;\Theta_{FG}\cup\Delta\Theta_{FG}];\Theta_{FN}\right] = E\left[E[W;\Theta_{FN}\cup\Delta\Theta_{FN}];\Theta_{FN}\right] = E[W;\Theta_{FN}],$$

wobei $\Delta\Theta_{FG}$ den Zuwachs des Informationssets des Fördergebers von ex ante auf ex post bezeichne und $\Delta\Theta_{FN}$ jenen des Fördernehmers.

Selbstselektion. Auf Basis von (2) kann nun die Anreizkompatibilität und die individuelle Rationalität des Instrumentes untersucht werden.

Erstens, angenommen Förderwürdigkeit, ie

$E[P_0;\Theta_{FN}] < 0$ und

$E[W;\Theta_{FN}] > 0$,

dann ist Bedingung (i') für Anreizkompatibilität und individuelle Rationalität erfüllt (vgl oben c), S 106), wenn $\alpha > 0$, weil

$E[P_F;\Theta_{FN}] = \alpha E[W;\Theta_{FN}] > 0 > E[P_0;\Theta_{FN}]$ (Anreiz zu Förderantrag).

Zweitens, angenommen Förderunwürdigkeit mangels positiven Wohlfahrtseffekts, ie

$E[W;\Theta_{FN}] < 0$,

dann ist dem zweiten Teil der Bedingung (iv) für individuelle Rationalität erfüllt und damit auch dem entsprechenden Teil der alternativen Bedingung (ii) für Anreizkompatibilität genüge getan (vgl oben c), S 105), wenn $\alpha > 0$, weil

$E[P_F;\Theta_{FN}] = \alpha E[W;\Theta_{FN}] < 0$ (kein Anreiz zu Förderantrag).

Drittens, angenommen Förderunwürdigkeit mangels Additionalität (trotz positiven Wohlfahrtseffekts; der Fall des negativen Wohlfahrtseffektes wurde bereits behandelt), ie

$E[P_0;\Theta_{FN}] > 0$ und

$E[W;\Theta_{FN}] > 0$,

dann ist der erste Teil der Bedingung (iv) für individuelle Rationalität gebrochen und das Ergebnis hängt von der nicht-eindeutigen Erfüllung des entsprechenden Teil der alternativen Bedingung (ii) für Anreizkompatibilität ab (vgl oben c), S 105), wenn $\alpha > 0$, weil

$E[P_F;\Theta_{FN}] = \alpha E[W;\Theta_{FN}] > 0$ und entweder

$E[P_F;\Theta_{FN}] = \alpha E[W;\Theta_{FN}] < E[P_0;\Theta_{FN}]$ (kein Anreiz zu Förderantrag) oder

$E[P_F;\Theta_{FN}] = \alpha E[W;\Theta_{FN}] > E[P_0;\Theta_{FN}]$ (Anreiz zu Förderantrag, *Mitnahme*).

Das bedeutet, ausgenommen den Fall, dass der erwartete private Gewinn ohne Förderung, $E[P_0;\Theta_{FN}]$, in den Bereich

$$0 < \mathrm{E}[P_0;\Theta_{FN}] < \alpha \mathrm{E}[W;\Theta_{FN}]$$

fällt und es zu Mitnahmen kommt, ist die Incentive-Subsidy (unter Risikoneutralität) anreizkompatibel, solange $\alpha > 0$.[138] Wie unmittelbar zu sehen ist, kann dabei der Mitnahmefall beliebig klein gestaltet werden, indem α nahe Null gesetzt wird (je näher, desto weniger robust werden allerdings die Selbstselektionsanreize, zB gegenüber Risikoaversion und Förderrisiko[139]). Die Mitnahme resultiert daraus, dass das Projekt auch ohne Förderung durchgeführt worden wäre; damit wird die Förderung wirkungslos, weil der (positive) Wohlfahrtseffekt des F&E-Projektes auch ohne Förderung entstanden wäre (keine Additionalität, Hebeleffekt von Null), und der Wohlfahrtsverlust der Mitnahme ist mit den Opportunitätskosten des Förderbarwertes I_S anzusetzen (also bei bindender Förderbudget-Beschränkung bewertet mit dem marginalen Wohlfahrtseffekt des besten nicht-geförderten förderwürdigen Projektes).

Wohlfahrtsanreiz. Aus (2) folgt, dass

$$\frac{\partial \mathrm{E}[P_F;\Theta_{FN}]}{\partial \mathrm{E}[W;\Theta_{FN}]} = \alpha > 0,$$

wenn wie oben angenommen $\alpha > 0$. Damit liegt Bedingung (v) vor (vgl oben c), S 105) und Moral-Hazard kann ausgeschlossen werden, da zwar die Informationslagen divergieren, aber die Interessenlagen (Zielfunktionen) von

---

[138] So (im Ergebnis) auch Fölster (1990).

[139] Ceteris paribus, je höher die Risikoaversion und je höherer die Unsicherheit über die Ex-Post-Bewertung des Wohlfahrtszuwachses durch die Förderstelle (also Unsicherheit über die Förderhöhe), desto mehr muss α zur Abgeltung des Risikos erhöht werden. Dies weitet allerdings gleichzeitig den Bereich, in dem Antragsteller den Informationsnachteil der Förderstelle zu ihren Gunsten nützen können (Mitnahmeeffekte). Die Förderstelle kann im Übrigen α nicht optimieren, da es nicht die konkrete Risikoaversion des Antragstellers kennt. Die Anreize zur Wohlfahrtsoptimierung bleiben allerdings erhalten, solange einerseits der Antragsteller den privaten Gewinn und den Wohlfahrtszuwachs selbst abschätzen kann und andererseits die Bewertungsfehler der Förderstelle unsystematisch, dh für den Antragsteller unvorhersehbar, auftreten. Erst bei systematischen Fehlern versagt der Anreiz zur Wohlfahrtsmaximierung. Dies ist jedoch kein für das Förderinstrument spezifischer Nachteil, vielmehr treffen solche systematischen Bewertungsfehler in ähnlicher Weise die Effizienz anderer Instrumente. Vgl auch Fölster (1991), S 121ff.

Fördergeber und Fördernehmer einander entsprechen (ie monotone Transformationen sind).[140]

Die Incentive-Subsidy setzt damit einen klaren Anreiz zur Wohlfahrtssteigerung, da der private Gewinn (über den Faktor a) direkt an diese koppelt wird[141]. Vor allem entspricht sie aber (weitgehend) dem Prinzip der Selbstselektion. Was die Förderwürdigkeit wegen zu hoher Unsicherheit über den erzielbaren privaten Gewinn aus einem F&E-Projekt betrifft (Marktversagen wegen Risikoaversion), sei nochmals darauf hingewiesen, dass die Incentive-Subsidy in der Ex-post-Variante dieses Risiko gänzlich durch ein anderes ersetzt, und zwar durch jenes über die Höhe der Bewertung des Wohlfahrtseffektes durch den Fördergeber (dh über die Wohlfahrtsbeteiligung $aE[W]$).

Die Wirkungsmechanismen der Incentive-Subsidy bestehen dabei aus drei Mechanismen, (a) dem Anreiz zur Selbstselektion (Hintanhaltung von Mitnahmeeffekten), (b) dem Anreiz zur Wohlfahrtssteigerung[142] und (c) der Ex-post-Bewertung (Verringerung der Informationsasymmetrie). Da jedem Förderinstrument als Element (b) eine Wohlfahrtsbeteiligung beigefügt werden kann und bei jedem Förderinstrument als Element (c) eine Ex-post-Bewertung einfach integriert werden kann, soll bei der nunmehr folgenden Untersuchung weiterer Förderinstrumente das Augenmerk auf die Selbstselektionsanreize gelegt werden. Dabei soll die Selbstselektion hinsichtlich des erwarteten Wohlfahrtseffektes außer Betracht bleiben, da (i) die Wohlfahrtseffekte von F&E-Projekten (zumindest ex ante) ohnehin regelmäßig als positiv einzuschätzen sind und (ii) diese in zentraler Weise über das Wohlfahrtsbeteiligungs-Element (b) gesteuert werden. Von Interesse sind daher die Selbstselektionsanreize hinsichtlich des

---

[140] Auch der Fall $a = 0$ schließt Moral-Hazard aus (wenn er auch keinen strengen Anreiz zu Wohlfahrtssteigerung bietet).

[141] Die Incentive-Subsidy löst daher theoretisch auch das (denkbare) Problem von negativen Externalitäten von F&E-Projekten. Solche negativen externen Effekte werden jedoch in der gesamten gegenständlichen Arbeit per Annahme ausgeschlossen, da sie weder problemrelevant sind noch der empirischen Beobachtungstendenz entsprechen.

[142] Die Effektivität eines unmittelbar mit der Wohlfahrtssteigerung verbundenen Anreizes setzt voraus, dass Manager ex ante den Wohlfahrtseffekt einschätzen können (genauer gesagt, wie die Ex-Post-Begutachter diesen einschätzen werden). Empirisch gesehen sind Manager tatsächlich dazu in der Lage. Dies ist auch plausibel, wenn man bedenkt, dass die Sensitivität der Anreizwirkung gegenüber Fehleinschätzungen relativ gering ist. Vgl dazu Fölster (1991), S 76ff.

erwarteten privaten Gewinnbeitrages eines Förderinstrumentes (Anreizkompatibilität unter Ausklammern der Wohlfahrtsbedingungen).

Selbstselektion hinsichtlich des Gewinns. Hier interessieren also (unter Risikoneutralität) folgende Teile der Anreizkompatibilitätsbedingungen,

(i) wenn $E[P_0]<0$ (wahrheitsgemäß ohne Förderung nicht rentabel), dann $E[P_F]>E[P_0]$ (Anreiz zu gefördertem relativ zu nicht-gefördertem Projekt),

(ii) wenn $E[P_0]>0$ (wahrheitsgemäß ohne Förderung rentabel), dann $E[P_F]<E[P_0]$ (kein Anreiz zu Förderantrag)

sowie die individuelle Rationalitätsbedingungen dass unter (i)

(iii) $E[P_F]>0$ (Anreiz zu Förderantrag)

und unter (ii) (und alternativ zu (ii))

(iv) $E[P_F]<0$ (kein Anreiz zu Förderantrag).

Da unter dem Wenn-Teilsatz von (i)

$$E[P_F]>0 \Rightarrow E[P_F]>E[P_0]$$

gilt, können (i) und (iii) zu (i') zusammengefasst werden, ie

(i') wenn $E[P_0]<0$ (wahrheitsgemäß ohne Förderung nicht rentabel), dann $E[P_F]>0$ (Anreiz zu Förderantrag).

Da aber (iv) gleichwertig mit (ii) ist und (hier) (iv) zwingend strenger als (ii) ist, können für diesen Teil der Anreizkompatibilität und der individuellen Rationalität die notwendigen und hinreichenden Bedingungen wie folgt zusammengefasst werden, ie

(i') wenn $E[P_0]<0$, dann $E[P_F]>0$ und

(ii') wenn $E[P_0]>0$, dann $E[P_F]<E[P_0]$.

Mitnahmen-Reduzierung. Daraus kann aber (für die weitere Analyse) gefolgert werden, dass ein Förderinstrument der Struktur

(v) wenn $E[P_0]<0$, dann $E[I_S]>0$ und

(vi) wenn $E[P_0]>0$, dann $E[I_S]<0$ (äquivalent mit (ii'))

ceteris paribus zumindest eine Annäherung an die Gewinn-Selbstselektivität bewirkt (Mitnahmen-Reduzierung), die umso stärker wirkt, je mehr sich in den beiden Fällen (v) und (vi) der erwartete Förderbarwert (in der jeweiligen

Richtung) von Null entfernt. Da der tatsächliche Ex-post-Förderbarwert eines solchen Instrumentes positiv oder negativ sein kann, sei es als (potenziell) „selbstfinanzierend" bezeichnet (das sagt noch nichts darüber aus, ob der unbedingte Erwartungswert E[I_S] größer, kleiner oder auch gleich Null ist).

Arten von Förderinstrumenten. Es soll in der Folge zwischen (a) selbstfinanzierenden selektiven, (b) nicht-selbstfinanzierenden selektiven und (c) allgemeinen Förderinstrumenten unterschieden werden. Diese werden kurz vorgestellt und auf ihre Gewinn-Selbstselektivität untersucht (gemäß den obigen Kriterien (i') und (ii') bzw (v) und (vi)).

Praktische Umsetzung der Incentive-Subsidy: selbstfinanzierende selektive Förderungen. Gewinnteilungsmodelle mit „Selbstfinanzierungscharakter"[143] wie etwa Stock-Option-Förderungen (Vorab-Zuschuss unter gleichzeitiger Einräumung einer jederzeit ausübaren Option auf einen Unternehmensanteil des Fördernehmers; dazu sogleich) und Royalty-Förderungen[144] setzen den Gewinn-Selbstselektionseffekt und die Ex-Post-Bewertung um und vermeiden den negativen Beigeschmack einer „Enteignung".[145] Beispielhaft sei die Stock-Option-Förderung erörtert.

Stock-Option-Förderung. Eine Stock-Option-Förderung ist ein Förderzuschuss, der gleichzeitig dem Fördergeber die jederzeit ausübare Option gibt, (bei erheblichen Unternehmenswertsteigerungen) Aktien des geförderten Unternehmens[146] zu einem bestimmten Preis zu erwerben. Sie kann vereinfachend wie folgt formuliert werden[147],

---

[143] Die Qualifikation selbstfinanzierend bezieht sich lediglich auf das von Null verschiedene Risiko des Fördernehmers, (im Erfolgsfall) mehr zurückzahlen zu müssen als er an Förderung erhalten hat, wobei dies im wahrscheinlichkeitsgewichteten Durchschnitt (Erwartungswert) keineswegs der Fall sein muss (bloße Möglichkeit der Budgetneutralität aus Sicht des Fördergebers), weil der Fördernehmer seine Förderungen idR nicht oder kaum diversifizieren kann. Ist E[I_S] = 0 liegt (allenfalls) eine budgetneutrale Versicherung vor, ist E[I_S] > 0 enthält das Förderinstrument auch eine Transferkomponente.

[144] Vgl zu diesen und anderen Förderinstrumenten Fölster (1991), S 24f.

[145] Anreize zur Wohlfahrtssteigerung wie bei der Incentive-Subsidy können zusätzlich und zwar auch in einem Teilausmaß implementiert werden.

[146] Bei großen Unternehmen muss sich diese Option auf eine eigene Gesellschaft beziehen, die zur Umsetzung des F&E-Projektes gegründet wird und dessen Unternehmenswert daher mit der Wertschöpfung aus dem F&E-Projekt erheblich korreliert.

[147] Diese Formulierung ist ex post, ie nach Realisierung aller Zufallsgrößen, (diskontiert auf den Ex-ante-Zeitpunkt) und unterstellt, dass erstens der (geförderte) Projektgewinn gleich

$$I_S = \begin{cases} I_S^0 - \alpha P_F' & \text{wenn } P_F' > 0 \\ I_S^0 & \text{wenn } P_F' \leq 0 \end{cases}$$

mit

$I_S^0 \geq 0$ und $\alpha \in [0,1]$

und wobei P'_F den Gewinn unter Förderung aber vor Ausübung der Option durch den Fördergeber bezeichne, ie $P'_F = P_0 + I_S^0$. Daher gilt

$$I_S = \begin{cases} I_S^0 - \alpha\left(P_0 + I_S^0\right) & \text{wenn } P_0 > -I_S^0 \\ I_S^0 & \text{wenn } P_0 \leq -I_S^0. \end{cases}$$

Ein solches Instrument ist in der Lage, den Selbstselektionsmechanismus (in weiten Bereichen) zu realisieren. Dabei ist es wesentlich, dass der Fördernehmer dem Risiko ausgesetzt ist, bei Optionsausübung (dh im Erfolgsfall) mehr zurückzahlen zu müssen als er an Förderung ursprünglich bekommen hat (aber natürlich weniger als den gesamten privaten Gewinn); mit anderen Worten die Förderung stellt den Fördernehmer nicht in jedem Fall besser. Auf diese Weise haben potenzielle Fördernehmer keinen Anreiz, für diejenigen Projekte eine Förderung zu beantragen, die auch ohne Förderung durchgeführt werden würden (rationalerweise keine freiwillige Teilung des Privatgewinnes). Dies eliminiert wohlfahrtsvernichtende Mitnahmeeffekte (vgl Abbildung 3)[148], weil für

---

dem Wert des Basiswertes der Option ist (zB ausgegliederte Tochtergesellschaft für das F&E-Projekt). Zweitens wird unterstellt, dass der Fördergeber die Option gewinnmaximierend und rational ausübt.

[148] Diese Analyse unterstellt erstens, dass die Varianz des Gewinnes des zugrunde liegenden Projektes sich durch die Förderung nicht ändert und betrachtet daher uU nur einen Teileffekt. Zur Untersuchung der Anreize, die Förderinstrumente dem Fördernehmer geben, das Risiko des zugrunde liegenden Projektes zu ändern, siehe unten Abschnitt f). Zweitens wird Risikoneutralität unterstellt, weshalb der Erwartungswert der Barwerte als Ex-ante-Bewertungsmaßstab gilt (und nicht etwa der erwartete Nutzen oder der arbitragefreie Optionswert). Der Erwartungswert einer beliebigen Funktion $f(x)$ (hier der Funktion des Gewinnes unter Förderung) der Zufallsvariable x (hier der Ex-post-Gewinn ohne Förderung, P_0) mit Dichtefunktion $\varphi_x(x)$ ergibt sich definitionsgemäß mit $\int_x f(x)\varphi_x(x)dx$. Wird der Ex-post-Gewinn durch die Förderung linear transformiert (zB verlorener Zuschuss), so findet der einfache Zusammenhang $E[a + bx] = a + bE[x]$ mit den Konstanten a und b Anwendung. Abschließend ist noch die Annahme von Risikoneutralität zu verteidigen; die Annahme von Risikoaversion und die Anwendung von individuellen Nutzenfunktionen bzw eines kapitalmarkt-orientierten Real-Options-Ansatzes (Freiheit von Arbitrage) verkompliziert für

$E[P_0] \geq C \geq 0$ gilt, dass $E[P_0] > E[P_F] > 0$ (kein Anreiz zu Förderantrag, selbstselektiv und individuell rational, vgl oben (i')) und für $A \leq E[P_0] \leq 0$ gilt, dass $E[P_0] < E[P_F] > 0$ (Anreiz zu Förderantrag, selbstselektiv und individuell rational, vgl oben (ii')). In diesen Bereich ist die Stock-Option-Förderung selbstselektiv und die Teilnahme am Förderinstrument individuell rational im Sinne von (i') bzw (ii') (siehe oben S 115). Das Instrument ist daher auch (für viele Dichtefunktionen des Gewinnes) mitnahme-reduzierend im Sinne von (v) und (vi). Lediglich im Bereich $0 \leq E[P_0] \leq C$ kommt es zu (kleinen) Mitnahmen (die großen Mitnahmen rechts von C können eliminiert werden), wobei dieser Bereich umso kleiner ist, je kleiner der Transfer $I_S^0 = -A$ ist (jedoch muss unter Risikoneutralität selbstverständlich $I_S^0 > 0$ gelten, da das Instrument sonst keinen Anreiz zur individuell rationalen Teilnahme aufweisen würde; ein Kompromiss ist hier zwingend). Im Bereich $E[P_0] \leq A$ versagt das Instrument (zwar noch selbstselektiv, aber nicht mehr individuell rational), falls dort (noch) positive Wohlfahrtseffekte verzeichnet werden können.

Abbildung 3 Gewinnanreizwirkung von Stock-Option-Förderungen, Selbstselektion und individuelle Rationalität (Ex-ante-Betrachtung, alle Barwertgrößen in Abhängigkeit von $E[P_0]$)[148]

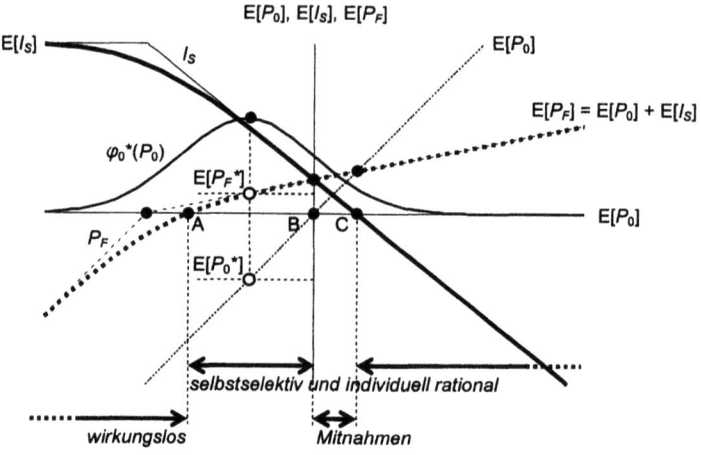

die hier angestellte Überlegung nur unnötig (verkompliziert, weil die Nutzenfunktionen unbekannt sind bzw der Risikoprozess keine (log-lineare) geometrische Brownsche Bewegung ist, vgl auch oben Abschnitt 4.4 b) und Klement (2003)).

Umgekehrt gibt es insofern einen Fördereffekt, als dem Unternehmen ein Zuschuss gewährt wird, der im Falle des Misserfolges verloren ist (Transfer und Versicherungseffekt). Das ist dann sinnvoll, wenn es sich um ein Projekt mit positivem Wohlfahrtseffekt und positiven Externalitäten handelt (zB bei $E[P_0^*]$ und $E[W] > 0$). Um diese Zielrichtung des F&E-Projektes zu gewährleisten, kann die Stock-Option-Förderung mit einer inhaltlichen Prüfung des Wohlfahrtseffektes bei der Auswahl und auch ex post (bei Ausübung der Option) zur Bemessung einer zusätzlichen Belohnung in Höhe eines Anteiles an der Wohlfahrtssteigerung verbunden werden (Wohlfahrts- bzw Externalitätenbeteiligung).[149] Auf diese Weise können förderwürdige F&E-Projekte ($E[W] > 0$, $E[P_0] < 0$) mit großer Hebelwirkung (Hintanhaltung von Mitnahmen) und im Durchschnitt sogar – zumindest theoretisch – kostenneutral[150] konstruiert werden. Damit tritt deutlich hervor, dass es gerade dieses Gewinnteilungselement ist, das dem Förderinstrument den Selbstselektionscharakter verleiht.

Stock-Option-Förderung: Bewertungsaufwand, Verrechnungssystem ohne Transfer der Anteilsinhaberschaft. Wesentliche Voraussetzung für die Stock-Option-Förderung ist also, die Wertschöpfung des F&E-Projektes (bzw die Wertsteigerung des dazu gegründeten Unternehmens) abschätzen zu können. Liegt keine (effiziente und rationale) Börsenkapitalisierung vor, so ist eine private (ie nicht ohnehin durch den Kapitalmarkt erfolgende) Bewertung mit einem gewissen Aufwand vorzunehmen (eingeschränkter Anwendungsbereich des Förderinstrumentes). Des Weiteren ist anzumerken, dass es nicht erforderlich ist, dass der Fördergeber die Option im eigentlichen Sinne ausübt und Anteilsinhaber des Fördernehmers wird. Man vermeidet, dass der Fördergeber (ähnlich einem Venture-Capital-Fonds) ein Investitionsportfolio zu verwalten hat und sich der Insiderproblematik aussetzt, indem die Stock-Option-Förderung als bloßes Verrechnungssystem konzipiert wird. Dies ist mit einem einfachen Zahlungstransfer vom Fördernehmer an den Fördergeber im „Ausübungs-Zeitpunkt" möglich, ohne dass Unternehmensanteile übertragen werden müssen. Die Eigentümerstellung ist für den Funktionsmechanismus des Förderinstrumentes nicht relevant. Das Bewertungserfordernis aber natürlich auch hier nicht vermieden werden.

---

[149] Wobei diese Belohnung nicht mit Wahrscheinlichkeit von eins die Rückzahlung überkompensieren darf.
[150] Kostenneutralität entspricht jedoch nur zufällig (im Ausnahmefall) dem optimalen Förderausmaß.

Abbildung 4 Gewinnanreizwirkung von Haftungsgarantien, Selbstselektion und individuelle Rationalität (Ex-ante-Betrachtung, alle Barwertgrößen in Abhängigkeit von $E[P_0]$)[151]

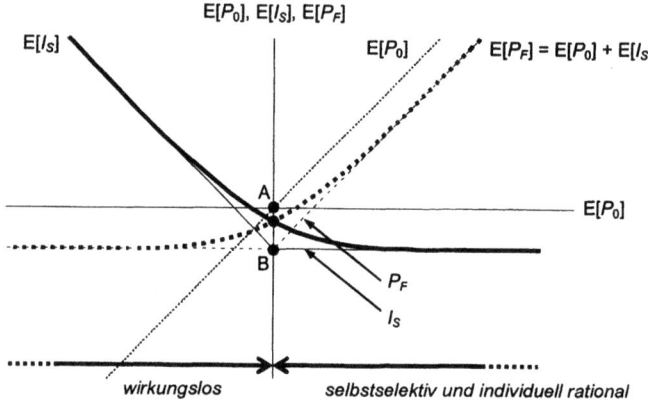

Andere selbstfinanzierende selektive Förderungen umfassen beispielsweise entgeltliche (!) Haftungsgarantien[152] (vgl Abbildung 4, eine Entgelthöhe − B so groß, dass $E[I_S] < 0$ im Punkt $E[P_0] = 0$ gilt,[153] stellt Selbstselektion für $E[P_0] > 0$ sicher und verhindert dort Mitnahmen; für viele Dichtefunktionen des Gewinnes mitnahmen-reduzierend im Sinne von (v) und (vi); links von A bei Risikoneutralität wirkungslos, jedoch Versicherungselement bei Risikoaver-

---

[151] Vgl Fn 148. Diese Abbildung stellt einen von zwei möglichen Fällen dar. Der Schnittpunkt von $E[P_F]$ mit der Ordinate (und gleichzeitig mit $E[I_S]$) kann selbstverständlich auch oberhalb von A liegen (bei großer Varianz). In diesem Fall treten im Intervall $0 < E[P_0] < C$ Mitnahmen auf, wobei C den Abszissenabschnitt des Schnittpunktes von $E[P_F]$ mit $E[P_0]$ bezeichnet. Und im Bereich $D < E[P_0] < 0$ ist das Instrument anreizkompatibel und individuell rational, wobei D den Abszissenabschnitt des Schnittpunktes von $E[P_F]$ mit der Abszisse bezeichnet. Es ergibt sich dann hinsichtlich der Erwartungswerte im Ergebnis eine Anreizstruktur ähnlich der Stock-Option-Förderung.

[152] Die formale Darstellung (ex post) sei $I_S = -G$ wenn $P_0 \geq 0$ und $I_S = -G - P_0$ wenn $P_0 < 0$, wobei $G > 0$ eine konstante Gebühr bezeichne. Wäre $G = 0$ ginge der Selbstselektionsmechanismus verloren, vgl dazu unten das bedingt rückzahlbare Darlehen.

[153] Je größer die Varianz, umso größer ist das erforderliche − B. Ist − B kleiner und erfüllt die Bedingung nicht, dann gilt Selbstselektion nur rechts vom Schnittpunkt von $E[P_0]$ mit $E[P_F]$ und links davon bis zum Nullpunkt, A, treten Mitnahmen auf.

sion[154]), in Aktien konvertierbare Darlehen und nicht zuletzt Eigenkapitalbeteiligungen (zB durch staatliches Wagniskapital, das auch auftragsweise von privaten Venture-Capital-Unternehmen vergeben werden kann[155]). Die beiden letztgenannten Instrumente sind hinsichtlich ihrer Anreizmechanismen Spezialfälle der Stock-Option-Förderung (vgl Abbildung 3). Zur beispielhaften Abgrenzung der Gruppe von Förderinstrumenten mit Selbstselektionselementen, seien in der Folge zwei andere Gruppen von Förderinstrumenten kurz charakterisiert. In der empirischen Untersuchung sollen sie miteinander verglichen werden.

Allgemeine Förderungen. Allgemeine Förderungen sind solche, die ohne eingehende Projektprüfung nach klar definierten und einfach erfüllbaren Kriterien in pauschaler Höhe vergeben werden (zB (inkrementeller) Forschungsfreibetrag, Fixzuschuss zu den gesamten F&E-Personalkosten des Fördernehmers). Sie haben zwar die Vorteile, dass sie einfach zu administrieren sind, Allokationen wenig verzerren und geringe Zutrittsschranken aufweisen, haben jedoch den Nachteil, dass sie keinen Selbstselektionsmechanismus beinhalten, vgl zB Abbildung 5 zum allgemeinen Zuschuss (ie ein pauschaler unbedingter Transfer). Der Transfer ist im Bereich $A < E[P_0] < 0$ anreizkompatibel. Für $E[P_0] > 0$ gibt es jedoch *keinen* (Selbstselektions-) Mechanismus, der Mitnahmen verhindert; dies gilt insbesondere auch für $E[P0] \gg 0$, wo die Mitnahmen besonders groß sind. Das bedeutet solche Zuschüsse werden (bei asymmetrischer Information[156]) insbesondere auch von solchen potenziellen Fördernehmern beantragt, die das Projekt auch ohne Förderung durchführen würden. Das Instrument wirkt (unabhängig von der Dichtefunktion des Gewinnes) *nie* mitnahmen-reduzierend im Sinne von (v) und (vi), da I_S immer größer Null.[157]

---

[154] Eine Stock-Option-Förderung mit Haftungsgarantie scheint eine interessante Kombination zu sein (wenn Moral-Hazard irrelevant ist oder effektiv bekämpft werden kann).

[155] Vgl dazu OECD (1997b).

[156] Ex-post-Bewertungen (wie zB bei Forschungsfreibetrag aufgrund der steuerrechtlichen Gewinnermittlung) helfen hier nicht weiter, da nach der Konstruktion der Instrumente die gewonnene Information nicht verwertet werden kann.

[157] Zu einer Darstellung weiterer Vor- und Nachteilen von allgemeinen Förderungen vgl zB Hutschenreiter und Aiginger (2001), S 2ff mwN.

Abbildung 5 Gewinnanreizwirkung von allgemeinen Zuschüssen, ie pauschalen unbedingten Transfers, Selbstselektion und individuelle Rationalität (Ex-ante-Betrachtung, alle Barwertgrößen in Abhängigkeit von $E[P_0]$)[158]

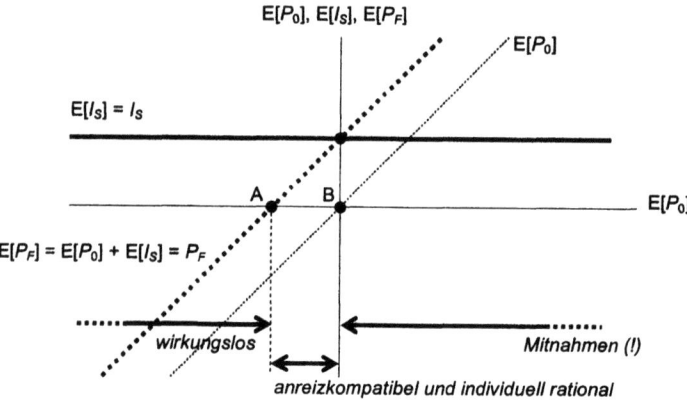

Nicht-selbstfinanzierende selektive Förderungen. Dies sind Fördermaßnahmen, die keine allgemeinen Förderungen sind und bei denen gleichzeitig für den Fördernehmer *keine* von Null verschiedene Wahrscheinlichkeit besteht, mehr zurückzahlen zu müssen, als er an Förderung erhalten hat (dh aus Sicht des Fördergebers keine Möglichkeit der Budgetneutralität). Das sind Abbildung 5 der Form $I_S = I_S^0$ (Gewinn-Anreizstruktur entspricht Abbildung 5), zinsbegünstigte projektfinanzierende Darlehen (entspricht Abbildung 5), projektfinanzierende Darlehen mit bedingter Rückzahlungspflicht (dazu sogleich), projektfinanzierende Kreditgarantien (entspricht Abbildung 5), verliehene Preise (entspricht Abbildung 5). Diese Förderungen sind zwar positiver zu bewerten als die allgemeinen Förderungen (sie werden projektspezifisch vergeben und haben teilweise Versicherungscharakter), jedoch mangelt es ihnen an einer Rückzahlungsverpflichtung, die uU auch über die Höhe des gewährten Zuschusses hinausgehen kann, weshalb, die Gewährung der Förderung *immer* zugunsten des Fördernehmers ist und daher ein Selbstselektionsmechanismus nicht greifen kann (die Folge sind Mitnahmeeffekte).

---

[158] Vgl Fn 148.

Abbildung 6 Gewinnanreizwirkung von bedingt rückzahlbaren Darlehen, Selbstselektion und individuelle Rationalität (Ex-ante-Betrachtung, alle Barwertgrößen in Abhängigkeit von $E[P_0])$[159]

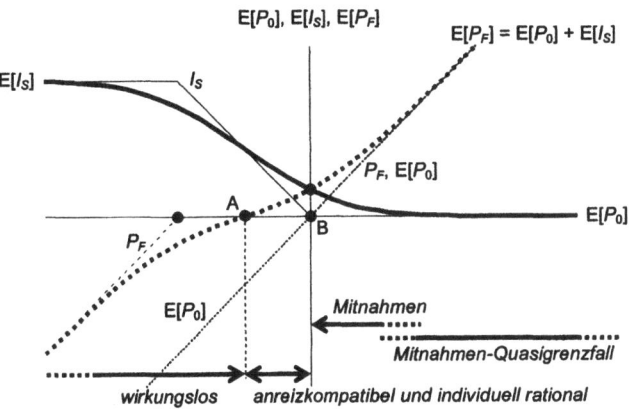

Das bedingt rückzahlbare Darlehen ist dabei ein Grenzfall und soll näher untersucht werden. Ausgegangen sei von der Definition, ein ex ante erhaltenes Darlehen werde vergeben, das, wenn und soweit Gewinn aus dem Projekt fließt, zurückzuzahlen ist, ie, ex post formuliert,

$$I_S = \begin{cases} 0 & \text{wenn } P_0 \geq 0 \\ -P_0 & \text{wenn } -D < P_0 < 0 \\ D & \text{wenn } P_0 \leq -D, \end{cases}$$

wobei $D > 0$ die Darlehenssumme (ie das gegebene Kapital) bezeichnet. Hier zeigt sich zwar (unter Risikoneutralität) auf den ersten Blick eine Anreizstruktur, die *im Ergebnis*, ähnlich wie bei unbedingten Transfers ausfällt (siehe Abbildung 6 im Vergleich zu Abbildung 5). Wenn auch hier im strengen Sinne für $E[P_0] > 0$ *nicht* gilt, dass $E[P_F] < E[P_0]$ (und damit unabhängig von der Dichtefunktion des Gewinnes *nie* Mitnahmen-Reduktion im Sinne von (v) und (vi) eintritt, da I_S immer größer Null ist), so gilt doch für größere $E[P_0]$ (bzw kleinere Varianzen) – annähernd – $E[P_F] \leq E[P_0]$. Damit können zwar Mitnahmen nicht ausgeschlossen werden, da dem Fördernehmer keine Schlechterstellung droht. Allerdings genügt eine geringfügige Korrektur des Instrumentes, zB eine kleine gewinnunabhängige (vgl oben bei Haftungsübernahme) oder gewinnabhängige (vgl oben bei Stock-Option-Förderung)

---

[159] Vgl Fn 148.

Abgabe bzw Gewinnteilung, um das Instrument – in weiten Bereichen und insbesondere dort, wo Mitnahmen sonst groß wären – gegen Mitnahmen abzusichern (dies ist erfolgreich, soweit für $E[P_0] > 0$ gilt, dass $E[P_F] < E[P_0]$). Ist dieses Entgelt bzw diese Abgabe auf den Gewinn gering, ist der Mitnahmeeffekt natürlich nicht sehr robust (zB hinsichtlich Risikoaversion und Förderrisiko oder systematische Schätzfehler des Fördergebers). Ist ein Fördervertrag so formuliert wie eben dargelegt, kann dieses kleine „Entgelt" auch in den Kosten erblickt werden, die dem Fördernehmer mit der Suche, Beantragung und Administration der Förderung entstehen. Daher ist in einer empirischen Untersuchung zu erwarten, dass selbst bedingt rückzahlbare Darlehen im strengen Sinne (nicht sehr robuste) Selbstselektion und daher Mitnahmen-Reduzierung aufweisen.

e) Hebeleffekt und empirische Evidenz

In diesem Abschnitt sollen empirische Ergebnisse präsentiert werden, die die Effektivität (Induzierung von additionaler unternehmerischer F&E) und Effizienz (Mitnahmen) von Förderinstrumenten vergleichen. Als Maß für die inputseitige Effektivität und Effizienz sei der erzielte Hebeleffekt von Förderinstrumenten herangezogen.

Definition Hebeleffekt. Dazu sei vorweg das Konzept (relativer Netto-) Hebeleffekt, h, hier wie folgt definiert. Er bezeichne das relative Ausmaß, mit dem erhaltene staatliche F&E-Förderungen (Netto-Förderungen), I_S, den Einsatz *zusätzlicher* privater F&E-Finanzierungsmittel, I_P, induzieren (die also ohne Förderung nicht getätigt worden wären) und sei als der Marginaleffekt (erste partielle Ableitung) dieser beiden Inputgrößen der F&E-Aktivität definiert, ie

$$h = \frac{\partial I_P}{\partial I_S}.$$

Der Brutto-Hebeleffekt, H, sei

$$H = \frac{\partial (I_S + I_P)}{\partial I_S} = 1 + h.$$

Näherungsweise gibt der Hebeleffekt also darüber Auskunft, wie sich die F&E-Ausgaben ändern, wenn die staatliche Förderung um eine Einheit (zB 1 Euro) erhöht wird. Dabei ist die Definition des Hebeleffektes als kausales („additionales") Konzept aus förderpolitischer Sicht essenziell (Hintanhaltung von

Mitnahmeeffekten).[160] Es ist zu erwarten, dass das Ausmaß dieses Effektes über die Projekte äußert heterogen ist und durch eine Vielzahl von Parametern wie etwa Natur des eliminierten Versagensmomentes, Art des Förderinstrumentes, Art der F&E-Aktivität, Wettbewerbsintensität und andere bestimmt wird. Steigt der Hebeleffekt[161], so wird ceteris paribus die F&E-Quote[162] effizienzsteigernd erhöht.

Additionalität (Crowding-In), Substitution (Crowding-Out), Mitnahmen. Wenn $h > 0$, dann liegt Input-Additionalität (Crowding-In) vor, ie erhaltene Förderbarwerte und private Ausgaben verhalten sich komplementär. Wenn $h < 0$, dann liegt *keine* Input-Additionalität, sondern Substitution (Crowding-Out) vor.[163]

Als mit dem Hebeleffekt verwandtes Konzept wird empirisch häufig die „Elastizität der induzierten privaten F&E-Ausgaben bezüglich der staatlichen F&E-Förderausgaben" geschätzt. Diese Elastizität, ε, sei als der Quotient der beiden normierten Infinitesimal-Inkremente definiert oder, anders formuliert, der marginale Netto-Hebeleffekt multipliziert mit dem Kehrwert des Quotienten der absoluten Werte, ie

$$\varepsilon = \frac{\partial I_P / I_P}{\partial I_S / I_S} = h \frac{I_S}{I_P},$$

und kann (näherungsweise) als Relation der prozentuellen Änderungen von I_S und I_P interpretiert werden.

Empirische Evidenz. Die überblickbaren empirischen Studien[164] versuchen in der Regel die Größe des durchschnittlichen Hebeleffektes (bzw der Elastizität) zu schätzen und nicht etwa differenzierend die Hebeleffekte (einer größeren Anzahl) verschiedener F&E-Förderinstrumente miteinander zu vergleichen.[165] Aus einer solchen Untersuchung könnten jedoch potenziell wichtige Erkenntnisse über die *relative* Vorteilhaftigkeit einzelner Förderinstrumente

---

[160] Vgl zu diesbezüglich wertlosen, aber oft verwendeten Konzepten die treffende Kritik in Hutschenreiter, Polt und Gassler (2001), S 5f. Siehe dort auch (hier nicht relevante) unterschiedliche Konzepte von Additonalität.

[161] Dies gilt aufgrund des monotonen Zusammenhanges natürlich für H wie auch für h.

[162] Diese umfasst private und öffentliche F&E-Ausgaben, vgl die Definition in Fn 8, S 26.

[163] Vgl auch Schibany et al (2003), S 28f.

[164] Vgl etwa den umfassenden Review von David, Hall und Toole (2000). Vgl auch Klette, Møen und Griliches (2000) sowie Schibany et al (2004), S 30.

[165] Ein wesentlicher Grund mag darin liegen, dass dafür besonders strukturierte und relativ umfangreiche Datensätze erforderlich sind, vgl auch unten Kapitel I.

gewonnen werden. Eine Ausnahme dazu bildet etwa die Untersuchung in Fölster (1991), die auf experimentelle Weise versucht, die effektive Wirkung des Selbstselektionsmechanismus nachzuweisen, indem sie ökonometrisch geschätzte Hebeleffekte und deren Sensitivität gegenüber Informationsasymmetrie von unterschiedlichen Förderinstrumenten vergleicht.

Setting und Methode von Fölster. Fölster (1991) untersuchte dazu eine Serie von acht strukturell unterschiedlichen F&E-Förderinstrumenten experimentell auf ihre empirische Hebelwirkung.[166] Die untersuchten Instrumente entstammen den Kategorien (i) allgemeine, (ii) nicht-selbstfinanzierende selektive und (iii) selbstfinanzierende selektive Förderungen (vgl Tabelle 1 und oben Abschnitt d)). Die Untersuchung folgte dabei einer zweistufigen Befragung von 61 ausgewählten Leitern der F&E-Abteilungen von kleinen bis (mittel-) großen Industrieunternehmen in Schweden (repräsentativ für die Population der aktiv F&E-betreibenden Unternehmen). In Stufe eins wurden die F&E-Leiter nach ihrer allgemeinen (ie abstrakten) Einschätzung zur Effektivität bezüglich der Additionalität bzw der Hebelwirkung der einzelnen acht Arten von Förderinstrumenten befragt. Daraus ging ua hervor, dass die Befragten zwischen privatem und öffentlichem Nutzen in ihren Einschätzungen unterscheiden konnten. Im Übrigen plausibilisierten die abgegebenen Einschätzungen die quantitativen Ergebnisse der Stufe zwei.[167] In Stufe zwei wurden die befragten F&E-Leiter ersucht, jeweils 3 bis 5 repräsentative F&E-Projekte ihres Unternehmens auszuwählen (insgesamt 214 Projekte, die in der Vergangenheit teils erfolgreich durchgeführt worden waren und teils abgebrochen worden waren) und für diese jeweils (hypothetisch) konkret zu entscheiden, ob sie ein konkret definiertes Förderinstrument (jeweils eines von acht stellvertretend für die acht Arten an Förderinstrumenten) in Anspruch nehmen würden und gegebenenfalls zu welchen zusätzlichen F&E-Aktivitäten (und damit Ausgaben) dies führen würde.[168] Die sich so ergebenden Resultate in Form von Hebelwirkungen sind in Tabelle 1 wiedergegeben.[169]

---

[166] Siehe Fölster (1991), S 75-86.

[167] Vgl Fölster (1991), S 81.

[168] Die Befragten wurden dabei auch ersucht, tatsächlich nicht-durchgeführte Projekte (anteilsmäßig) zu berücksichtigen und bei diesen zu beurteilen, ob und wenn ja in welchem Ausmaß diese mit jeweils einer der Förderungen durchgeführt worden wären.

[169] Siehe Fölster (1991), S 84, Tabelle 9.6. Die Informationsasymmetrie ist dabei simuliert durch (hypothetische) Vergabe (durch den Studienleiter) der Hälfte der Projekte bei perfekter Informationslage und der Hälfte der Projekte ohne jegliche Information (ie gleichverteilt zufällig).

Tabelle 1 Durch Förderung induzierte (zusätzliche) unternehmerische F&E-Ausgaben relativ zum Förderbarwert (relativer Netto-Hebeleffekt h) bei perfekter und bei (simuliert) asymmetrischer Informationsverteilung[170] zwischen Förderwerber und Fördergeber; Standardfehler der Schätzungen liegen im Intervall [0,005; 0,11]

	Perfekte Information		Asymmetrische Information	
Mitarbeiterzahl des Fördernehmers	> 100	≤ 100	> 100	≤ 100
Allgemeine Förderungen				
Steuerbegünstigung	0,19	0,08	0,19	0,08
Zuschuss F&E-Personal	0,16	0,07	0,16	0,07
Nicht-selbstfinanzierende selektive Förderungen				
Projektzuschuss	0,82	0,96	0,41	0,52
Zinsbegünstigtes Projektdarlehen	0,80	0,91	0,40	0,59
Darlehen mit bedingter Rückzahlung	0,82	0,98	0,47	0,64
Selbstfinanzierende selektive Förderungen				
Haftungsgarantie mit Gebühren	0,74	0,61	0,48	0,47
Royalty-Förderung	0,92	1,12	0,56	0,74
Stock-Option-Förderung	0,99	1,17	0,72	0,92

Ergebnisse von Fölster. Die Ergebnisse zeigen klar, dass erstens Förderinstrumente mit Selbstselektionscharakter (selbstfinanzierende selektive Förderungen) besonders hohe Hebeleffekte aufweisen.[171] Zweitens zeigen sie, dass selbstfinanzierende selektive Förderinstrumente gegenüber Informationsasymmetrie weniger empfindlich sind als nicht-selbstfinanzierende selektive Förderinstrumente. Dies kann so interpretiert werden, dass die Selbstselektionsmechanismen die unter Informationsasymmetrie möglichen Mitnahmen (teilweise bis weitgehend) erfolgreich verhindern.[172] Beide Resultate stützen die

---

[170] Siehe Fn 169.

[171] Die Ergebnisse für entgeltliche Haftungsgarantien qualifiziert Fölster (1991) als Ausreißer, die er auf die konkret vorgenommene Definition und die subjektive Wahrnehmung des Förderinstrumentes zurückführt.

[172] Bei allgemeinen Förderungen spielt Informationsasymmetrie naturgemäß keine Rolle, da ihre Vergabe nicht aufgrund privater Informationen erfolgt. Bei diesen treten daher Mitnahmeeffekte bereits auch bei vollkommener Information (in großem Maße) auf. Daher kann bei diesen Instrumenten die Mitnahmenhöhe nicht aus dem Vergleich Vergabe mit versus ohne Informationsasymmetrie ermittelt werden. Es ist aber anzunehmen, dass bei

im vorangegangenen Abschnitt präsentierten theoretischen Überlegungen zu Selbstselektionsmechanismen. Sie sind ein wichtiger Indikator für die effektive Hitanhaltung von (wohlfahrtsvernichtenden) Mitnahmeeffekten, womit über die Wohlfahrt – ohne sie explizit gemessen zu haben – ebenfalls eine Aussage getroffen werden kann (Einschränkung von Mitnahmen bedeutet Wohlfahrtssteigerung).

f) Projekt- und Förderrisiko: Risikostruktur und Risikoanreize

In diesem Abschnitt ist zu untersuchen wie ein Förderinstrument die Anreizstruktur eines F&E-Projektes in wohlfahrtssteigernder Weise verbessern kann. Ein Förderinstrument kann auf mehrfacher Ebene Risikostrukturen (Punkte (i) und (ii)) bzw Risikoanreize (Punkte (iii) und (iv)) wohlfahrtssteigernd beeinflussen[173], und zwar[174]

(i) Kompensation von Projektrisiko (das unter Risikoaversion zu Marktversagen führen kann),

(ii) Einführen von möglichst geringem (unerwünschten) Förderrisiko (das unter Risikoaversion zu Systemversagen führen kann),

(iii) Anreize gegen Moral-Hazard (der wohlfahrtsminderndes Abweichen vom Fördervertrag bezeichnet) sowie

(iv) Anreize zu risikoreicher Innovativität (Risk-Shifting zu höheren Externalitäten).

Mögliche Maßnahmen im Design des Förderinstrumentes zu Punkt (ii) wurden bereits oben unter d) analysiert (Integration von Ex-ante-Förderelementen).[175] In der Folge soll das Augenmerk daher auf die Kompensation von Projektrisiken und auf die Schaffung von Anreizkompatibilität *während* der Projektdurchführung, ie Anreize zu positivem Risk-Shifting und Anreize gegen Moral-Hazard, gelegt werden.

Projektrisiko, Marktversagen wegen Risikoaversion. Damit ein risikoaverser Fördernehmer trotz Förderrisiko Anreize hat, ein F&E-Projekt durchzuführen, muss

---

diesen Instrumenten die Mitnahmen am größten sind, vgl die theoretische Begründung oben in Abschnitt d).

[173] Vgl auch die innovationspolitischen Maßnahmen unten Abschnitt 5.5.
[174] Vgl auch oben Abschnitt b).
[175] Vgl auch die Maßnahmen im Design des Vergabeverfahrens unten Abschnitt h).

(3) $\quad \text{E}[U(P_F)] > \text{E}[U(0)]$

gelten, ie der erwartete Nutzen des unsicheren privaten Gewinnbeitrages im Fall der Förderung muss größer sein als jener bei Nicht-Durchführung[176] des F&E-Projektes. Da hier nur eine Partialanalyse hinsichtlich des Risikos vorgenommen wird (der erwartete Nutzen hängt ja auch von der Transferkomponente E[P_F] ab), ist auf die vollständigen Kriterien der Anreizkompatibilität oben in Abschnitt c) hingewiesen. Die Gestaltung selbstselektiver Instrumente verläuft grundsätzlich sinngemäß wie bei Risikoneutralität. Wenn neben (3)gleichzeitig

$$\text{E}[U(P_0)] > \text{E}[U(P_F)] > \text{E}[U(0)],$$

wird der potenzielle Fördernehmer auf das Förderinstrument verzichten und das Projekt ohne Förderung durchführen, da er so besser gestellt ist. Demgegenüber liegt bei

$$\text{E}[U(P_F)] > \text{E}[U(P_0)] > \text{E}[U(0)]$$

ein Mitnahmefall vor, da der potenzielle Fördernehmer das Förderinstrument annimmt, obwohl er das F&E-Projekt auch ohne Förderung umgesetzt hätte. Nur im Falle von

$$\text{E}[U(P_F)] > \text{E}[U(0)] > \text{E}[U(P_0)],$$

also Marktversagen wegen Risikoaversion aufgrund des Projektrisikos (und Förderrisikos), nimmt der Fördernehmer das Förderinstrument in wohlfahrtsverbessernder Weise in Anspruch (vorausgesetzt das F&E-Projekt hat positive Wohlfahrtseffekte). Aus diesen einfachen Überlegungen lässt sich ableiten, dass ein Förderinstrument jedenfalls Gleichung (3) erfüllen muss und im Übrigen E[$U(P_F)$] möglichst nahe an E[$U(0)$] liegen sollte, um wohlfahrtsvernichtende Mitnahmen weitestgehend hintanzuhalten.

Partielle Anreizkompatibilität wegen Risikoneutralität des Staates. Jedoch, wenn es dem Staat gelingt gegenüber der einzelnen Förderung risikoneutral zu sein (zB weil er gut diversifiziert ist oder weil er Projektrisiken real ausgleichen kann), dann kann er reinen (ie erwartungswertneutrale) Versicherungen kostenlos anbieten.[177] Ist dies der Fall, dann können aber Mitnahmen ausgeschlossen werden (kostenlose Versicherungen verursachen dem Staat keine

---

[176] Es sei daran erinnert, dass die Gewinnbeiträge des F&E-Projektes als inkrementell zur besten Alternative interpretiert werden können, vgl Fn 19, S 51.
[177] Das unterstellt, dass die staatlichen Administrationskosten (der Förderstelle) vernachlässigbar sind.

Kosten) und Selbstselektion ist „nur" auf der Dimension des Erwartungswertes, nicht aber jener der Varianz zu entwerfen. Im Übrigen kann der Fördergeber davon ausgehen, dass der Fördernehmer nicht ein möglichst Viel an Versicherung möchte, sondern genau jenes Maß, das sein Projektrisiko kompensiert. Aus diesen beiden Gründen können Mechanismen zur Risikokompensation so entworfen werden, als ob vollständige Information vorliegen würde.

Risikokompensation (Versicherung). Es daher nur kurz darzulegen, wie Versicherung funktioniert. Funktion ist, die Varianz des Projektgewinnes nach Förderung, also P_F, möglichst nahe Null zu setzen (und damit gleichzeitig[178] die Varianz von $U(P_F)$ nahe Null zu setzen) und auf diese Weise die Risiken von P_0 zu beseitigen. Das kann so formuliert werden, dass

$$\frac{\partial P_F(P_0)}{\partial P_0} = \frac{\partial (P_0 + I_S)}{\partial P_0} = 1 + \frac{\partial I_S}{\partial P_0} = 0 \text{ bzw}$$

$$\frac{\partial I_S}{\partial P_0} = -1$$

unter der Nebenbedingung Erwartungswert-Neutralität der Förderung, ie

$$E[I_S] = E[P_F(P_0) - P_0] = E[P_F(P_0)] - E[P_0] = 0,$$

erreicht werden soll. Dies hat aber eine triviale Lösung (erwartungswertneutrale Vollversicherung des *Projekt*risikos, nicht des *Förder*risikos), nämlich ein Förderinstrument, das immer auf den Erwartungswert von P_0 ausgleicht, ie

$$I_S = E[P_0] - P_0.$$

Trade-off mit Moral-Hazard und Kompatibilität mit Selbstselektion. Vollversicherungen sind allerdings nur bei sehr hoher Risikoaversion und sehr geringem Erwartungswert erforderlich. Sie haben andererseits im Trade-off den Nachteil, dass sie (bei Ex-post-Informationsasymmetrie) maximale Moral-Hazard-Anreize bieten. Hier ist daher ein Mittelweg zu finden, der empirisch zu bestimmen ist. Eine (Teil-) Versicherung, ist dadurch charakterisiert, dass sie bei niedrigem P_0 etwa gibt und bei hohem P_0 etwas nimmt (erwartungswertneutral). Genau das, war aber auch das Grundprinzip, der Selbstselektionsmechanismen (vgl oben Abschnitt d), insbesondere auch Abbildung 3, S 118 und Abbildung 4, S 120). Gewinn-Selbstselektion und Reduzierung des *Projekt*risikos sind also Paralleleffekte. Jedoch ist zu beachten, dass (selbstselektierende) Instrumente zusätzlich

---

[178] Dies geschieht auch in robuster Weise, da Von-Neumann-Morgenstern-Nutzenfunktionen definitionsgemäß (und damit annahmegemäß) monotone Funktionen darstellen.

das nicht-versicherte Förderrisiko einführen, das uU größer sein kann als das gesamte Projektrisiko (vgl dazu zB die oben dargelegte Kritik an der Ex-post-Variante der Incentive-Subsidy, Fn 132, S 110).

Anreize zu riskanter Innovativität (positivem Risk-Shifting). Förderinstrumente leisten dann einen Anreiz zu einer (wohlfahrtsökonomisch vorteilhaften) Erhöhung des Projektrisikos, wenn (ceteris paribus) riskantere Projekt-Varianten den Erwartungswert des geförderten Projektes (bzw der Förderung) erhöhen.[179] Dies soll für einzelne Instrumente näher untersucht werden. Dies kann zB anhand der durch Förderinstrumente teilweise generierten Schiefe von Dichtefunktionen gezeigt werden. Dies hat den Vorteil, dass dabei die einzelnen Elemente des Mechanismus transparent werden. In einem zweiten (unabhängigen) Schritt soll dann jeweils der Erwartungswert des Gewinnes unter Förderung in Abhängigkeit von der Varianz dargestellt werden, um zu bestätigen, in welche Richtung sich dieser bei einer Risikoerhöhung verändert.

Wesentlich ist, dass es sich bei dieser Analyse um die Varianz aus Sicht des Fördernehmers handelt (also bei gegebenem Informations-Set des Fördernehmers). Er ist es nämlich, der die Varianz des F&E-Projektes während dessen Durchführung beeinflussen kann. Ein reduziertes oder gesteigertes Anstrengungsniveau ist damit nicht gemeint (denn dieses ändert wohl eher in vorhersehbarer Wiese das Niveau des unsicheren Gewinnes als die Varianz des Gewinnes gegeben die Information des Fördernehmers über die Änderung seiner Anstrengungen).[180] Vielmehr können Risikoänderungen als Änderungen der Innovativität des F&E-Projektes interpretiert werden (vgl oben Abschnitt 4.4 b)).

---

[179] Diese Anreizformulierung unterstellt Risikoneutralität; bei anderen Präferenzstrukturen gelten die folgenden Überlegungen sinngemäß für die Nutzenwerte. Dieser überlagernde Effekt soll hier ausgeblendet bleiben. Des Weiteren sei unterstellt, dass der Diskontierungsfaktor von der hier zu untersuchenden Art der Varianzänderung unabhängig ist. Dies lässt sich wie folgt rechtfertigen. Man bedenke zunächst, dass der *nicht-diskontierte Erwartungswert* des Gewinnes von der Risikopräferenz unabhängig ist und uU von der Varianz (nicht etwa der Kovarianz mit dem Kapitalmarkt) abhängig ist (nämlich bei schiefer Verteilung; das ist zu untersuchen). Eine allfällige Erhöhung des Projektrisikos aufgrund von Anreizen des Förderinstrumentes kann (im Regelfall) als idiosynkratisch gelten, dh sie erhöht *nicht* den mit dem Kapitalmarkt kovariierenden Teil des Projektrisikos. Daraus folgt aber, dass der Diskontierungsfaktor durch die (idiosynkratische) Risikoerhöhung unberührt bleibt. Davon wird in den folgenden Überlegungen ausgegangen.

[180] Anders stellt sich die Sicht der Varianz für den Fördergeber dar; für diesen schlägt die Möglichkeit einer unvorhergesehenen Änderung der Anstrengungen des Fördernehmers auf

Es sei angenommen, dass der Gewinn des nicht-geförderten Projektes (genauer gesagt sein Barwert), ex ante betrachtet, einer Normalverteilung[181] folgt, ie

$$P_0 \sim N[E[P_0], \sigma^2],$$

wobei N[·] die Normalverteilung und σ deren Standardabweichung bezeichne. Wie allgemein bekannt und aus der Dichtefunktion der Normalverteilung einfach zu sehen ist[182], gilt für den einfachen Fall einer *linearen* Transformation einer normalverteilten (skalaren) Zufallsvariable P_0, $P_F = a + bP_0$, dass

$$P_F = a + bP_0 \sim N[a + b E[P_0], b^2 \sigma^2]$$

ebenfalls normalverteilt ist. Mit anderen Worten, die Dichtefunktion von P_0, $\varphi_0(P_0)$, wird in eine Dichtefunktion der Variable $P_F(P_0)$, $\varphi_F(P_F)$, transferiert, wobei diese wieder normalverteilt ist (mit neuem Erwartungswert und neuer Varianz). Damit ist aber auch klar, dass der Erwartungswert einer solchen Transformierten (hier des Gewinnes unter Förderung, P_F) von der Varianz (hier dem Risiko bzw der Innovativität des Projektes) *unabhängig* ist, weil die Dichte einer normalverteilten Variable vollkommen symmetrisch ist.

Ist hingegen die Transformation $P_F = f(P_0)$ nicht-linear (wie zB bei Stock-Option-Förderung, bedingt rückzahlbarem Darlehen, Haftungsgarantie), gilt folgende einfache Verallgemeinerung für alle *bijektiven* (ie eins-zu-eins zuordnenden) Transformationen (unter den genannten Beispielen ist nur die Stock-Option-Förderung bijektiv; zu den anderen sogleich). Die Dichtefunktion der Transformierten $P_F(P_0)$, $\varphi_F(P_F)$, ist

$$\varphi_F(P_F) = \left| \frac{\partial f^{-1}(P_F)}{\partial P_F} \right| \varphi_0\left(f^{-1}(P_F)\right).$$

Ist die Transformationsfunktion zwar nicht bijektiv, jedoch monoton (zB Haftungsgarantie, bedingt rückzahlbares Darlehen), so ergeben sich in der transformierten Dichte Abschnitte, in denen diese null ist bzw Punkte, an denen sie eine Wahrscheinlichkeitsmasse (Dirac-Funktion) aufweist. Dies soll weiter unten für die Einzelfälle gezeigt werden.

---

die Varianz von Gewinn und Wohlfahrtseffekt durch. Diese Sicht ist zwar relevant für die Frage der Fördervergabe; sie ist aber hier (für Risikoänderungen während der Projekt-Durchführung) irrelevant.

[181] Zu dieser vereinfachenden Annahme vgl bereits oben Fn 70, S 78.
[182] Vgl zB Greene (2000), S 73.

Der Erwartungswert einer nicht-linear transformierten Zufallsvariable ergibt sich aber jedenfalls – definitionsgemäß – durch Integration der $\varphi_0(P_0)$-gewichteten Transformierten $P_F(P_0)$ über den Raum der Zufallsvariable P_0, ie

$$E[P_F] = \int_{P_0} P_F \varphi_0(P_0) dP_0$$

bzw im Falle einer linearen Transformation, $P_F = a + bP_0$, gilt

$$E[P_F] = a + b E[P_0].$$

Ist die erste partielle Ableitung des Gewinn-Erwartungswertes bei Förderung nach σ bzw σ^2 positiv,

$$\frac{\partial E[P_F(P_0)]}{\partial \sigma} > 0 \Leftrightarrow \frac{\partial E[P_F(P_0)]}{\partial \sigma^2} > 0,$$

so steigt der erwartete Gewinn $E[P_F]$ mit einer Erhöhung des Projektrisikos und umgekehrt (Anreiz zur Risikoerhöhung). Ob sich der Erwartungswert mit dem Risiko ändert, ist auch grafisch aus der Schiefe der Dichtefunktion ersichtlich. Der Erwartungswert $E[P_F]$ ist genau dann von der Varianz von P_0, σ^2, abhängig, wenn φ_F nicht symmetrisch (also schief) ist, wobei eine weiter nach rechts auslaufende Verteilung einen Anreiz zur Risikoerhöhung bedeutet.

Stock-Option-Förderung. Betrachtet man den Gewinn eines mittels Stock-Option-Förderung unterstützten F&E-Projektes (vgl oben Abschnitt 5.3 d)), ie, ex post[183] formuliert,

$$P_F = \begin{cases} (P_0 + I_S^0)(1-\alpha) & \text{wenn } P_0 > -I_S^0 \\ P_0 + I_S^0 & \text{wenn } P_0 \leq -I_S^0 \end{cases}$$

mit den Konstanten Vorab-Zuschuss und Beteiligungsquote,

$$I_S^0 \geq 0 \text{ und } \alpha \in [0,1],$$

so sieht man unmittelbar, dass die Funktion für $P_0 = -I_S^0$ nicht differenzierbar ist, jedoch bijektiv ist. Es lässt sich daher die Umkehrfunktion bilden, ie

$$P_0 = \begin{cases} P_F/(1-\alpha) - I_S^0 & \text{wenn } P_F > 0 \\ P_F - I_S^0 & \text{wenn } P_F \leq 0 \end{cases}$$

und wir erhalten

---

[183] Der Terminus ex post meint genau gesagt die Realisierung aller Zufallsgrößen (wobei die Größen wie immer auf den Ex-ante-Zeitpunkt diskontierte Barwerte darstellen).

$$\varphi_F(P_F) = \begin{cases} (1-\alpha)^{-1}\varphi_0\left(P_F/(1-\alpha)-I_S^0\right) & \text{wenn } P_F > 0 \\ \varphi_0\left(P_F - I_S^0\right) & \text{wenn } P_F \leq 0 \end{cases}$$

wobei $-I_S^0 \leq 0$ eine Verschiebung nach rechts darstellt, der P_F-Faktor $(1-\alpha)^{-1} \geq 1$ macht die Funktion weniger weitläufig und der φ_0-Faktor $(1-\alpha)^{-1} \geq 1$ skaliert die Dichte nach oben. Diese Dichtefunktion ist in Abbildung 7 veranschaulicht.

Abbildung 7 Stock-Option-Förderung: Dichtefunktion des Gewinns ohne Förderung ($P_0 \sim N[E[P_0],\sigma^2]$), φ_0, Dichtefunktion des Gewinns mit Förderung (bei unveränderter zu Grunde liegender Varianz σ^2), φ_F, und Dichtefunktion des Gewinns mit Förderung bei Erhöhung der zu Grunde liegenden Varianz auf $\sigma_R^2 > \sigma^2$ (riskantere Projektvariante), φ_F^R, mit dem sich verschiebenden Erwartungswert des Gewinns, $E[P_F] \to E[P_F^R]$ (Absinken, da φ_F asymmetrisch links weiter auslaufend), mit $I_S^0 = 2{,}5$; $\alpha = 0{,}8$; $E[P_0] = -1$; $\sigma = 1$; $\sigma_R = 2$

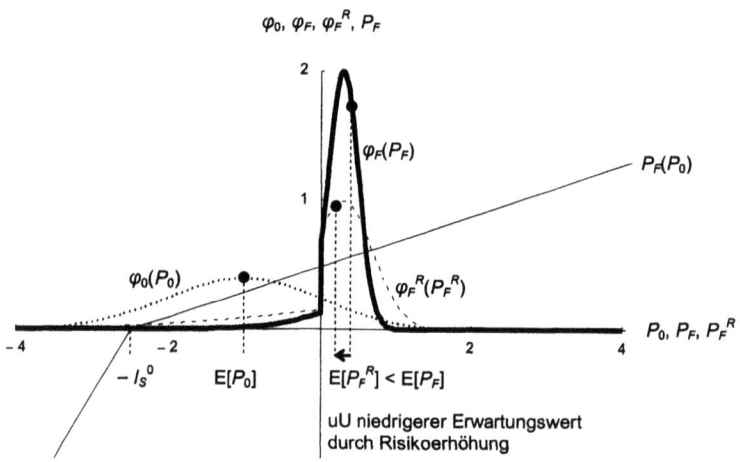

Da rechts vom Ursprung (ie $P_F > 0$), die Dichte unabhängig von der Größe von I_S^0 (relativ zum Ast links vom Ursprung) durch α Richtung Ursprung konzentriert wird, während dies für den Ast links vom Ursprung nicht gilt, und da kumulativ für P_0 Normalverteilung[184] angenommen wurde, folgt zwingend,

---

[184] Dies scheint auch für andere Verteilungen zu gelten, solange nach der Transformation sowohl links als auch rechts vom Ursprung eine von Null verschiedene Dichte auftritt (das ist jedenfalls dann der Fall, wenn die Verteilung von P_0 den gesamten Support deckt).

dass $\varphi_F(P_F)$ links weiter auslaufend ist, weshalb eine höhere Varianz den Erwartungswert fallen lässt. Würde also ein mittels Stock-Option-Förderung unterstützter Fördernehmer das Risiko (die Innovativität) des zu Grunde liegenden realen F&E-Projektes im Zuge der Projektdurchführung erhöhen, so sänke sein zu erwartender Gewinn in monotoner Weise (vgl die numerische[185] Verifizierung in Abbildung 8); und vice versa. Er hat daher einen Anreiz, das Risiko (die Innovativität) im Zuge der Projektabwicklung zu reduzieren.

Abbildung 8 Stock-Option-Förderung: Erwartungswert des Gewinnes mit Förderung, $E[P_F]$, in Abhängigkeit von der Standardabweichung des zu Grunde liegenden Projektes, σ, mit Spezifikation wie Abbildung 7

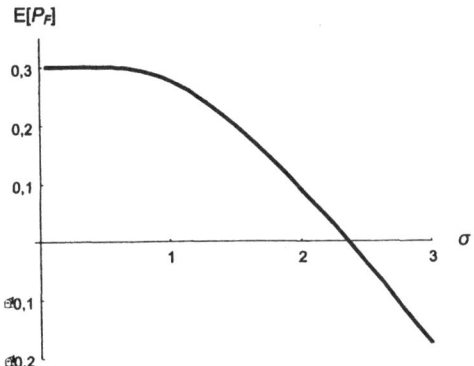

Haftungsgarantie. Betrachtet man den Projekt-Gewinn bei einer entgeltlichen Haftungsgarantie (vgl oben Abschnitt 5.3 d)), ie, ex post formuliert,

$$P_F = \begin{cases} P_0 - G & \text{wenn } P_0 > 0 \\ -G & \text{wenn } P_0 \leq 0 \end{cases}$$

mit der konstanten Gebühr

$G > 0,$

---

[185] Da das Integral des Erwartungswertes nicht in geschlossener Form angeschrieben werden kann, wird die Erwartungswert-Funktion numerisch evaluiert (zB mittels Taylor-Expansion oder der so genannten (Gaußschen) Errorfunktion). Dies übernimmt ein Standard-Software-Paket (Mathematica®).

so sieht man unmittelbar, dass die Funktion nicht bijektiv ist, da $P_F = -G$ nicht in eindeutiger Weise ein P_0 zugeordnet werden kann und $P_F < -G$ ausgeschlossen ist. Letzteres bedeutet aber nichts anderes, als dass die Dichtefunktion für $P_F < -G$ gleich null ist. Ersteres bedeutet, dass sich im Punkt $\varphi_F(-G)$ die Wahrscheinlichkeit konzentriert, dass $P_0 \leq 0$ (Dirac-Funktion). Für $P_F > -G$ ist die Umkehrfunktion wohl definiert und wir erhalten die Dichtefunktion (vgl Abbildung 9),

$$\varphi_F(P_F) = \begin{cases} \varphi_0(P_0 - G) & \text{wenn } P_F > -G \\ \Pr[P_0 \leq 0] & \text{wenn } P_F = -G \\ 0 & \text{wenn } P_F < -G, \end{cases}$$

wobei $\Pr[\cdot]$ den Wahrscheinlichkeits-Operator bezeichne.

Abbildung 9 Entgeltliche Haftungsgarantie: Dichtefunktion des Gewinnes ohne Förderung ($P_0 \sim N[E[P_0], \sigma^2]$), φ_0, Dichtefunktion des Gewinnes mit Förderung (bei unveränderter zu Grunde liegender Varianz σ^2), φ_F, und Dichtefunktion des Gewinnes mit Förderung bei Erhöhung der zu Grunde liegenden Varianz auf $\sigma_R^2 > \sigma^2$ (riskantere Projektvariante), φ_F^R, mit dem sich verschiebenden Erwartungswert des Gewinnes, $E[P_F] \rightarrow E[P_F^R]$ (Ansteigen, da φ_F asymmetrisch rechts weiter auslaufend[186]), mit $G = 0{,}5$; $E[P_0] = -1$; $\sigma = 1$; $\sigma_R = 2$

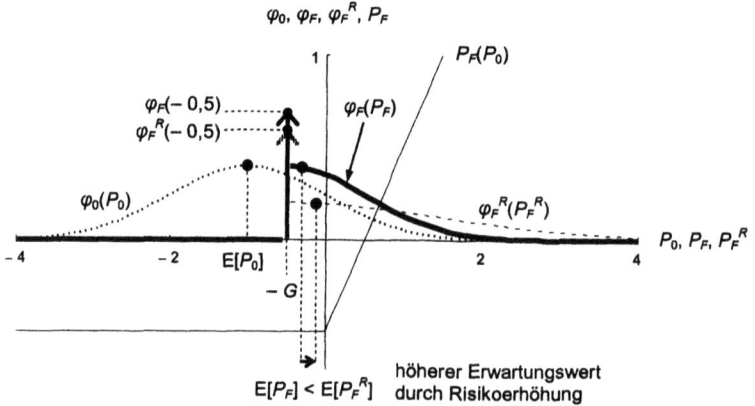

Hier zeigt sich, dass das „Abschneiden" des linken Astes der Dichtefunktion bei Varianz-Erhöhung zu einer Steigerung (Verschiebung nach rechts) des Erwartungswertes $E[P_F]$ führt (dies ist für $E[P_0] + G < -G$ offensichtlich, da dies-

---

[186] Im Punkt $\varphi_F(-G)$, also bei $E[P_F] = -G$ bzw $E[P_0] < 0$, liegt ein Massepunkt (Dirac-Funktion) mit der Wahrscheinlichkeitsmasse $\Pr[P_0 < 0]$; in der Grafik siehe Pfeil.

falls gleichzeitig die Massekonzentration in $-G$ mit der Varianz abnimmt; aber auch bei $E[P_0] + G > -G$ steigt $E[P_F]$ mit σ^2 und mit σ monoton an[187]). Vgl auch Abbildung 10.

Wenn also ein mittels (entgeltlicher oder unentgeltlicher) Haftungsgarantie unterstützter Fördernehmer das Risiko (die Innovativität) des zu Grunde liegenden realen F&E-Projektes im Zuge der Projektdurchführung erhöht, so steigert er damit seinen zu erwartenden Gewinn in monotoner Weise. Anders gewendet, ein solcher Fördernehmer hat einen rationalen Anreiz zur Risikosteigerung.

Abbildung 10 Entgeltliche Haftungsgarantie: Erwartungswert des Gewinnes mit Förderung, $E[P_F]$, in Abhängigkeit von der Standardabweichung des zu Grunde liegenden Projektes, σ, mit Spezifikation wie Abbildung 9

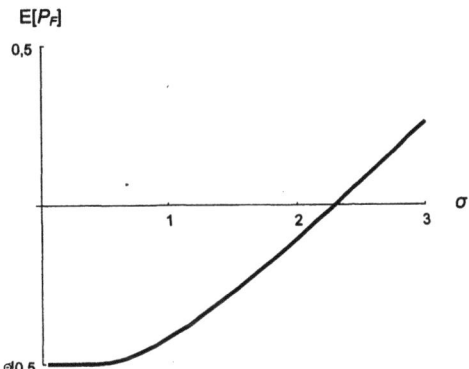

Bedingt rückzahlbares Darlehen. Betrachtet man den Gewinn des F&E-Projektes bei einem bedingt rückzahlbaren Darlehen (vgl oben Abschnitt 5.3 d)), ie, ex post formuliert,

---

[187] Kurz gefasst, man sieht dies, wenn man die Funktion $\varphi_F(P_F)$ in drei Abschnitte teilt, die symmetrisch um den Punkt $P_F = E[P_0] + G$ liegen. Das mittlere Intervall umfasst [$-G$; $2 E[P_0] + 3 G$] und liegt symmetrisch um die Spitze des rechten Astes der Dichtefunktion, weshalb dieser Bereich bei Erhöhung von σ *keinen* Beitrag zu einer Änderung von $E[P_F]$ leistet. Rechts und links dieses mittleren Intervalls bewirkt eine Erhöhung von σ zusätzliche Wahrscheinlichkeiten. Diese sind zwar auf beiden Seiten in Summe gleich groß, jedoch gilt im linken Intervall, ie [$-\infty$; $-G$], dass zur Gänze dem Massepunkt bei $P_F = -G$ zugeschlagen wird, während sie sich im rechten Intervall, ie [$2 E[P_0] + 3 G$; ∞] weiter nach außen verteilt. Daraus folgt notwendig, dass eine Erhöhung von σ die Asymmetrie von $\varphi_F(P_F)$ so verstärkt, dass $E[P_F]$ steigt.

$$P_F = \begin{cases} P_0 & \text{wenn } P_0 \geq 0 \\ 0 & \text{wenn } -D < P_0 < 0 \\ P_0 + D & \text{wenn } P_0 \leq -D, \end{cases}$$

mit der konstanten Darlehenssumme

$D > 0$,

so ergibt sich die Dichtefunktion in ähnlicher Weise, ie

$$\varphi_F(P_F) = \begin{cases} \varphi_0(P_0 - D) & \text{wenn } P_F < 0 \\ \Pr[-D \leq P_0 \leq 0] & \text{wenn } P_F = 0 \\ \varphi_0(P_0) & \text{wenn } P_F > 0. \end{cases}$$

Abbildung 11 Bedingt rückzahlbares Darlehen: Dichtefunktion des Gewinnes ohne Förderung ($P_0 \sim N[E[P_0],\sigma^2]$), φ_0, Dichtefunktion des Gewinnes mit Förderung (bei unveränderter zu Grunde liegender Varianz σ^2), φ_F, und Dichtefunktion des Gewinnes mit Förderung bei Erhöhung der zu Grunde liegenden Varianz auf $\sigma_R^2 > \sigma^2$ (riskantere Projektvariante), φ_F^R, mit dem sich verschiebenden Erwartungswert des Gewinnes, $E[P_F] \to E[P_F^R]$ (Absinken, da φ_F asymmetrisch links weiter auslaufend[188]), mit $D = 2$; $E[P_0] = -1{,}5$; $\sigma = 1$; $\sigma_R = 1{,}5$

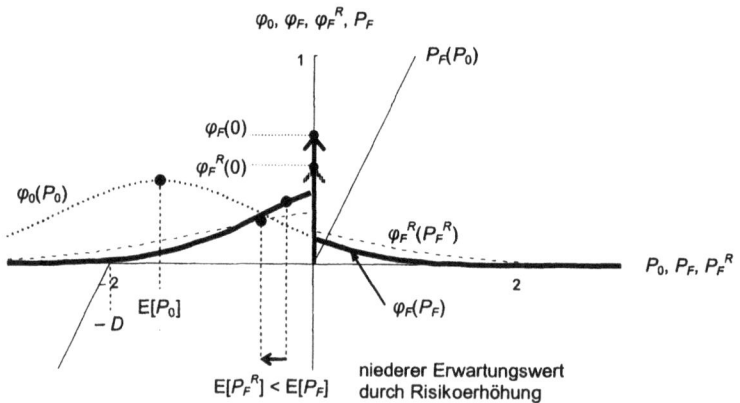

Hier sieht man, dass bei $E[P_0] < -D/2$ der linke Ast von $\varphi_F(P_F)$ höher liegt als der rechte (vgl Abbildung 11). Daraus folgt, dass hier eine Erhöhung von σ den

---

[188] Im Punkt $\varphi_F(0)$, also bei $E[P_F] = 0$ bzw $-D < E[P_0] < 0$, liegt ein Massepunkt (Dirac-Funktion) mit der Wahrscheinlichkeitsmasse $\Pr[-D < P_0 < 0]$; in der Grafik siehe Pfeil.

Erwartungswert $E[P_F]$ sinken lässt. Bei $E[P_0] < -D/2$ (Abbildung 12) gilt diese Überlegung vice versa.

Abbildung 12 Bedingt rückzahlbares Darlehen: wie Abbildung 11, jedoch mit $E[P_0] = -0{,}5$ (also $E[P_0] > -D/2$), hier bewirkt eine Risikoerhöhung ein Ansteigen des Erwartungswertes (da φ_F asymmetrisch rechts weiter auslaufend[188])

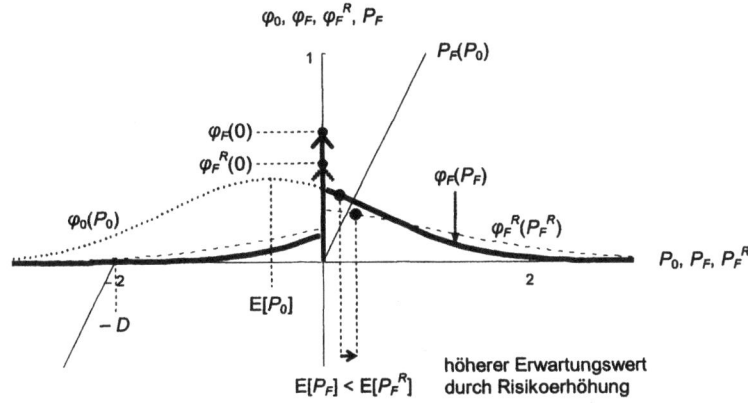

Abbildung 13 Bedingt rückzahlbares Darlehen: Erwartungswert des Gewinnes mit Förderung, $E[P_F]$, in Abhängigkeit von der Standardabweichung des zu Grunde liegenden Projektes, σ, mit Spezifikation wie Abbildung 11 ($E[P_0] < -D/2$) bzw Abbildung 12 ($E[P_0] > -D/2$)

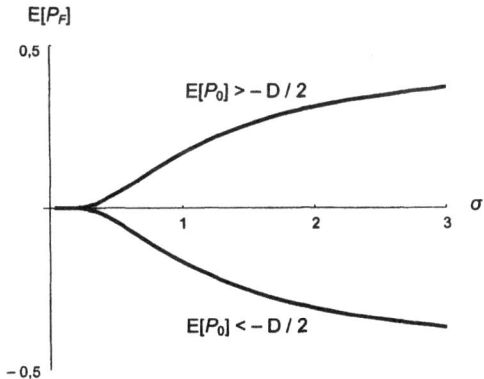

Das bedeutet, dass ein mittels bedingt rückzahlbarem Darlehen unterstützter Fördernehmer, dann einen Anreiz hat, das Risiko (die Innovativität) des zu Grunde liegenden realen F&E-Projektes im Zuge der Projektdurchführung zu erhöhen, wenn der erwartete Verlust des nicht-geförderten Projektes größer ist als die halbe Darlehenssumme. Andernfalls hat der Fördernehmer einen Anreiz, das Risiko (die Innovativität) des F&E-Projekts zu reduzieren (vgl Abbildung 13).

Verlorener Zuschuss. Betrachtet man zum Vergleich den Gewinn eines F&E-Projektes, das einen verlorenen Zuschuss erhalten hat (vgl oben Abschnitt 5.3 d)), ie, ex post formuliert,

$$P_F = I_S^0 + P_0$$

mit dem konstanten Transfer

$$I_S^0 > 0,$$

dann sieht man, dass dieses Förderinstrument die Gewinnfunktion (bloß) linear transformiert. Daraus folgt unmittelbar, dass die Dichtefunktion des Gewinnes bei Förderung, $\varphi_F(P_F)$, normalverteilt ist (und daher symmetrisch; dazu bereits oben, vgl auch Abbildung 14). Aus der Symmetrie der Dichtefunktion $\varphi_F(P_F)$ folgt, dass der Erwartungswert des Gewinnes bei Förderung unabhängig von der Varianz des zu Grunde liegenden F&E-Projektes ist (vgl Abbildung 15).

Abbildung 14 „Verlorener" Zuschuss: Dichtefunktion des Gewinnes ohne Förderung ($P_0 \sim N[E[P_0],\sigma^2]$), φ_0, Dichtefunktion des Gewinnes mit Förderung (bei unveränderter zu Grunde liegender Varianz σ^2), φ_F, und Dichtefunktion des Gewinnes mit Förderung bei Erhöhung der zu Grunde liegenden Varianz auf $\sigma_R^2 > \sigma^2$ (riskantere Projektvariante), φ_F^R, mit dem unveränderten Erwartungswert des Gewinnes, $E[P_F] = E[P_F^R]$ (da φ_F symmetrisch), mit $I_S^0 = 2$; $E[P_0] = -1$; $\sigma = 1$; $\sigma_R = 2$

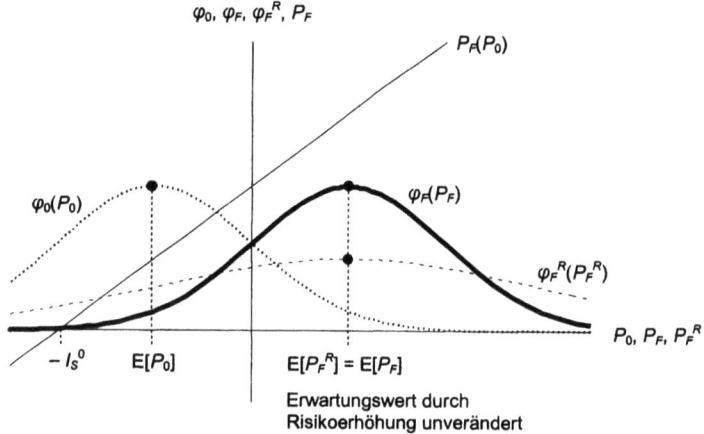

Das bedeutet, dass die Förderung eines F&E-Projektes mittels verlorenen Zuschusses in Hinblick auf eine Änderung des Risikos (der Innovativität) des

Projektes während der Durchführung anreizneutral ist. Es besteht für den Fördernehmer also insbesondere kein Anreiz, das Risiko (die Innovativität) des Projektes (weiter) zu erhöhen.

Abbildung 15 "Verlorener" Zuschuss: Erwartungswert des Gewinnes mit Förderung, $E[P_F]$, in Abhängigkeit von der Standardabweichung des zu Grunde liegenden Projektes, σ, mit Spezifikation wie Abbildung 14

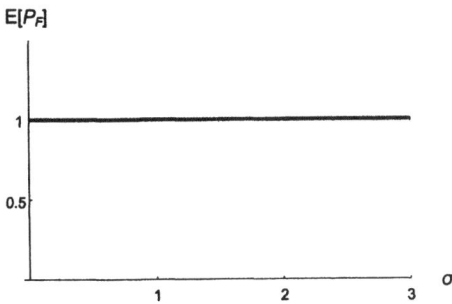

Diese Anreizwirkungen von F&E-Förderinstrumenten sind insoferne von Relevanz, als sie erstens die Höhe des privaten Outputs der F&E-Aktivität (P_F) und damit im Allgemeinen aber auch die Höhe der Transferkomponente der Förderung mit bestimmen (dies beeinflusst den Hebeleffekt). Zweitens (und das war hier unsere Hauptmotivation) fördern positive Risikoanreize die Durchführung besonders innovativer und damit besonders wohlfahrtszuträglicher F&E-Aktivitäten (dazu bereits oben Abschnitt 4.4 b)).[189]

Anreize gegen Moral-Hazard. Zunächst sei daran erinnert, dass eine vom Fördernehmer herbeigeführte Erhöhung des Projektrisikos während der Projektdurchführung nicht als Moral-Hazard, sondern als wolfahrtssteigerndes (positives) Risk-Shifting zu werten ist, während eine Herabsetzung des Anstrengungsniveaus als wolfahrtsminderender Moral-Hazard-Effekt zu qualifizieren ist (vgl oben Abschnitt 4.4 b), S 75). Förderpolitisch ist daher zu folgern, dass Moral-Hazard nicht schlechthin mit der Verhinderung von Abweichungen vom ursprünglich zur Förderung eingereichten Projektkonzept (also zB rigoroser vertraglicher Einengung und Überwachung) zu bekämpfen ist. Vielmehr ist Innovationsflexibilität zuzulassen und zu fördern (wie soeben dargestellt), während Moral-Hazard spezifisch zu bekämpfen ist.

---

[189] Zum Konzept Wohlfahrtseffekt zur zusammenfassenden Quantifizierung des Outputeffektes von Förderinstrumenten vgl unten Abschnitt h).

Dazu kommt in Betracht, die Interessendivergenz und die Informationsdivergenz zwischen Fördernehmer und Förderwerber zu verringern (vgl oben Abschnitt 4.4 b)).

(i) *Interessenkonvergenz*. Eine Verringerung der Interessendivergenz ist im Rahmen des Designs von Förderinstrumenten durch Wohlfahrtsbeteiligungen (genauer: internalisierende Transfers von Externalitäten) möglich (vgl zB die Incentive-Subsidy oben Abschnitt d)).[190]

(ii) *Informationskonvergenz*. Eine Verringerung der Informationsdivergenz ist etwa eine endgültige Festlegung der Fördersumme (bzw eines Teiles derselben) erst nach einer Ex-post-Bewertung (drohende Aufdeckung von Moral-Hazard ex post aufgrund besserer Information des Fördergebers), Anreize zu Informationsweitergabe und (kostenintensive) Recherchen des Fördergebers (vgl oben Abschnitt a)).[191]

g) Effizienter Mix an Förderinstrumenten im NIS

Pluralität der Versagensmomente, pluraler Förderinstrumente-Mix (fehlende soziale Rangordnung). Die vorstehenden Analysen haben gezeigt, dass einerseits sowohl (a) die Ursachen für Marktversagen (vgl oben Abschnitt 3) als auch (b) die Umstände, unter denen Systemversagen auftritt (Abschnitt 4), eine Pluralität aufweisen. Des Weiteren wurde im gegenständlichen Abschnitt 5 dargelegt, welche Versagensmomente mit welchen Förderinstrumenten bzw welchen einzelnen (unabhängigen) Elementen solcher Förderinstrumente beseitigt bzw eingegrenzt werden können. Dabei hat sich gezeigt, dass kein Instrument alle Probleme zu beseitigen vermag (wenn auch einzelne Instrumente eine besonders große Anzahl an Vorteilen zu leisten vermögen) und für unterschiedliche Probleme unterschiedliche Instrumente (Elemente) das relativ beste Gegenmittel sind. Das bedeutet, dass eine Vollständigkeit der sozialen Rangordnung von Förderinstrumenten nur hinsichtlich einzelner Versagensmomente bzw von Fall zu Fall existiert. Daraus ist aber zu schließen, dass ein nationales Innovationssystem, will es seine Wohlfahrt maximieren, im Allgemeinen einen Mix an Förderinstrumenten zur Anwendung zu bringen hat, dessen Struktur durch die Struktur der (durch den Fördereingriff zu beseitigenden) Markt- und System-Probleme bestimmt ist.

---

[190] Vgl auch die Maßnahmen im Design des Vergabeverfahrens unten Abschnitt h).
[191] Vgl auch hier die Maßnahmen im Design des Vergabeverfahrens unten Abschnitt h).

Eine diesbezügliche empirische Analyse des österreichischen Innovationssystems oder eine umfassende Quer-Kategorisierung aller Versagensmomente, Umstände und deren gradueller Ausprägung wäre eine eigenständige Untersuchungsfrage und überschreitet die Grenzen der vorliegenden Arbeit. Es wird jedoch versucht, in Tabelle 2 ein erstes qualitatives Überblicksraster zu skizzieren.

Tabelle 2 Effektivitätspotenzial von Förderinstrumenten zur Beseitigung von Markt- und Systemversagen

	Marktversagen			Systemversagen		
	Externalitäten	Risikoaversion	Kapitalmarkt	Mitnahme	Moral-Hazard	Förderrisiko
Idealisierte Gegenkonzepte						
Transfer	+++	+	+			
Versicherung		+++				
Anreiz Selbstselektion				+++		
Anreiz zur Wohlfahrtsmaximierung				+	+++	
Informationskonvergenz				+++	+++	+
Konkrete Förderinstrumente[192]						
Stock-Option-Förderung	+++	+	+++	++	+	−
Haftungsgarantie	+	+++	+++	++	+	
Bedingt rückzahlbares Darlehen	+	+++	+++	+	+	
Verlorener Zuschuss	++	+	+	Basis	Basis	Basis
Zusätzliche Eigenschaften						
Ex-post-Festlegung der Förderhöhe				+	+	−
Ex-ante-Festlegung der Förderhöhe					−	+
Wohlfahrtsbeteiligung				+	+++	−

Selbstselektives Screening. Aus diesen unterschiedlich ausgeprägten Eigenschaften von Förderinstrumenten ergibt sich in folgender Weise die Möglichkeit, ein unter Informationsasymmetrie und staatlicher Budgetbeschränkung nützliches selbstselektives Screening[193] zu entwerfen.

---

[192] Hier erfolgt die Wertung bei den Kategorien des Systemversagens relativ zum einfachsten Förderinstrument, dem verlorenen Zuschuss.
[193] Vgl Laffont und Tirole (1993) und Aghion und Howitt (1998), 488f.

Als Basis eines solchen Mechanismus bietet der Fördergeber dem Förderwerber die freie Auswahl aus einer Liste von Förderinstrumenten[194] an. Beispielsweise könnte der Fördergeber dem Förderwerber alternativ ein Instrument gegen Risikoaversion (zB Haftungsgarantie) und eines gegen einen unzureichenden Internalisierungsgrad (zB Stock-Option-Förderung) anbieten. Sind diese Instrumente so gewählt, dass jedes Instrument auf zumindest einer Dimension einen relativen Vorteil gegenüber allen anderen dem Förderwerber angebotenen Instrumenten aufweist (keine für *alle* Förderwerber gültige vollständige Rangordnung), so können aus der Wahl des Fördernehmers Rückschlüsse auf Eigenschaften des Fördernehmers bzw seines Projektes gezogen werden. Gelingt dies, könnte die dabei indirekt gewonnene Information dazu verwendet werden, Fördertöpfe über die dadurch entstehenden Gruppen nicht gleichverteilt („Gießkannen-Prinzip"), sondern diskriminierend (nach der Förderwürdigkeit des F&E-Projektes) zu allozieren. Auf diese Weise könnten (insbesondere knappe) Fördermittel treffsicherer (ie wohlfahrtssteigernd) eingesetzt werden.

Beispiel. Versucht man dies beispielsweise mit einer Haftungsgarantie und einer Stock-Option-Förderung, so kontrastieren deren Eigenschaften wie folgt (mögliche Mitnahmen seien dabei vereinfachend außer Betracht gelassen, da beide Instrumente gut selbstselektiv wirken).

(i) *Haftungsgarantie:* sie bietet vor allem dem (gegenüber Verlusten) risikoaversen Fördernehmer bei Marktversagen wegen Risikoaversion eine wertvolle Struktur (gänzliche Übernahme möglicher hoher Verluste); dieser Versicherungseffekt ist für einen risikoneutralen Fördernehmer (ungeachtet des Transfereffektes) wertlos. Andererseits gehen positive Gewinne zur Gänze an den Fördernehmer (keine Gewinnteilung; hier ist der Fördernehmer möglicherweise nicht risikoavers).

(ii) *Stock-Option-Förderung:* sie bietet dem Fördernehmer im Kern einen Transfer, jedoch zum Preis einer Gewinnteilung bei hohen positiven Gewinnen (die der bloß Verlust-risikoaverse Förderwerber nicht auf sich nehmen wird, wenn er die Haftungsgarantie zur Alternative weiß).

In einer Welt von zwei Förderinstrumenten ergibt sich so (vereinfachend) folgende Typisierung. Haftungsgarantien werden bevorzugt von Förderwerbern in Anspruch genommen, die risikoavers sind und riskante Projekte haben. Stock-Option-Förderungen werden demgegenüber bevorzugt von Förderwerbern in

---

[194] Es sei angenommen, dass diese (zur einfacheren Vergleichbarkeit) den gleichen vom Fördergeber berechneten Förderbarwert aufweisen (berechnet nach *Durchschnitts*werten der relevanten Fördernehmergruppe, also ohne Kenntnis vom konkreten Fördernehmer).

Anspruch genommen, die Projekte mit hohen Externalitäten haben.[195] Lässt also der Fördergeber dem Förderwerber die Wahl des Instrumentes, kann er solcherart Rückschlüsse über Förderwerber und Projekt ziehen. Dabei ist zu beachten, dass grundsätzlich beide Gruppen (Marktversagensarten) förderwürdig sind (vgl bereits oben zum Fehlen einer vollständigen sozialen Rangordnung von Förderinstrumenten). Der Fördergeber hat dadurch aber die Möglichkeit, das aggregierte Verhältnis der Fördermittel zur Bekämpfung der beiden Marktversagensmomente zu beeinflussen und zu optimieren.

h) Förderfokus: mitnahmenresistente Selektionskriterien und Wohlfahrtseffekt

Mitnahmenresistenz. Die Überlegungen zum Design von Förderinstrumenten abschließend, sei darauf hingewiesen, dass neben den Anreizeffekten auch die anreiz*un*problematische Auswahl von Förderwerber-Segmenten nach Kriterien wie Sektorzugehörigkeit von Unternehmen bzw Forschungsthema, Unternehmensgröße, Innovationsstufe und anderen mehr wohlfahrtswirksam sein können (dazu sogleich). Solche Förderwerber- bzw Projekt-Merkmale sind aufgrund ihrer einfachen Beobachtbarkeit nicht von Informationsasymmetrie und Mitnahmen betroffen (zB das Vortäuschen einer erheblich anderen Unternehmensgröße erscheint wenig aussichtsreich, was die Nicht-Aufdeckung betrifft[196]).

Wohlfahrtswirkung. Die Bedeutung dieser Kriterien für den erwarteten Wertschöpfungseffekt je Förder-Euro kann auf einige analytische Argumente gestützt werden, ist jedoch aufgrund zahlreicher einander überlagernder Effekte vorzugsweise empirisch zu verifizieren. Dass mit folgenden theoretisch begründeten Effekten ein positiver *Gesamt*effekt einhergeht, kann daher allenfalls als Hypothese gelten (vgl dazu auch die empirischen Untersuchungen unten in Kapitel II Abschnitt 2.4 d)).

(i) *Unternehmensgröße.* Kleinere Unternehmen sehen sich in einem höheren Grad Marktversagen ausgesetzt, weil sie (a) aufgrund ihrer vergleichsweise geringen vertikalen und horizontalen Integration nur einen geringen Grad der Wertschöpfungs-Internalisierung erzielen, (b) wegen ihrer kleinen Größe einen eingeschränkten Kapitalmarkt-

---

[195] Mitnahmen bleiben ja dank der Selbstselektivität weitgehend ausgeschlossen.

[196] Im Vergleich dazu ist es aber zB sehr schwierig und kostenintensiv, den direkten und indirekten privaten Wertschöpfungsbeitrag eines einzelnen Projektes oder Projekt-Konzeptes über die nächsten Jahre als unternehmens-externe Förderstelle unabhängig abzuschätzen.

Zugang haben (auf Kapitalgeberseite Degression von finanzierungsobjekt-fixen Kosten mit dem Finanzierungsvolumen) und (c) aufgrund von überdurchschnittlich vielen Manager- oder Familien-Eigentümern ein geringer Diversifizierungsgrad, der Risikoaversion ermöglicht. Umgekehrt ist denkbar, dass Großprojekte (bei großen Unternehmen) einen besonderen Sog von verwandten Projekten nach sich ziehen (Netzwerk- und Feedbackeffekte im Sinne von (ii)).

(ii) *Sektorzugehörigkeit.* Zum einen kann über dieses Selektionskriterium ein Sektorwandel unterstützt werden (vgl zu dessen Wohlfahrtsmechanismus oben Abschnitt 4.6). Zum anderen ist anzunehmen, dass der Grad an Externalitäten erheblich mit dem Innovationsthema und der Wettbewerbsintensität variiert.

(iii) *Innovationsstufe.* Hier ist erstens anzunehmen, dass Grundlagenforschung einen besonders geringen Internalisierungsgrad erzielt. Zweitens ist darauf hinzuweisen, dass die gesamtwirtschaftlichen Größen der Innovationsstufen (Aktivitätenaggregate) nicht in freiem Verhältnis zu einander stehen, sondern – teilweise – vorausgehende Stufen nachfolgende erst ermöglichen.[197]

(iv) *Kooperativität.* Die gemeinsame Durchführung von F&E-Projekten (mehrere Unternehmen oder Unternehmen mit Wissenschaft) kann den Informationsfluss im Forschungssektor steigern und dadurch indirekt die Wettbewerbsintensität insgesamt erhöhen (zu deren positivem Wohlfahrtseffekt vgl oben Abschnitt 3.4).

Definition Wohlfahrtseffekt. Zur Quantifizierung der Wohlfahrtswirkung von privaten F&E-Ausgaben sei der Wohlfahrtseffekt definiert. Der Mechanismus des Wohlfahrtseffektes ist jenem des Hebeleffektes[198] logisch nachgeordnet. Der Effekt von F&E-Förderungen auf die Wohlfahrt wird dabei multiplikativ wie folgt zerlegt. Staatliche F&E-Förderungen (Nettobarwerte), I_S, induzieren zunächst über den Hebeleffekt *zusätzliche* privat finanzierte F&E-Ausgaben und damit gesamte[199] F&E-Ausgaben (im Sinne der F&E-Quote), I, wobei

---

[197] Der (kostenintensive und zeitverzögerte) Import von technologischem Wissen aus dem Ausland kann darüber nur bedingt hinweghelfen. Zum nicht-linearen Ablauf von Innovationsprozessen vgl Edquist (1997), S 199ff, 209ff.

[198] Vgl oben Abschnitt e).

[199] Dh alle *aufgrund* der staatlichen Fördermaßnahme für das geförderte F&E-Projekt getätigten (also privat und öffentlich finanzierten) F&E-Ausgaben (Brutto-Hebeleffekt). Im

$I = I_S + I_P$. Erst diese F&E-Ausgaben als Inputgröße der F&E-Aktivität generieren eine zusätzliche gesamtwirtschaftliche Wertschöpfung als Outputgröße der F&E-Aktivität (W; direkter und indirekter[200] „Wohlfahrtszuwachs").[201] Der Wohlfahrtseffekt, w, sei definiert als die partielle erste Ableitung der gesamtwirtschaftlichen Wertschöpfung nach den F&E-Ausgaben, ie

$$w = \frac{\partial W}{\partial (I_S + I_P)}.$$

Dabei ist es nahe liegend, dass manche F&E-Ausgaben sozial wesentlich wertvoller sind (großer Wohlfahrtszuwachs) als andere (kleiner bzw uU negativer Wohlfahrtszuwachs). Dies kann jedoch regelmäßig erst ex post (nach Projektdurchführung) und langfristig (späte indirekte Folgen) beurteilt werden.

Hebeleffekt, Wohlfahrtseffekt, Förderausgaben-Multiplikator. Das Konzept Hebelwirkung sagt über den soeben dargestellten outputseitigen Zusammenhang nichts aus (und unterstellt damit bei alleiniger Betrachtung *konstante* Wohlfahrtseffekte), wobei empirische Studien zumindest zeigen, dass die durch F&E-Ausgaben induzierten sozialen Gewinne die privaten – durchschnittlich – weit übertreffen (durchschnittlich positive Externalitäten).[202] Die Hebelwirkung erfasst also (nur) die Wirkung zwischen den Ebenen erhaltene F&E-Förderbarwerte und den privaten F&E-Ausgaben. Mit anderen Worten sie misst die *inputseitige* Effektivität und Effizienz des Förderinstrumentes. Demgegenüber misst der Wohlfahrtseffekt allein die outputseitige Wirkung von F&E-Aktivitäten, also den Zusammenhang zwischen privaten F&E-Ausgaben und der Wohlfahrt. Der Gesamteffekt von Förderausgaben (genauer: Förderbarwerten)

Sonderfall, dass das Projekt ohne F&E-Förderung gar nicht realisiert worden wäre, sind dies alle F&E-Ausgaben im Zusammenhang mit dem geförderten Projekt.

[200] Damit sind alle Wohlfahrtseffekte gemeint (interne und externe Wertschöpfung), insbesondere auch jene, die *indirekt* über die interindustriellen Verflechtungen bzw die Einkommensabhängigkeit der Konsumgüternachfrage generiert werden. Im unten folgenden empirischen Teil wird der Wohlfahrtseffekt nochmals multiplikativ zerlegt und zwar in die Generierung von Wertschöpfung bei Fördernehmern (also einschließlich der Teilmenge der indirekten Effekte innerhalb des Fördernehmer-Sektors) und die indirekten Effekte außerhalb des Fördernehmer-Sektors.

[201] Alle Größen seien wiederum als stichtagsbezogene Barwert-Äquivalente definiert (ie als unbedingte, diskontierte Werte).

[202] Siehe zB zB die ökonometrische Studie in Kommission der Europäischen Gemeinschaften (2003a), S 6, Guellec und Pottelsberghe de la Potterie (2001), Coe und Helpman (1995), Bönte (2003), Fölster (1991), S 27 mwN.

auf die Wohlfahrt ergibt sich dann aus dem Produkt von Hebeleffekt und Wohlfahrtseffekt. Dieser Gesamteffekt kann als Förderausgaben-Multiplikator bezeichnet werden.

Zusammenfassung. Eine Erhöhung des Hebeleffektes bedeutet eine Steigerung der F&E-Ausgaben durch unternehmerische Finanzierungsmittel (und damit der F&E-Quote); ceteris paribus bringt sie aber auch eine Steigerung der sozialen Wohlfahrt.[203] Um allerdings den größtmöglichen Wohlfahrtszuwachs zu garantieren, ist der Hebeleffekt an den *wohlfahrtszuträglichsten* F&E-Projekten zu maximieren.

5.4 Anreizeffiziente Fördervergabeverfahren

Die Gestaltung des F&E-Fördervergabeverfahrens determiniert die Effektivität und Effizienz von F&E-Förderungen in ganz erheblicher Weise. Zum einen beeinflusst das Verfahrensdesign die Höhe des Förderrisikos und zum anderen den Spielraum für Mitnahmen und Moral-Hazard. Wie zu zeigen sein wird, kann beides informationstheoretisch begründet werden. Dabei geht es unter a) darum, dass der Fördergeber dem potenziellen Fördernehmer Information zur Verfügung stellt, während es unter b) um Anreize zur Steigerung des Informationsflusses in umgekehrter Richtung, also vom (potenziellen) Fördernehmer zum Fördergeber, geht.

a) Transparenz gegen Förderrisiko

Das Förderrisiko ergibt sich aus den Elementen Förderungsrisiko, Struktur des Förderinstrumentes, Methode der Projekt-Beurteilung (und die sich daraus ergebende Fehleranfälligkeit der Parameter-Schätzungen), Auszahlungsrisiken *und* dem Verzerrungsgrad der Erwartungshaltung des Förderwerbers gegenüber allen diesen Punkten (vgl oben Abschnitt 4.2). Wie den erstgenannten Punkten über institutionell organisatorisch bzw im Design des Förderinstrumentes begegnet werden kann, wurde bereits dargelegt (vgl Abschnitt 5.2 b) bzw 5.3 b)). Hier ist der Aspekt anzusprechen, dass es bei dem Systemversagensmoment Förderrisiko bei Risikoaversion auf die Erwartungshaltung (Informationslage) des Förderwerbers gegenüber der Einschätzbarkeit (Varianz) des

---

[203] Dies gründet sich auf die Annahme eines durchschnittlich positiven Wohlfahrtseffekts von Forschung und Innovation. Zum Zusammenhang F&E-Ausgaben und Wirtschaftswachstum vgl die ökonometrische Studie in Kommission der Europäischen Gemeinschaften (2003a), S 6 sowie Guellec und Pottelsberghe de la Potterie (2001).

erwarteten zur Leistung gelangenden Förderbarwertes ankommt. Diese kann förderpolitisch durch eine Erhöhung der Transparenz über das Vergabeverfahren durch die Förderstelle verbessert werden (Informationstransfer).

Transparenzobjekte. Grundsätzlich umfasst diese Transparenz all jene organisatorischen (insbesondere das Vergabeverfahren betreffenden) Elemente, die über die Höhe des letztlich geleisteten Förderbarwertes entscheiden. Diese umfassen insbesondere

(i) die Vergabekriterien (in Annäherung an Merkmale, die Marktversagen konstituieren),

(ii) das Verfahren zur Beurteilung der Vergabekriterien (zB herangezogene Informationen, externer Gutachter im Double-blind-Verfahren),

(iii) die Strukturierung möglicher Förderinstrumente (zB Bewertungszeitpunkte, Parameter, Bedingungen und Abhängigkeiten sowie Rückzahlungsklauseln),

(iv) das Verfahren zur Ex-ante- bzw Ex-post-Bemessung der Förderhöhe (zB herangezogene Informationen, Schätzmethode, Qualifikation des Gutachters) und

(v) die der Förderstelle zur Verfügung stehenden finanziellen Ressourcen und deren Absicherung in die Zukunft.

Die wohlfahrtsökonomische Vorteilhaftigkeit dieser Transparenz gegenüber dem Förderwerber setzt allerdings voraus, dass (a) das Verfahren systematische Verzerrungen vermeidet und (b) das Förderinstrument ausreichend differenzierende Ex-ante- und Ex-post-Anreize zur Selbstselektion bzw gegen Moral-Hazard setzt. Wäre dies nicht der Fall, bestünde die Gefahr, dass der Förderwerber die Unzulänglichkeiten durch gezieltes Vortäuschen falscher Information ausnützt (Mitnahmen und Moral-Hazard[204]) und der positive Wohlfahrtseffekt, der über Transparenz und die Minimierung des Förderrisikos (Risikoaversion) erreicht werden kann, uU gänzlich kompensiert wird.

---

[204] Bei Moral-Hazard handelt es sich um nachteilige Handlungen, die im Vertrauen darauf gesetzt werden, der Förderstelle nicht zur Kenntnis zu gelangen (die aktive Komponente des Fördernehmers liegt hier im Handeln, nicht im Vortäuschen).

b) Informationsanreize gegen Mitnahmen und Moral-Hazard

In diesem Abschnitt ist zu analysieren, auf welche Weise der Fördergeber im Fördervergabeverfahren Anreize setzen kann, die den (potenziellen) Fördernehmer dazu bewegen, beim Förderantrag sowie während und nach der Projektdurchführung ein möglichst großes Maß an Information an den Fördergeber weiterzuleiten. Denn gelingt dies, können Informationsasymmetrien verringert werden (Informationskonvergenz), wodurch Mitnahmen und Moral-Hazard der Raum genommen werden kann. Die Maßnahme der Ex-Post-Bewertung zur Bestimmung des Förderbarwertes wurde bereits im Abschnitt zum Design von Förderinstrumenten untersucht (siehe Abschnitt 5.3 b)).

Wettbewerbliche Vergabe. Die Ex-ante-Informationsasymmetrie (also bei der Fördervergabe-Entscheidung) kann erstens durch wettbewerbliche Ausschreibungsverfahren (im Gegensatz zu Antragsverfahren) verbessert werden.[205] Bei diesen gibt ein direkter Wettbewerb zu einer (ausreichend) großen Zahl anderer Antragsteller, zusätzliche Anreize, das eingereichte Projekt nicht nur als wohlfahrtssteigernd darzustellen (fixe Mindestkriterien), sondern auch *glaubhaft* als wohlfahrtsökonomisch vorteilhafter im Vergleich zu anderen (dem Förderwerber regelmäßig unbekannten) Projekten (relative Benchmark). Dabei kann der Förderwerber dies nur dann glaubhaft behaupten, wenn er dem Fördergeber ein hohes Maß an Information zur Verfügung stellt. Das verringert den Informationsnachteil der Förderstelle und damit verbundene Ineffizienzen bei der Vergabeentscheidung (Mitnahmeeffekt). Ein solches Verfahren ist wie folgt zu konzipieren.

(i) *Wettbewerbliches Ausschreibungsverfahren.* Ein wettbewerbliches Ausschreibungsverfahren hat eine fixe Zahl von Förderzuschlägen je Ausschreibungsrunde mit einer ausreichend großen Zahl von Einreichern je Runde[206] (Wettbewerbsintensität, Kollusionsvorbeugung)

---

[205] 2002 wurden in Österreich rund 63% aller Fördermaßnahmen im Antragsverfahren und rund 44% im Wege wettbewerblicher Ausschreibungen vergeben (Mehrfachnennungen zulässig), vgl BReg (2003a), S 157f.

[206] Zwar sind wenige große Runden vorteilhafter, doch kann natürlich bei einer Erhöhung des Gesamtförderumfanges die Anzahl der Ausschreibungsrunden gesteigert werden (um den Förderwerbern mehr Flexibilität zu bieten). Offensichtlich ist auch in diesem Zusammenhang die Zusammenlegung von Förderstellen zielführend.

vorzusehen. Dabei ist sicherzustellen, dass die Vergabe nach zuvor transparent gemachten objektiven Kriterien erfolgt.[207]

Supergame mit Bestrafung und Belohnung. Zweitens wird aus Sicht des (potenziellen) Fördernehmers häufig ein Supergame in dem Sinne vorliegen, dass er beabsichtigt, wiederholt Förderungen zu beantragen.[208] In einem solchen Rahmen ist es möglich, bei missbräuchlicher – dh gegen die Fördervereinbarung verstoßender – Beanspruchung von Förderungen bzw missbräuchlicher Verwendung der Fördermittel bestrafende Elemente vorzusehen. Das können insbesondere drohende

(ii) *pönale Zahlungspflichten* sein (solche liegen vor, wenn eine über die Rückzahlung des erhaltenen Förderbarwertes hinausgehende Summe an die Förderstelle zu leisten ist)[209] oder

(iii) *zeitlich begrenzte Fördersperrzeiten* (zB mit 1 bis 3 Jahren festgelegt) sein. Solche Fördersperrzeiten lassen sich auch mit dem bei neuerlichen Förderanträgen zerstörten Vertrauen in vom konkreten Antragsteller dargelegte bzw darzulegende Informationen begründen.[210]

Ohne pönales Element hätte der Förderwerber bei Antragstellung keinen Anreiz, die Regeln der Antragstellung einzuhalten, da er bloß „riskierte", maximal das zu verlieren, was er zunächst an Förderung gewinnen könnte (Mitnahmen sind individuell rational). Wenn keine Supergame-Situation vorliegt, kann diese zwar nicht nachgebildet werden, jedoch helfen in (zB zwei, jährlichen, etc) Ratenzahlungen erfolgende Förderungen mit jeweils einer Zwischenprüfung, die Gefahr der Folgen eines mangelnden Haftungsfonds seitens des Fördernehmers (zB Konkurs) einzugrenzen (andernfalls sind ja zumindest pönale Zahlungspflichten auch ohne Supergame effektiv durchsetzbar).

Umgekehrt wäre ein

(iv) *Förderbonus* denkbar, wenn sich ex post die im Antrag des Fördernehmers gemachten Informationen als umfassend *und* zutreffend

---

[207] Auch ein Double-blind-Verfahren stärkt in diesem Sinne das wettbewerbliche Element und verringert so ineffiziente Informationsasymmetrien.

[208] Vgl auch Rogerson (1985).

[209] Genauer gesagt, sind diese bei aufrechtem Haftungsfonds (Zahlungsfähigkeit) des Fördernehmers auch ohne Supergame effektiv. In einem Supergame-Rahmen kann die Leistung eines Pönales einfacher durchgesetzt werden (Aufrechnung, Fördersperre).

[210] Fördersperrzeiten wirken nur im Supergame, dort aber auch ohne Haftungsfonds.

erweisen[211]. Er verringert insofern das Rückzahlungsproblem. Dieses Element ist aber insoweit begrenzt, als Förderungen Kapitalmarktversuchen zu korrigieren versuchen (Finanzierungsengpass) und jedenfalls eine Vorab-Finanzierungsleistung bieten müssen um effektiv zu sein.

Eine Kombination von Sperrzeiten, pönalen Zahlungspflichten und Bonuszahlungen erscheint daher zweckmäßig. Ein solches kombiniertes Sperrzeiten- und Bonus-System widerspricht dabei keineswegs einer zweiseitig anonymen Bewertung eines Förderantrages (Double-blind-Verfahren), da es genügt, die Anonymität erst nach der Vergabeentscheidung zu lüften. Sollte jemand trotz Fördersperre ansuchen, so läuft die (vorläufige) „Vergabeentscheidung" ins Leere, da das Vorliegen einer Fördersperre noch vor Auszahlung einfach überprüft werden kann. Unter Umständen sind auch Förderverträge mit einer entsprechenden Nichtigkeits-Bedingung zu versehen.

Förderverträge sollten daher nicht bloße Rückzahlungen im Missbrauchsfall vorsehen, sondern auch eine Kombination von Sperrzeiten und pönalen Zahlungspflichten (über die Rückzahlung des ausbezahlten Förderbetrages hinaus) sowie Bonuszahlungen in Abhängigkeit von Qualität und Quantität der im Antrag zur Verfügung gestellten Informationen (Anreiz zu umfassender *und* zutreffender Information). Dies wirkt dem Informationsnachteil der Förderstelle und den damit verbundenen Ineffizienzen (Mitnahmeeffekt, aber auch Moral-Hazard) entgegen und kann im Übrigen budgetneutral gestaltet werden. Die Sanktionselemente bewirken gleichzeitig einen wohlfahrtsökonomisch erwünschten Selbstselektionseffekt. Strukturell liegt diesem Punkt die gleiche Ratio wie dem Argument für Ex-post-Bewertungen zu Grunde; es handelt sich hier um eine Erweiterung derselben.

5.5 Sonstige innovationspolitische Maßnahmen

In diesem Abschnitt ist kurz auf jene innovationspolitischen Parameter außerhalb der F&E-Förderpolitik einzugehen, die unmittelbar Marktversagen hinsichtlich der wohlfahrtsoptimalen Generierung von Innovationen zu redu-

---

[211] Wichtig ist, den Anreiz zu korrekter Information auch mit einem Anreiz zu umfassender (wenn auch unsicherer) Information zu verbinden (gleichrangige Gewichtung von Quantität und Qualität, zB jeweils mit drei Stufen {1, 2, 3} und Multiplikation zu einem Gesamtindex). Käme es nur auf die Richtigkeit an, hätten Antragsteller den unerwünschten Anreiz, sich auf triviale Informationen zu beschränken.

zieren vermögen.[212] Soweit Umsetzung solcher Maßnahmen gelingt, können F&E-Fördermaßnahmen gesenkt werden (und bei bindender Budgetbeschränkung des Fördergebers wohlfahrtssteigernd für andere F&E-Förderungen eingesetzt werden). Es ist daher zu analysieren, welche Marktversagensmomente, denen mittels F&E-Förderungen entgegengetreten wird, auf sonstige Weisen gemildert werden können. Dies ist insbesondere bei Marktversagen wegen Kapitalmarktineffizienz und unternehmerischer Risikoaversion in einem gewissen Ausmaß der Fall.[213]

(i) *Effizienz der Kapitalmärkte.* Kapitalmärkte sind erheblich regulierte Märkte, wobei Regulierungen unter anderem auch unerwünschte Versagenseffekte in Teilmärkten verursachen können. So sei darauf hingewiesen, dass im Bereich des Kreditgeschäftes von Universalbanken wie auch auf Marktplätzen für Eigenkapital zahlreiche Regulierungsvorschriften (deren positive Seiten hier nicht zu erörtern sind) ua auch erhebliche Kosten verursachen, die zB für kleine Unternehmen aus Überlegungen der Fixkostendegression einen Marktzugang verhindern können. Hier ist der Marktregulator gefordert, die Rahmenbedingungen für entsprechende Teilmärkte (zB Venture-Capital-Märkte) zu schaffen. Umgekehrt kann etwa eine zu niederschwellige Informationspflicht von (innovativen) Unternehmen auf regulierten Eigenkapitalmärkten (zB Börsen) dazu führen, dass es zu einem Art Lemons-Markt-Effekt[214] kommt, wenn die freiwillige Bereitstellung von Information kostenintensiv ist. Kurz, der Marktregulator kann Transaktionskosten und Informationsfluss zu einem gewissen Grad steuern sowie neue Teilmärkte (zB rechtliche Regelung neuer handelbarer Wertpapiere) einrichten. Eine Steigerung der Kapitalmarkteffizienz reduziert ceteris paribus auch Risikoaversion (zB über bessere Möglichkeiten zur Diversifikation der Investoren eines Unternehmens).[215]

(ii) *Reduktion von Risikoaversion.* Denkbar ist auch, die Risikoaversion selbst (also in den Köpfen der Menschen) zu senken, indem etwa unternehmerische Risikobereitschaft kulturell aufgewertet wird (zB mittels

---

[212] Man könnte auch sagen, auf diese Weise werden Marktversagensmomente (teilweise) als Systemversagen interpretiert.
[213] Es sei daran erinnert, dass Kapitalmarktversagen gleichzeitig ein Grund für das Vorliegen von Risikoaversion sein kann.
[214] Dabei ist im Extrem Marktzusammenbruch möglich, vgl Akerlof (1970).
[215] Zu praktischen Ansätzen vgl zB OECD (1997b), S 5.

Kommunikationspolitik, der Einrichtung reputabler Preise und Auszeichnungen für Innovativität und Unternehmertum uam).

Die Ineffizienz der Märkte für technologieintensive Produkte sowie der zur Generierung von Innovationen relevanten Inputfaktormärkte (zB jene für Kapitalgüter und F&E-Mitarbeiter) ist in der Regel kein Anwendungsfall für F&E-Förderungen. Sie kann jedoch die Wirksamkeit von F&E-Förderungen erheblich beeinflussen (vgl oben Abschnitt 3.4). Ebenso besteht ein Zusammenhang zwischen Systemversagensmomenten und nicht-innovationspolitischen Bereichen wie zB Bildungspolitik, Wettbewerbspolitik (vgl oben Abschnitt 4.6). Die optimale Gestaltung dieser beider Aspekte vermag den Bedarf nach F&E-Förderungen nicht zu reduzieren. Im Übrigen wurde deren beider Relevanz für die organisatorische Gestaltung eines F&E-Fördersystems oben in Abschnitt 5.2 angesprochen (institutioneller Rahmen für die Koordination von Innovationspolitik einschließlich der Förderpolitik mit anderen politischen Bereichen). Darüber hinaus kann diesen Politikbereichen zwar erhebliche eigenständige Bedeutung für die Innovationsleistungskraft einer Volkswirtschaft beigemessen werden, jedoch liegen diese außerhalb des gegenständlichen Themas F&E-Fördersystem.

6 Hypothesen für die Untersuchungen des empirischen Teiles

Wie zu Beginn dieser Arbeit methodisch dargelegt, sollen im unten folgenden empirischen Teil *theoretisch gestützte* Hypothesen getestet werden (vgl Kapitel I Abschnitt 4.3). Dazu können die im vorigen Abschnitt vorgenommen Untersuchungen dienen, die der Frage nachgingen, welche förderpolitischen Maßnahmen die input- und outputseitige Effektivität und Effizienz von F&E-Förderungen zu beeinflussen vermögen und welche Mechanismen dabei jeweils zugrunde liegen. Die Untersuchung sämtlicher dieser Effekte würde ein Datensample erforderlich machen, das weder qualitativ (Parameternatur und -anzahl, Schichtungskriterien, Zeitreihen) noch quantitativ (Stichprobenumfang) zur Verfügung steht (und dessen Auswertung den Umfang der vorliegenden Arbeit sprengen würde). Mit Wechselblick auf das zur Verfügung stehende Datensample sind daher einzelne, insbesondere komparative Hypothesen zu formulieren, die zu testen versucht werden soll. Die so ausgewählten Hypothesen beziehen sich allesamt auf die Subgruppe von förderpolitisch Maßnahmen, die die Gestaltung von F&E-Förderinstrumenten betreffen (oben Abschnitt 5.3). Dabei steht für inputseitige Fragestellungen (also Zusammenhänge zwischen Förderungen und unternehmerischen F&E-Ausgaben) ein umfangreicherer Datensatz zur Verfügung als für outputseitige Fragestellungen (also Zusammenhänge zwischen unternehmerischen F&E-Ausgaben und Größen wie Wohlfahrt, Umsatz, Wertschöpfung). Folgende Hypothesen sollen auf ihren empirischen Wahrheitsgehalt untersucht werden. Die ersten beiden Hypothesen sind dabei als theoriengeleitete Vermutungen zu qualifizieren; die weiteren Hypothesen wurden theoretisch fundiert.

(i) *Hebeleffekt größer eins (Crowding-In).* F&E-Förderungen induzieren zusätzliche private F&E-Ausgaben mit einem relativen Brutto-Hebeleffekt größer eins, dh Marktversagensmomente werden korrigiert (ohne von Systemversagen – zB Mitnahmen – überkompensiert zu werden).

(ii) *Wertschöpfungseffekt größer eins.* F&E-Ausgaben generieren (bei F&E-geförderten Unternehmen) einen relativen Wertschöpfungszuwachs (direkte Wertschöpfung und intrasektorale indirekte Wertschöpfung) größer eins.

(iii) *Hebeleffekt steigt mit Selbstselektivität.* Da Mitnahmen ceteris paribus eine Funktion der Selbstselektivität von Förderinstrumenten sind, wird formuliert, dass der Input-Hebeleffekt eines Förderinstrumentes ceteris paribus eine monoton steigende Funktion der Selbstselektivität ist. Es kann daher folgende Reihung von Förderinstrumenten vorgenommen werden (absteigend gereiht, auszugsweise): (a) Stock-Option-Förderung, (b) entgeltliche Haftungsgarantie, (c) entgeltliches bedingt rückzahlbares Darlehen, (d) unentgeltliche Haftungsgarantie, (e) unentgeltliches bedingt rückzahlbares Darlehen, (f) Zinszuschuss, (g) verlorener Zuschuss, (h) allgemeine Förderung. So oben Abschnitt d).

(iv) *Hebeleffekt sinkt mit Unternehmensgröße.* Dies ist ergibt sich daraus, dass kleinere Unternehmen von Marktversagen stärker betroffen sind (oben Abschnitt h)), woraus, ceteris paribus, eine geringere unbedingte Wahrscheinlichkeit zu Mitnahmen folgt.

(v) *Hebeleffekt sinkt mit Innovationsstufe.* Dies lässt sich darauf zurückzuführen, dass verwertungsfernere Forschung von Marktversagen stärker betroffen ist (oben Abschnitt h)), woraus, ceteris paribus, wieder eine geringere unbedingte Wahrscheinlichkeit zu Mitnahmen folgt. Es lässt sich daher folgende Reihung vornehmen (absteigend gereiht, kategorisierend): (a) Grundlagenforschung, (b) angewandte Forschung, (c) Produktentwicklung.

(vi) *Hebeleffekt steigt mit Kooperativität.* Kooperative F&E-Aktivitäten internalisieren einerseits Externalitäten (aufgrund der empirischen geringen Anzahl an Kooperationspartnern wird dieser Effekt als gering betrachtet). Andererseits erhöhen sich indirekt aus der Sicht des einzelnen Unternehmens die Externalitäten, da der Wissensabfluss größer und schneller erfolgt. Nimmt man ein Überwiegen des zweiten Effektes an, so sind kooperative Fördernehmer von Marktversagen stärker betroffen (oben Abschnitt h)), woraus, ceteris paribus, auch hier eine geringere unbedingte Wahrscheinlichkeit zu Mitnahmen folgt.

Besonders interessant erscheint dabei die oben umfangreich theoretisch fundierte und realpolitisch relevante Hypothese (iii). Zugegebenermaßen wäre bei den Hypothesen (iv), (v), (vi) vor allem auch eine Untersuchung des Wohlfahrtseffektes interessant. Dabei stößt man allerdings auf erhebliche methodische Probleme, da es sich bei den angesprochenen Dimensionen um die Output-Wirkung von Eigenschaften einzelner F&E-Projekte handelt, während dazu auf Projektebene Daten kaum zugänglich (falls überhaupt beobachtbar) sind.[216]

---

[216] Die gegenständlich im empirischen Teil zur Anwendung kommenden Output-Daten sind Aggregate auf Unternehmensebene; sie sind übrigen auch nicht ausreichend umfangreich, als dass sie geschichtet werden könnten.

III Empirischer Teil

1 Einleitung

Zielsetzung. Die Aufgabe des vorliegenden empirischen Kapitels ist eine dreifache. Erstens sollen Hebeleffekt und Wertschöpfungseffekt (als Komponente des Wohlfahrtseffektes) geschätzt werden. Zweitens sind die dargelegten, theoretisch gestützten Hypothesen zu verifizieren (Kapitel I Abschnitt 6). Drittens soll in konnotativer Weise untersucht werden, ob weitere Zusammenhänge zwischen den untersuchten Größen bestehen (zB ob der Konzentrationsgrad auf dem Produktmarkt den – inputseitigen – Hebeleffekt beeinflusst). Auf diese Weise kann nicht nur einigen Aussagen des theoretischen Teiles eine stärkere quantitative Kontur gegeben werden, sondern es können diese Aussagen auch *qualitativ* (in eingeschränkten Teilbereichen) auf den Prüfstand gestellt werden, um den Erklärungswert und damit die Angemessenheit der theoretischen Aussagen zu testen. Soweit also die theoretisch fundierten Hypothesen empirisch signifikante (Ex-post-) Prognoseleistungen zu erbringen vermögen (bei aller gebotenen Vorsicht im Rahmen der Interpretation), kann ihnen eine zusätzliche analytische Qualität beigemessen werden.

Methode und Daten. Als Untersuchungsmethode für die genannten Fragestellungen werden nahe liegender Weise ökonometrische Methoden zur Anwendung gebracht (dazu im Detail unten).[1] Um die skizzierten Analysen durchführen zu können, ist ein konsistent erhobener Satz an quantitativen Daten je Fördernehmer und je gefördertes F&E-Projekt erforderlich (zu den erhobenen Parame-

---

[1] In der Literatur findet sich etwa auch eine Vielzahl an Fallstudien-Untersuchungen und Experten-Befragungen. Diese vermögen jedoch kaum *verallgemeinernde quantitative* Aussagen zu treffen. Eine interessante Variante stellen experimentelle Untersuchungen dar, vgl zB Fölster (1991). Demgegenüber ist es Zielsetzung der vorliegenden Arbeit, Aussagen über *real im Einsatz befindliche* F&E-Förderinstrumente zu gewinnen (und dazu einen umsetzbaren Datenzugang zu wählen). Zur methodologischen und methodischen Rechtfertigung des hier gewählten Ansatzes siehe oben Kapitel I Abschnitt 4. Zu weiteren Evaluationsmethoden siehe Papaconstantinou und Polt (1998) sowie Capron und Pottelsberghe de la Potterie (1998), mwN.

tern unten im Detail).² Ein solcher Datensatz muss dabei einer hohen Datengüte, was die Vergleichbarkeit der Parameter-Definitionen zwischen den Unternehmen und Projekten betrifft, aufweisen. Er soll außerdem möglichst nicht lückenhaft sein und insgesamt so umfangreich, dass statistisch schließende Aussagen möglich sind. Aus diesem Grunde wurde die Datenerhebung zunächst ausschließlich schriftlich durchgeführt und in ganz besonderem Maße jede einzelne Antwort plausibilisiert und mit den Respondenten verifiziert oder nötigenfalls ausgeschieden. Für die Untersuchungen zur Input-Additionalität konnte ein verwertbarer Sample-Umfang von 191 F&E-Projekten bei insgesamt 57 Unternehmen und mit gewissen kurzen Zeitreihen generiert werden; bei der Output-Additionalität war ein kleineres verwertbares Sample von 33 Unternehmen zur Verfügung (zur detaillierten Beschreibung der Datensätze siehe unten).

Stichprobenziehung. Die hier auszuwertenden Daten wurden aus einer Population von über 900 technologisch innovativen Unternehmen gezogen, die den unternehmerischen F&E-Sektor Österreichs repräsentieren. Das angewandte Sampling-Verfahren entsprach einem Zufallsverfahren mit einem erheblichen (bekannten) Selektionsbias³. Die Auswahl auf der Dimension der fördervergebenden Stelle bzw der Förderprogramme repräsentiert *nicht* das österreichische F&E-Fördersystem. Die Stichprobe besteht nämlich aus zwei Gruppen von F&E-Projekten, wobei für die erstere eine Quote vorgegeben war. Die beiden Gruppen sind (a) F&E-Förderungen, die aus der Familie der so genannten Sondermittelprogramme⁴ (kurz: SMP) stammen und (b) F&E-Förderungen aus

---

² Die hier verwendeten Daten wurden im Zuge einer aktuellen Studie im Auftrag des BMWA zur Wirksamkeit der so genannten „Sondermittel-Förderprogramme" in Österreich erhoben, vgl Clement et al (2004). Es ist hier Professor Werner Clement (Foresee Management Consulting) und der AMC Management Consulting für das freundliche Zur-Verfügung-Stellen der (anonymisierten) Daten zu danken. Ohne diese Daten wäre die vorliegende Untersuchung nicht möglich gewesen. Design und Durchführung der Datenerhebung waren also nicht Gegenstand der vorliegenden Arbeit und von dieser unabhängig. Der Autor hatte allerdings die Möglichkeit während der Datenerhebung bei der Sicherstellung der Datenqualität mitzuwirken. Die Ergebnisse der hier vorgenommenen ökonometrischen Analysen werden auch in Klement (2004c) präsentiert.

³ Daneben ergibt sich selbstverständlich ein potenzieller Selektionsbias aus der Quote der Nicht-Respondenten an den kontaktierten Fördernehmern, vgl unten die Struktur der Stichprobe.

⁴ Mit Sondermittel werden die von der österreichischen Bundesregierung für die Jahre 2000 bis 2006 bereitgestellten nationalen Sondermittel für Forschung und Technologie in Höhe von

sonstigen Förderquellen (insbesondere dem FFF[5], aber beispielsweise auch F&E-Förderungen der österreichischen Bundesländer oder der EU; zusammenfassend kurz: N-SMP). In der Darstellung der Daten sowie in der ökonometrischen Auswertung wird daher (teilweise) auf diese besondere Samplestruktur einzugehen sein. Um einen größtmöglichen Datensatz nützen zu können, wurde hier auf keine der beiden Gruppen gänzlich oder teilweise verzichtet.

Förderpolitische Relevanz. Die hier zu untersuchenden Fragestellungen sind auch von F&E-förderpolitischem Interesse. Den – sogleich zu präsentierenden – objektivierten Aussagen kann nämlich teilweise eine wohlfahrtsökonomische Wertung zugeordnet werden. Beispielsweise sind – ceteris paribus (!) – Förderinstrument-Typen, die einen höheren Hebeleffekt aufweisen (zB wegen geringerer Mitnahmeeffekte), wohlfahrtsökonomisch vorteilhafter als solche mit einem niedrigeren Hebeleffekt.

In Abschnitt 2 werden auf Projektebene Untersuchungen zum (inputseitigen) Hebeleffekt von Förderinstrumenten vorgenommen. Abschnitt 3 analysiert auf der Aggregationsebene der Fördernehmer Outputeffekte auf den Umsatz und die private Wertschöpfung.

2 Input-Additionalität: Hebeleffekt

Aufgabenstellung. Ziel der Teiluntersuchung Input-Additionalität ist es, erstens zu schätzen, in welchem Umfang F&E-Förderungen bei den fördernehmenden Unternehmen zusätzliche F&E-Ausgaben induzieren (Hebeleffekt, Crowding-In[6]) und zweitens festzustellen, unter welchen Umständen der entsprechende Hebeleffekt größer oder kleiner ausfällt. Dabei sollen also Antworten auf die Hypothesen (i) und (iii) bis (vi) gefunden werden (vgl oben S 155).

2.1 Methodischer Ansatz

Kausalitätsproblem. Hier ist mit einer fundamentalen Anmerkung zu beginnen. Das Konzept Hebeleffekt stellt jede ökonometrische Untersuchung vor folgende

---

ca € 1,1 Mrd bezeichnet (ca € 508 Mio für 2000 bis 2003 und weitere € 600 Mio für 2004 bis 2006).
[5] Forschungsförderungsfonds für die gewerbliche Wirtschaft.
[6] Zur formalen Definition siehe oben Kapitel I Abschnitt 5.3 e).

letztlich nicht vollständig lösbare Aufgabe. Gemessen werden soll die Herbeiführung *additionaler* F&E-Ausgaben (dh solcher F&E-Ausgaben, die ohne Förderung nicht getätigt worden wären). Ein ursächlicher Zusammenhang (im Sinne einer conditio sine qua non) ist jedoch grundsätzlich nicht messbar.[7] Daten für ein Alternativ-Szenario (also die F&E-Ausgabenhöhe ohne Förderung) liegen real jedoch nicht vor; das hypothetische (also kontrafaktische) Alternativ-Szenario kann nur aufgrund von Indizien vermutet werden. Eine ökonometrische Auswertung vermag daher im Einzelfall die Frage Mitnahme versus Additionalität *nicht* zielsicher zu beantworten. Sehr wohl besteht jedoch die Möglichkeit dieses Problem auf methodischem Wege einzugrenzen. Dies soll die zentrale Motivation bei der Formulierung der zu schätzenden Regressions-Modelle sein.

Methodik. Dazu erscheinen zweierlei methodische Ansätze zweckmäßig. Erstens ist vornehmlich zu untersuchen, wie jährliche projektspezifische F&E-Ausgaben auf jährliche *Änderungen* der Förderhöhe (gemessen nach Förderbarwerten) reagieren (Differenzen erster Ordnung).[8] Zeitlich nahe *Änderungen* der beiden Größen erscheinen ein wesentlich besseres Indiz für einen kausalen Zusammenhang als beispielsweise die bloß parallele Existenz in von null verschiedener Höhe (Reduktion von Mitnahmen und Scheinkausalitäten in der Messung). Zweitens sollen andere Größen (zB sektorspezifisches Marktwachstum) möglichst viel an Hebeleffekt-unabhängigem Erklärungswert aus den F&E-Ausgaben herausfiltern. Des Weiteren mittelt eine Regression selbstverständlich sämtliche unsystematischen Einflüsse heraus. Das auf diese Weise geschätzte Verhältnis von der Änderung der jährlichen F&E-Ausgaben zur Änderung des jährlich abgegrenzten Förderbarwertes ist dann die bestmögliche Annäherung an den Brutto-Hebeleffekt (in der Folge kurz: Brutto-Hebeleffekt).

Strukturüberlegung. Daraus ergibt sich im einfachsten Fall das Modell

$$I_{G,t} = (1+g)I_{G,t-1} + H(I_{S,t} - I_{S,t-1}),$$

---

[7] Die unten dargelegten Granger-Kausalitätstests bilden dazu keine Ausnahme; sie stellen lediglich auf die zeitliche Reihenfolge von Ereignissen ab, um über die Richtung einer zuvor zu unterstellenden Kausalität zu entscheiden (sie liefern im Übrigen hier kein eindeutiges Ergebnis).

[8] Das Projekt dient sich also selbst – zeitverschoben – als Vergleichsmaßstab des Alternativ-Szenarios. Das Vorliegen von projekt-spezifischen F&E-Ausgaben zeichnet den vorhandenen Datensatz aus.

das die projektspezifischen F&E-Ausgaben im Jahr t, $I_{G,t}$, mit jenen des Vorjahres, $I_{G,t-1}$, plus die Änderungen des zugeordneten Förderbarwertes (verstärkt mit dem Brutto-Hebeleffekt H und Netto-Hebeleffekt $h = H - 1$) sowie plus eine förderunabhängige Skalierung der Projektgröße um den Faktor g (zu dessen Interpretation siehe im Detail unten).

Methodenabgrenzung. In der Literatur gelangen in Modellen zur Schätzung der Input-Additionalität (ie des Hebeleffektes) eine Vielzahl von Kombinationen der Lag-, Differenz-, Log- und normierten Größen der F&E-Ausgaben und Förderhöhen zur Anwendung, wobei die Modelle in der Regel auf Unternehmensebene (oder noch höher aggregiert) formuliert sind.[9] Die in Österreich kürzlich präsentierte FFF-Evaluierung, deren ökonometrischer Teil in Schibany et al (2004) dokumentiert ist, bedient sich zur Schätzung der Input-Additionalität eines Satzes von Panel-Daten auf Unternehmensebene (495 Unternehmen, Zeitreihe 1997 bis 2002) und eines Fixed-Effekt-Modells (GLS-Schätzer). Diese Untersuchung soll als inhaltlicher Referenzmaßstab dienen, da sie in teilweise überlappender Weise österreichische F&E-Förderungen untersucht (ähnliche Fragestellungen, überschneidendes Sample).

Deren Modell regressiert die jährlichen unternehmensspezifischen F&E-Ausgaben als abhängige Variable (Jahr t) gegen die Regressoren F&E-Ausgaben des Vorjahres (Jahr $t-1$), erhaltene jährliche unternehmensspezifische Barwerte aus FFF-Förderungen (Jahr t), ein Polynom vierter Ordnung des Umsatzes (mittlerer Umsatz aus den Jahren t und $t-1$), Dummy-Variablen für die Jahre (1998 bis 2002) sowie eines unternehmensspezifischen „fixen" Effektes.

Gegenüber diesem Ansatz unterscheidet sich die hier präsentierte Untersuchung (neben dem Förderfokus Sondermittelprogramme statt FFF-Projektförderung) methodisch in wesentlicher Weise. Dazu sogleich im Detail. Zunächst ist die Zielsetzung bei der Methodenwahl zu klären. Motivation für die darzulegende methodische Vorgehensweise ist, (a) das Kausalitätsproblem bestmöglich einzugrenzen (zB durch Regression der Differenzen und Verwendung lokaler Parameterkomponenten, vgl unten) und (b) über große Nähe zu ökonomischen Strukturüberlegungen Interpretationen bestmöglich zu leisten (zB Verknüpfung von Parameter α mit Dummy-Variablen, vgl unten). Damit ist aber implizit auch

---

[9] Vgl den umfassenden Review von David, Hall und Toole (2000), die auf Unternehmensniveau 14 Studien mit Cross-Section- und Panel-Daten internationaler Originarität und unterschiedlichen Ergebnissen anführen (Regressionsverfahren sind dabei OLS, IV, Fixed Effekt, uam). Vgl auch Klette, Møen und Griliches (2000) sowie Schibany et al (2004), S 30.

klar, dass eine direkte *quantitative* Vergleichbarkeit der beiden Untersuchungen nicht möglich ist.[10]

Untersuchung auf Projekt-Ebene. Kennzeichnend für die vorliegende Untersuchung ist, dass sie – aufgrund der mittels Fragebogen erfassten Daten – auf Projekt-Ebene durchgeführt werden kann (und nicht etwa auf Unternehmens-Ebene oder noch höher aggregiert[11]). Diesem Ansatz liegt eine Zuordnung von F&E-Ausgaben des Unternehmens zu einzelnen geförderten F&E-Projekten zugrunde. Damit besteht gegenüber einer Untersuchung mit aggregierten Zahlen auf Unternehmens-Ebene der große Vorteil, dass die unerwünschten (systematischen wie unsystematischen) Verzerrungen durch *nicht-geförderte* F&E-Aktivitäten gänzlich eliminiert werden können und damit neben dem Bias auch die Standardfehler eingegrenzt wurden (kausalitätsnahe Zuordnung von Teileffekten und größerer Sampleumfang).

Weitere methodische Maßnahmen. Neben der dargelegten (vorteilhaften)

(i) Untersuchungs-Ebene F&E-Projekt

grenzen folgende weitere methodische Elemente diese Untersuchung vom ökonometrischen Teil der FFF-Evaluierung, Schibany et al (2004), ab:

(ii) die Regression erfolgt gegen jährliche *Änderungen* der Förderhöhe (statt gegen den jeweiligen Level der Förderhöhe), was der Eingrenzung des Kausalitätsproblems dienlich ist (vgl bereits oben),

(iii) in der Hauptauswertung wurden die Beobachtungen über die Zeit gepoolt, da bei dem vorliegenden Datensample über einen denkbar kurzen Zeitraum zeitliche Effekte kaum seriös zu messen sind (sondern eine solche eher den Verdacht des Data-Fitting nach sich ziehen würde) und im Übrigen kaum eine ökonomisch sinnvolle Interpretation für eventuelle Schwankungen des Hebeleffektes über die beobachteten Jahre (2000 bis 2003) gegeben werden könnte (daneben ist anzumerken, dass ein dessen ungeachtet geschätztes Fixed-Effekt-Panelmodell die zu präsentierenden Ergebnisse jedenfalls bestätigt; vgl unten),

---

[10] Andererseits kann für die in der vorliegenden Arbeit untersuchten Fragestellungen ein Vergleich zwischen unterschiedlichen Förderprogrammen (insbesondere SMP-Förderungen versus FFF-Projektförderungen) innerhalb dieser Arbeit realisiert werden (aufgrund der Struktur des hier verwendeten Samples mit SMP- und N-SMP-Fördernehmern).

[11] So aber die oben genannten Untersuchungen, vgl Fn 9.

(iv) es besteht kein Bias in der Hebelwirkung aus einer denkbaren Nicht-Berücksichtigung anderer als der interessierenden Förderinstrumente, weil nämlich bei Mehrfach-Förderung eines F&E-Projektes sämtliche Förderquellen des Projektes tatsächlich erfasst wurden (im Übrigen ist dieses Problem auf Projekt-Ebene wesentlich geringer als auf Unternehmensebene),

(v) Dummy-Variablen für Wirtschaftssektoren konnten – aufgrund der Datenlage – herangezogen werden, um sektorspezifische Dynamiken zu eliminieren (vgl unten),

(vi) die Dummy-Variablen für Sektoren sowie eine Unternehmensgrößen-Kennzahl wurden in strukturnaher Weise als unabhängige dynamische (fixe) Skalierungsfaktoren der Projektgröße integriert (statt als additive Dummies, die schwer zu interpretieren wären und die auch Komponenten des interessierenden Hebeleffektes – unerwünschterweise – herausfiltern würden; vgl unten), da anzunehmen ist, dass die Förderwürdigkeit (und damit das Mitnahmenausmaß) von der *Projekt*größe weitgehend unabhängig ist (nicht von der Unternehmensgröße),

(vii) die Untersuchung wurde vielfach geschichtet durchgeführt, um Aussagen darüber zu treffen, wann Hebeleffekte vergleichsweise höher und wann niedriger ausfallen (die korrespondierenden vergleichenden Schlussfolgerungen ermöglichen qualitative Aussagen, die – bei Signifikanz – als erheblich zuverlässiger gelten können als die absoluten Werte der Hebeleffekte).

Aus diesen Gründen sind die zu schätzenden Parameter erheblich anders definiert und anders zu interpretieren als etwa im ökonometrischen Teil der Studie zur FFF-Evaluierung, Schibany et al (2004). Ein direkter Ergebnis-Vergleich ist *nicht* möglich.

2.2 Daten

Sample-Umfang. Aus einer Fragebogen-Erhebung[12] steht ein Datensatz mit einem Sample-Umfang (nach Ergänzen von Vorwissen und nach Ausscheiden unvollständiger bzw unplausibler Datensätze sowie Ausreißern) von 191 F&E-

---

[12] Über 900 als potenzielle Fördernehmer eingestufte Unternehmen wurden zu kontaktieren versucht und gegebenenfalls zur Klärung von fehlenden oder unplausiblen Daten (uU mehrfach) nachkontaktiert. Zum Verfahren der Stichprobenziehung siehe bereits oben Abschnitt 1.

Projekten bei insgesamt 57 (innovativen) Unternehmen mit jeweils einer (teilweise verfügbaren) Zeitreihe in der Periode 1999 bis 2004 zu den Größen erhaltene projektspezifische Förderbarwerte, projektspezifische F&E-Ausgaben (sodass jeweils für einen überlappenden Zeitraum zumindest ein Wert und ein Lag erster Ordnung vorlagen) sowie Unternehmensumsatz (Jahr 2003) als Mindestdatenumfang zur Verfügung. Dies entspricht insgesamt 381 Panel-Beobachtungen (unbalanced); also durchschnittlich 2,0 zeitlichen Beobachtungen je F&E-Projekt (ohne den Lag erster Ordnung mitzuzählen).

Datenkorrektur. Zunächst wurden im Roh-Datensatz ausnahmsweise einzelne Ergänzungen aus öffentlich zugänglichen Daten vorgenommen sowie insbesondere Null-Einträge in den Zeitreihen (a) erhaltene Förderbarwerte und (b) projektspezifische F&E-Ausgaben in folgender Weise ergänzt. Einerseits wurden bei aus Sondermitteln geförderten F&E-Projekten diese beiden Zeitreihen mit dem Wert null für das Jahr 1999 verlängert[13]. Andererseits wurden *innerhalb* des erhobenen Zeitraumes (2000–2004) diese Zeitreihen jeweils (einmalig) um einen unmittelbar angrenzenden Null-Eintrag ergänzt (wenn noch innerhalb 2000–2004), jedoch nicht für die restlichen Jahre[14]. Auf diese Weise konnte die Zahl an Beobachtungen vermehrt werden. Gleichzeitig bedeutet dieses Verfahren dort, wo sich für ein F&E-Projekt die Zeitreihen für erhaltene Förderbarwerte und projektspezifische F&E-Ausgaben nicht vollständig zeitlich überlappen, dass für derartige Projekte die nicht-überlappenden Teile aus der Auswertung ausgeschieden wurden. Dies ist deshalb sinnvoll, da plausiblerweise angenommen wurde, dass erhaltene Förderzahlungen in der Regel noch im selben Jahr zur Finanzierung von F&E-Aktivitäten Verwendung finden (als Teil der projektspezifischen F&E-Ausgaben). Überlappen sich allerdings die beiden Zeitreihen nicht vollständig, so ist nahe liegend, dass ein zeitlicher Lag-Effekt vorliegt, der bei jahres-simultaner Betrachtung uU zweimal einen negativen Hebeleffekt vortäuscht, obwohl tatsächlich ein verzögerter positiver Hebeleffekt

---

[13] Dies ergibt sich für erhaltene Förderbarwerte zwingend (1999 bestanden noch keine Sondermittel). Es wurde des weiteren als plausibel angenommen, dass die aus Sondermitteln geförderten F&E-Projekte erst mit ihrer Förderung ins Leben gerufen wurden, woraus sich ergibt, dass zuvor – in der Regel – keine F&E-Ausgaben angefallen waren. Sollte diese Handlungsadditionalität in signifikantem Ausmaß nicht zutreffen, würden hier Mitnahmeeffekte unterschätzt werden. Würde man diese Beobachtungswerte jedoch rigoros weglassen, wären Additionalitätseffekte vermutlich erheblich unterschätzt.

[14] Diese Jahre schieden für das Projekt als nicht vorhanden aus der Auswertung; soweit sich in den beiden Zeitreihen aufeinander folgende Null-Einträge überlappen, hätten diese in den geschätzten Regressionsmodellen keinen Einfluss auf die Parameter-Schätzung.

vorliegt (Lag-Problem, das sich nicht herausmittelt). Dies rechtfertigt das Ausscheiden jedenfalls der entsprechenden Jahresbeobachtung.[15]

Einzelne Beobachtungen (dh F&E-Projekte in einem bestimmten Jahr) wurden als unplausibel ausgeschieden, wenn die Daten widersprüchlich oder sonst offenkundig fehlerhaft waren. Ein gesamter Datensatz (dh F&E-Projekt) wurde nur dann als unvollständig ausgeschieden, wenn (plausible) Daten für die Zeitreihe erhaltener Förderbarwert und/oder projektspezifische F&E-Ausgaben gänzlich fehlten oder sich gänzlich nicht überlappten (jeweils einschließlich der Daten für einen Lag erster Ordnung); daneben wurden noch zwei weitere Unternehmen (sechs Projekte) ausgeschieden wurden, weil keine Umsatzzahlen vorlagen (erforderlicher Input für das Basismodell, siehe unten). Bei vereinzelten sonstigen Lücken – zB zu den Eigenschaften des Förderinstrumentes – wurde ein Datensatz hingegen nicht ausgeschieden und wurde im Sinne eines größtmöglichen Sample-Umfanges soweit wie möglich in die Auswertung einbezogen.[16]

Ausreißer. Ein Datensatz (dh F&E-Projekt) wurde dann als Ausreißer gänzlich ausgeschieden, wenn (zumindest) in einem Jahr des Beobachtungszeitraums ein extremer jährlicher Brutto-Hebeleffekt, H, beobachtet wurde. Dieser wurde mit $|H| > 20$ definiert und führte zur Bereinigung des Samples um acht F&E-Projekte (vgl Abbildung 16).

Nach diesen Korrekturschritten ergibt sich der bereits oben dargestellte Sample-Umfang von 191 F&E-Projekten bei insgesamt 57 Unternehmen und mit insgesamt 381 Beobachtungspunkten.

---

[15] Aus einer ähnlichen Überlegung wurden jene Datensätze (dh F&E-Projekte) herausgefiltert, die einerseits über die beobachteten Jahre kumuliert einen positiven Hebeleffekt aufweisen, in einzelnen Jahren jedoch einen negativen. Solche Fälle können ein zeitliches Lag-Problem indizieren, das sich nicht herausmittelt. Da jedoch die tatsächliche Treffsicherheit dieses Verfahrens unklar blieb und das testweise Ausschließen dieser Datensätze nicht zu qualitativ anderen Ergebnissen führte, wurden diese letztlich im Sample beibehalten.

[16] Aufgrund der relativ geringen Anzahl solcher Fälle, erscheint dadurch die Repräsentanz beim Vergleich einzelner Auswertungen nicht verzerrt, sondern im Gegenteil bestmöglich gewährleistet.

Abbildung 16 Ausreißerfreier Korridor der beobachteten jährlichen Brutto-Hebeleffekte

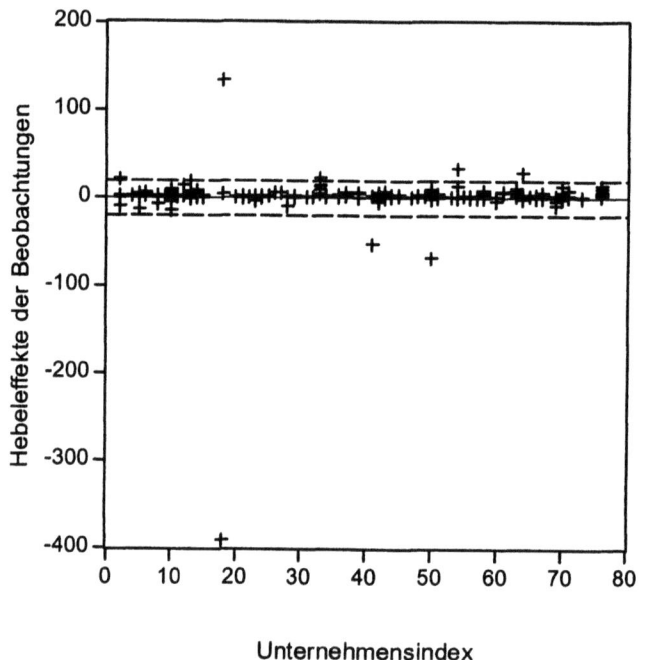

Messprobleme und Komplikationen der zeitlichen Zuordnung. Die jährliche Förderhöhe wurde auf folgende Weise mit dem zeitlich abgegrenzten Förderbarwert gemessen. Im Sample befinden sich die Förderinstrumente verlorener Zuschuss, Zinszuschuss, Haftungsgarantie und bedingt rückzahlbares Darlehen.[17] Bei den Förderinstrumenten verlorener Zuschuss und Zinszuschuss ist die Messung weitgehend unproblematisch. Die zeitliche Zuordnung erfolgte nach dem Kriterium Zufluss im Beobachtungsjahr; auf Diskontierungen intra-annum wurde zur Eingrenzung des Datenerhebungsaufwandes verzichtet. Komplikationen ergeben sich bei diesen Instrumenten allerdings daraus, dass der Mittelzufluss nicht ausschließlich vor bzw während Projekt-Durchführung erfolgt, sondern teilweise auch erst ex post. Da in der vorliegenden Untersuchung lediglich Jahres-simultane Hebeleffekte in die Schätzung einfließen

---

[17] Zu deren konzeptioneller Definition und Eigenschaften vgl oben Kapitel I Abschnitt 5.3 d).

können, entstehen hier gewisse Verzerrungen aus der zeitlichen Lag-Struktur. Diese Effekte scheinen jedoch in der Auswirkung weitgehend unsystematisch zu sein und lediglich auf eine Minderzahl an Projekten zuzutreffen. Daher scheint es von geringem Nachteil, dass die kurzen Zeitreihen keine Lag-Strukturen höherer Ordnung in den erklärenden Modellen erlauben.

Demgegenüber besteht bei den Förderinstrumenten bedingt rückzahlbares Darlehen und Haftungsübernahme, ein zweifaches Problem. Zunächst waren jeweils die Förderbarwerte auf Basis der vom Unternehmen subjektiv eingeschätzten Wahrscheinlichkeit[18], dass die Nicht-Rückzahlungsklausel bzw der Haftungsfall schlagend wird, sowie auf Basis der in diesem Fall vom Fördergeber getragenen Summe näherungsweise über den Erwartungswert zu errechnen. Darin sind gewisse Ungenauigkeiten enthalten, jedoch kann keine wesentliche systematische Verzerrung erblickt werden. Größere Schwierigkeiten ergeben sich aus der für unsere Untersuchungsmethodik erforderlichen jährlichen Abgrenzung von erhaltenen Förderleistungen. Hier blieb kein anderer Weg, als die Förderbarwerte über die Jahre zu aliquotieren, da die Aliquotierung – im Gegensatz zu einer punktuellen Erfassung – eher der Methodik bei den Zuschüssen vergleichbar ist und im übrigen eben gerade nicht punktuell ein Cashflow fließt und uU Förderverträge auch auf halbem Wege modifiziert und abgebrochen werden (zeitliches Element der Förderzuwendung). Insoferne scheint dieser Ansatz für die Frage Hebeleffekt aussagekräftige Elemente zumindest teilweise zu erfassen und kann daher als vertretbar gelten.

Samplestruktur. Von den beobachteten 57 Unternehmen sind 40 Unternehmen an Sondermittelprogrammen mit zumindest einem F&E-Projekt beteiligt (mit insgesamt 71 der 191 Projekte und 141 der 381 Beobachtungen). Die restlichen[19] Projekte erhalten überwiegend FFF-Projektförderungen (103 Projekte); sonstige umfassen etwa Landes- und EU-Förderungen (17 Projekte; somit bei „Nicht-Sondermittelprogrammen" insgesamt 120 Projekte mit insgesamt 240 Beobachtungspunkten). Die weitere Darstellung der Sample-Struktur erfolgt getrennt nach einerseits Projekten, die mit Sondermittelprogrammen (SMP)

---

[18] Diese subjektive Wahrscheinlichkeit ist hier auch relevant, da sie wohl jener Wahrscheinlichkeit entspricht, die das Unternehmen bei seiner Entscheidung über die Durchführung und Dotierung des F&E-Projektes herangezogen hat.

[19] F&E-Projekte wurden bei Mehrfach-Förderung nach Möglichkeit gesplittet und als separate Projekte erfasst; die Zuordnung der Projekte erfolgte in eindeutiger Weise zu den sich wechselseitig ausschließenden Kategorien SMP-Förderungen, FFF-Projektförderungen und sonstige Förderungen (ie EU-, Landesförderungen).

gefördert wurden, und andererseits jenen, die aus Nicht-Sondermittelprogrammen (N-SMP) gefördert wurden.

SMP-geförderte Projekte. Von den 141 (zeitlich gepoolten) Beobachtungen[20] entfallen 11 auf das Jahr 2000, 20 auf 2001, 39 auf 2002, 64 auf 2003 und 7 auf 2004. Der durchschnittliche Umsatz (aus dem Jahr 2003) der dazugehörigen Unternehmen[21] beträgt € 669,6 Mio (Median[22] € 45,5 Mio, Minimum € 0,282 Mio, Maximum € 7.664 Mio). Es handelt sich um 3 Beobachtungen aus dem Programm Fit-It (Impulsprogramm), 2 aus IVS (Intelligente Verkehrssysteme und Services), 74 aus K-plus (Kompetenzzentren K-plus), 12 aus K-ind (Kompetenzzentren „Industrie"), 22 aus K-net (Kompetenzzentren „Network"), 9 aus NhWs (Nachhaltig Wirtschaften) und 19 aus der Kategorie sonstige Sondermittelprogramme (vgl Definition unten; nicht angeführte Programme sind nicht – mit verwertbaren Daten – repräsentiert). 15 Beobachtungen sind aus dem sektoralen Themenbereich KFZ, 2 aus Bahntechnologie, 16 aus Aerospace, 51 aus Werkstoffe und Grundstoffchemie, 9 aus Maschinenbau, 11 aus Mechatronik, Feinwerkstechnologie und Nanotechnologie, 17 aus Energie und Umwelttechnik, 8 aus Life Sciences (Biochemie, Biotechnologie, Pharma, Lebensmittel), 18 aus Advanced Electronics, Informations- und Kommunikationstechnologie, 9 aus Software und 0 aus nicht-technologischen Innovationen.[23] 41 Beobachtungen waren aus der Innovationsart Grundlagenforschung, 103 aus angewandter Forschung und 18 aus Produktentwicklung. 26 Beobachtungen sind Alleinfördernehmern zuzuordnen und 115 kooperativer Fördernehmerschaft. 138 Beobachtungen sind verlorene Zuschüsse und 2 Beobachtungen bedingt rückzahlbare Darlehen. Die jährlich abgegrenzten erhaltenen Förderbarwerte betragen durchschnittlich € 118.849 (Median[24] € 44.000, Minimum € 0 (bzw € 1.700), Maximum € 1,3 Mio). Die jährlichen F&E-Ausgaben je Projekt erreichen durchschnittlich € 274.742 (Median[25] € 80.478, Minimum € 0 (bzw € 2.000), Maximum € 3,2 Mio). Eine Übersicht über

---

[20] Soweit in der weiteren Darstellung bei einer Dimension die Summe über die Anzahlen je Kategeorie-Ausprägungen diese Sub-Samplezahl unterschreitet, konnten nicht alle Beobachtungen eindeutig zugeordnet werden (solche Beobachtungen wurden aber jeweils nur dann ausgeschieden, wenn das Merkmal im konkreten Schätzmodell enthalten war).

[21] Gewichtet mit der Anzahl der Beobachtungen je Projekt.

[22] Die Schiefe beträgt 3,46 und die Kurtosis 13,7.

[23] Hier wurden gegebenenfalls Mehrfach-Zuordnungen akzeptiert.

[24] Die Schiefe beträgt 3,33 und die Kurtosis 15,9.

[25] Die Schiefe beträgt 3,72 und die Kurtosis 17,9.

paarweise Korrelationskoeffizienten der Variablen für den Datensatz SMP-geförderte Projekte findet sich im Anhang (Tabelle 8).

N-SMP-geförderte Projekte. Von den 240 (zeitlich gepoolten) Beobachtungen entfällt 1 auf das Jahr 2000, 72 entfallen auf 2001, 76 auf 2002, 88 auf 2003 und 3 auf 2004. Der durchschnittliche Umsatz (aus dem Jahr 2003) der dazugehörigen Unternehmen[26] beträgt € 218,3 Mio (Median[27] € 67,5 Mio, Minimum € 0,282 Mio, Maximum € 7.664 Mio). Es handelt sich um 203 Beobachtungen aus FFF-Projektförderungen und 37 aus sonstigen (zB EU-, Landesförderungen). 39 Beobachtungen sind aus dem sektoralen Themenbereich KFZ, 0 aus Bahntechnologie, 7 aus Aerospace, 62 aus Werkstoffe und Grundstoffchemie, 29 aus Maschinenbau, 28 aus Mechatronik, Feinwerkstechnologie und Nanotechnologie, 17 aus Energie und Umwelttechnik, 25 aus Life Sciences (Biochemie, Biotechnologie, Pharma, Lebensmittel), 22 aus Advanced Electronics, Informations- und Kommunikationstechnologie, 14 aus Software und 4 aus nicht-technologischen Innovationen.[28] 22 Beobachtungen waren aus der Innovationsart Grundlagenforschung, 148 aus angewandter Forschung und 99 aus Produktentwicklung. 158 Beobachtungen sind Alleinfördernehmern zuzuordnen und 82 kooperativer Fördernehmerschaft. 230 Beobachtungen sind verlorene Zuschüsse, 62 sind Zinszuschüsse, 71 sind bedingt rückzahlbare Darlehen und 1 Beobachtung ist eine Haftungsübernahme (bei strukturierten Förderinstrumenten waren Mehrfach-Nennungen zulässig). Die jährlich abgegrenzten erhaltenen Förderbarwerte betragen durchschnittlich € 135.615 (Median[29] € 32.313, Minimum € 0 (bzw € 2.100), Maximum € 4,4 Mio). Die jährlichen F&E-Ausgaben je Projekt erreichen durchschnittlich € 698.236 (Median[30] € 127.500, Minimum € 0 (bzw € 3.200), Maximum € 27,4 Mio). Eine Übersicht über paarweise Korrelationskoeffizienten der Variablen für den Datensatz N-SMP-geförderte Projekte findet sich ebenfalls im Anhang (Tabelle 9).

2.3 Definitionen und Notation

$I_{G,t} = (I_{G,t}^1, \ldots, I_{G,t}^p, \ldots, I_{G,t}^P)$ Gesamte F&E-Ausgaben (in tausend Euro, einschließlich über Förderungen finanzierte

---

[26] Gewichtet mit der Anzahl der Beobachtungen.
[27] Die Schiefe beträgt 8,00 und die Kurtosis 68,4.
[28] Hier wurden gegebenenfalls Mehrfach-Zuordnungen akzeptiert.
[29] Die Schiefe beträgt 7,28 und die Kurtosis 58,7.
[30] Die Schiefe beträgt 7,53 und die Kurtosis 64,9.

$\mathbf{I}_{S,t} = \left(I_{S,t}^1, \ldots, I_{S,t}^p, \ldots, I_{S,t}^P\right)$ Anteile) des Unternehmens i im Jahr t für sein F&E-Projekt p (Spaltenvektor)

Erhaltener Förderbarwert[31] (in tausend Euro) des Unternehmens i im Jahr t für sein F&E-Projekt p (Spaltenvektor)

$i = 1, \ldots, N$ Unternehmensindex

$p = 1, \ldots, P$ Projektindex

Ein Unternehmen i kann mehrere F&E-Projekte haben (Projekte, die kooperativ mit anderen Unternehmen durchgeführt/finanziert werden, sind gesplittet mit getrennter Projektidentifikation p erfasst), dh $N \leq P$ und i ist ein (surjektives) Bild von p, ie $i = f(p)$.

$t = 1999, 2000, \ldots, 2004$ Jahr

$g, h = H - 1$ Struktur-Parameter (skalar, Interpretation siehe unten)

$\alpha, \beta, \gamma, \beta_x, \gamma_x$ Regressions-Parameter (skalar, modell-abhängige Interpretationen siehe unten)

$\boldsymbol{\varepsilon}_t = \left(\varepsilon_t^1, \ldots, \varepsilon_t^p, \ldots, \varepsilon_t^P\right)$ Regressions-Fehler (Spaltenvektor)

$\mathbf{R}_t = \left(R_t^1, \ldots, R_t^p, \ldots, R_t^P\right)$ Umsatz (in tausend Euro) im Jahr t des Unternehmens i, das Projekt p durchführt/finanziert (Spaltenvektor)

$\mathbf{D}_{x,t} = \left(D_{x,t}^1, \ldots, D_{x,t}^p, \ldots, D_{x,t}^P\right)$ Dummy-Variablen zu Eigenschaft x, mit Wert 1, wenn x für Projekt p in Jahr t zutrifft, sonst 0 (Spaltenvektor)

2.4 Modelle und Schätz-Ergebnisse

a) Strukturmodell und Regressionsmodell

Ausgehend vom oben begründeten Strukturzusammenhang (vgl Abschnitt 2.1),

---

[31] Vgl die Barwert-Definition in Kapitel I Abschnitt 2 sowie die soeben ausgeführten Anmerkungen zur empirischen Ermittlung des Förderbarwertes der einzelnen Förderinstrumente (Abschnitt 2.2).

$$\mathbf{I}_{G,t} = (1+g)\mathbf{I}_{G,t-1} + H\left(\mathbf{I}_{S,t} - \mathbf{I}_{S,t-1}\right)$$

mit förderunabhängiger Projektdynamik[32] g und Brutto-Hebeleffekt H, kann mit $\alpha = 0$, $\beta = 1 + g$ und $\gamma = H = 1 + h$ folgendes Regressionsmodell mit den zu schätzenden Parametern α, β, γ formuliert werden,

$$\mathbf{I}_{G,t} = \alpha + \beta \mathbf{I}_{G,t-1} + \gamma\left(\mathbf{I}_{S,t} - \mathbf{I}_{S,t-1}\right)$$

oder kurz

$$\mathbf{I}_{G,t} = \alpha + \beta L \mathbf{I}_{G,t} + \gamma \Delta \mathbf{I}_{S,t},$$

wobei $L(\cdot)$ den Lag-Operator und $\Delta(\cdot)$ den Differenz-Operator bezeichnet. Dabei wird also angenommen, dass die Förderwürdigkeit (und damit das Mitnahmenausmaß) von der *Projekt*größe (nicht notwendigerweise der Unternehmensgröße) weitgehend unabhängig ist. Das kommt darin zum Ausdruck, dass die Förderbarwert-Differenz in ein proportionales Verhältnis zur F&E-Ausgaben-Differenz gesetzt wird (eine vollständige Interpretation erfolgt unten im Zuge der konkreten Modellierung). Die Einführung des (globalen oder alternativ auch projektspezifischen) Interzepts, α, dient allenfalls zur Kontrolle, ob unerwarteterweise förderunabhängige Effekte bestehen, die – unabhängig von der Projektgröße – die Förderausgaben verschieben (für solche Effekte wäre allerdings nur geringer Interpretationsspielraum denkbar).

b) Zeitlich gepooltes Grundmodell

Aufgrund der extrem kurzen Zeitreihen[33] soll im Wesentlichen mit einem Modell gearbeitet werden, das die Beobachtungen über die Zeit t poolt, ie

(4) $\quad \mathbf{I}_G = \alpha + \beta L \mathbf{I}_G + \gamma \Delta \mathbf{I}_S + \varepsilon,$

wobei

$$\mathbf{I}_G = \begin{pmatrix} \mathbf{I}_{G,2000} \\ \vdots \\ \mathbf{I}_{G,2004} \end{pmatrix}, \quad L\mathbf{I}_G = \begin{pmatrix} \mathbf{I}_{G,1999} \\ \vdots \\ \mathbf{I}_{G,2003} \end{pmatrix}, \quad \Delta\mathbf{I}_S = \begin{pmatrix} \mathbf{I}_{S,2000} - \mathbf{I}_{S,1999} \\ \vdots \\ \mathbf{I}_{S,2004} - \mathbf{I}_{S,2003} \end{pmatrix}, \quad \varepsilon = \begin{pmatrix} \varepsilon_{2000} \\ \vdots \\ \varepsilon_{2004} \end{pmatrix},$$

---

[32] Diese ist als symbolische Zusammenfassung für globale als auch lokale (zB sektorspezifische uam) Parameter zu verstehen, die die Projektgröße von Periode zu Periode skalieren (dazu sogleich). Lokalitäten in g beeinflussen jedenfalls auch die Schätzung des interessierenden Parameters H.

[33] Durchschnittlich liegen (nach Wegfall einer Beobachtung für Lags) 2,0 Beobachtungen je F&E-Projekt vor. Vgl aber zu Panel-Modellen unten Abschnitt c).

jeweils mit Dimension $5P \times 1 = 955 \times 1$ (vor Berücksichtigung von Datenunvollständigkeiten[34]), da aufgrund der Lag- und Differenz-Variablen je F&E-Projekt eine Beobachtung der Zeitreihe verloren geht.

Schätzt man dieses *vorläufige* Modell mittels OLS für das Gesamt-Sample (ohne Ausreißer), so erhält man die Schätzer

$\hat{\alpha} = 37,95,$

$\hat{\beta} = 1,15,$

$\hat{\gamma} = 1,49,$

wobei ein White-Test ergibt, dass die Varianzen des Fehlerterms mit sehr hoher Signifikanz[35] Heteroskedastizität aufweisen (also über die Beobachtungen nicht homogen sind), weshalb Heteroskedastizität-konsistente (White-) Standard-Abweichungen für die Parameter-Schätzer zu ermitteln sind (dies gilt sinngemäß für alle untersuchten Varianten des gepoolten Modells und sei nicht mehr näher erwähnt). Des Weiteren sind die Residuen nicht mit den Regressoren korreliert, was die Konsistenz der OLS-Schätzer gewährleistet. t-Tests zeigen, dass (wie erwartet) der Schätzer für α nicht annähernd signifikant von null verschieden ist, während die Schätzer für β und γ (hoch) signifikant sind (p-Wert 0,0000 bzw 0,0179). Ein F-Test zeigt, dass der Schätzer für β nicht signifikant von eins verschieden ist (p-Wert 0,1553); der Wert größer eins kann als positive durchschnittliche Wachstumsrate des (hypothetisch) nicht geförderten repräsentativen Projektes interpretiert werden. Ein Schätzer für γ über eins kann als additionaler Effekt der F&E-Förderungen auf die F&E-Ausgaben interpretiert werden (Crowding-In mit einem Brutto-Hebeleffekt von 1,49). Dabei ist jedoch zu beachten, dass zumindest nach den (konservativen) White-Standard-Abweichungen, diese Aussage nicht mit Signifikanz belegt werden kann. Das Modell selbst hat sehr hohen Erklärungswert.

---

[34] Die Datenvollständigkeit wurde jeweils für Projekt p im Jahr t beurteilt. Daher bestehen nicht für jedes im Datensatz enthaltene Projekt p notwendigerweise für sämtliche betrachtete Jahre t Daten. Tatsächlich verbleiben 381 gepoolte Beobachtungen.

[35] Der p-Wert der χ^2-Statistik beträgt 0,0000.

Tabelle 3 Zusammenfassung der OLS-Ergebnisse mit White-Standard-Abweichungen (S.E.)

Parameter	Schätzer	S.E.	t-Statistik	p(t-Statistik)
α	37.94998	37.72972	1.005838	0.3151
β	1.153713	0.107939	10.68857	0.0000
γ	1.490718	0.627076	2.377253	0.0179
R-Quadrat	0.895421	Residuenquadratsumme		1.94E+08
Adapt. R-Quadrat	0.894868	F-Statistik		1618.254
S.E. der Regression	716.6451	p(F-Statistik)		0.000000

Kausalitäts-Tests nach Granger[36] mit einem Lag (mehr Lags würden das Sample zu stark reduzieren bzw eliminieren) zeigen, dass Granger-Kausalität zwischen I_S und I_G in keiner Richtung nachgewiesen werden kann (jeweils Regression auf Konstante, Lag der erklärten Variable, erklärende Variable und Lag der erklärenden Variable). Dazu ist anzumerken, dass vermutlich die Sampling-Frequenz von einem Jahr viel zu gering ist, um Granger-Kausalität (ie signifikante Erklärungsbeiträge der Lags der Regressoren, die noch nicht im Lag der abhängigen Variable enthalten sind) zu beobachten. Erhaltene Fördermittel fließen vermutlich mit *wesentlich geringerer* Verzögerung als einem Jahr in die F&E-Ausgaben des Unternehmens. Zum anderen ist klar, das nach dem (vereinfachenden) Konzept der Jahres-simultanen vollständigen und additionalen Verwendung der Förderungen, die Information über die Förderhöhe selbstverständlich bereits in den gesamten F&E-Ausgaben enthalten wäre; dies macht es gegenständlich generell unwahrscheinlich, mit der Granger-Methode eine (Granger-) Kausalitätsrichtung zu identifizieren.[37]

Das bisher untersuchte Modell ist im nächsten Schritt um nicht-globale förderunabhängige Einflussfaktoren auf den Parameter β (Dynamik der Projektgröße) zu erweitern. Als Kandidaten kommen dafür Dummy-Variablen für die Sektoren (stellvertretend für sektorspezifische Wachstumsschwankungen, zB Absatzmarkt-Reife, Nachfrageschocks, Faktorpreisänderungen, Markteintritte, uam), Dummies für die Kalenderjahre (stellvertretend für allgemeine

---

[36] Vgl zB Greene (2000), S 742ff mwN.
[37] Der geringere p-Wert von 0,4227 gegenüber 0,5650 spricht jedoch eher für die theoretisch begründete kausale Verursachung von F&E-Ausgaben durch F&E-Förderungen (als für den umgekehrten Fall). Beim weiter unten dargestellten Random-Effekt-Modell ist Granger-Kausalität in beide Richtungen signifikant (ebenfalls geringfügig eher in der soeben skizzierten Richtung).

Konjunkturschwankungen[38]) und der Unternehmens-Umsatz (stellvertretend für größenspezifische Abkoppelungen von Konkurrenzunternehmen bzw Markt). Es sei postuliert, dass diese Variablen proportional auf die Projektgröße (Höhe der gesamten F&E-Ausgaben) wirken, nicht jedoch projektgrößenunabhängige Schocks beschreiben. Die Dummies sind daher mit $\Delta I_{G,t-1}$ komponentenweise zu multiplizieren und nicht etwa dem Interzept additiv zuzuschlagen.[39] Wenn auch grundsätzlich der Parameter γ und nicht etwa β interessiert, so ist nämlich zu bedenken, dass lokale Komponenten von β dessen Erklärungswert erhöhen und jenen des Hebeleffektes γ von überhöhten Zuordnungen befreien. Es ist daher zu vermuten, dass der geschätzte Hebeleffekt verzerrt ist. Es soll daher folgendes Modell untersucht werden,

(5) $\quad I_G = \alpha + \sum_{a=1}^{11} \beta_a \, L\, I_G \odot D_a + \sum_{t=2000}^{2003} \beta_t \, L\, I_G \odot D_t + \beta_R R \odot L\, I_G + \gamma \Delta I_S + \varepsilon$,

wobei die Dummy-Variable $D_{t=2004}$ zur Vermeidung exakter Multikollinearität weggelassen wurde (und damit das Jahr 2004 die Basis darstellt), $\odot$ bezeichnet den (komponentenweisen) Operator des Hadamard-Produkts, a das F&E-Thema des Projektes (11 Sektor-Kategorien) und für D_a gilt

$$D_a = \begin{pmatrix} D_{a,2000} \\ \vdots \\ D_{a,t} \\ \vdots \\ D_{a,2004} \end{pmatrix}, \quad D_{a,t} = \begin{pmatrix} D_{a,t}^1 \\ \vdots \\ D_{a,t}^p \\ \vdots \\ D_{a,t}^P \end{pmatrix}, \quad D_{a,t}^p = \begin{cases} 1 & \text{wenn Projekt } p \text{ F\&E-Thema } a \text{ hat} \\ 0 & \text{sonst} \end{cases}$$

und analog für D_t

$$D_t = \begin{pmatrix} D_{t,2000} \\ \vdots \\ D_{t,s} \\ \vdots \\ D_{t,2004} \end{pmatrix}, \quad D_{t,s} = \begin{pmatrix} D_{t,s}^1 \\ \vdots \\ D_{t,s}^p \\ \vdots \\ D_{t,s}^P \end{pmatrix}, \quad D_{t,s}^p = \begin{cases} 1 & \text{wenn } t = s \\ 0 & \text{sonst} \end{cases}$$

sowie für den Unternehmens-Umsatz

---

[38] Sektorspezifischen lineare Annäherungen des allgemeinen Konjunkturverlaufs sind bereits durch die sektorspezifischen Dummies möglich.
[39] Diese Hypothese bestätigt sich beim Testen alternativer Modellspezifikationen.

$$R = \begin{pmatrix} R_{2000} \\ \vdots \\ R_{2004} \end{pmatrix}.$$

Die Schätzung des Modelles wurde letztlich unter Weglassen der Dummies für die Jahre durchgeführt, da diese zu schwer erklärbaren Sprüngen bei den Hebeleffekten einzelner Projekt-Gruppen führten, die mit Scheinregressionen zusammenhängen könnten. Es wurde das Modell daher unter $\beta_t = 0$ geschätzt, ie

(6) $\quad I_G = \alpha + \sum_{a=1}^{11} \beta_a \, L \, I_G \odot D_a + \beta_R R \odot L I_G + \gamma \Delta I_S + \varepsilon,$

mit folgenden globalen Parameter-Schätzern,

$\hat{\alpha} = 163,04,$

$\hat{\gamma} = 1,24,$

wobei nunmehr beide Parameter (mit White-Standard-Abweichungen) signifikant sind (p-Wert 0,0000 bzw 0,0166). Der signifikante Hebeleffekt ist wiederum größer eins (Additionalität, Crowding-In), aber nicht signifikant größer eins.[40] Von den eingeführten elf Dummy-Kreuztermen sind sechs signifikant (ihre Größe kann etwa als Komponente der durchschnittlichen Wachstumsrate des jeweiligen sektoralen Marktes interpretiert werden; ihre Werte sind in unserem Zusammenhang jedoch irrelevant). Ebenso erklärt die Unternehmensgröße (Umsatz) multiplikative Schwankungen der F&E-Ausgaben (Potenzen des Umsatzes[41] bringen keinen signifikanten zusätzlichen Beitrag). Die Ergebnisse sind in Tabelle 4 zusammengefasst.

Dieses Modell soll als Grundmodell für die weiteren Untersuchungen dienen, bei denen der Hebeleffekt weiter zu zerlegen sein wird. Als erstes Zwischenergebnis der gepoolten Modelle kann der globale Schätzer des Hebeleffektes festgehalten werden, und zwar als ein Crowding-In indizierender geschätzter durchschnittlicher Brutto-Hebeleffekt von 1,24 (bzw Netto-Hebeleffekt von 24%), der signifikant ist, jedoch (bei konservativen White-Standard-Abweichungen) nicht signifikant größer als eins (teilweises Crowding-

---

[40] In diesem Modell sind zwar die Förderbarwert signifikant Granger-kausal für die F&E-Ausgaben, jedoch bleibt fraglich wie ein entsprechendes Modell zum Test der umgekehrten Kausalitätsrichtung aussehen könnte. Daher kann auch hier aus dem Granger-Test wenig gewonnen werden.

[41] Diese könnten gemeinsam als nicht-lineare Skaleneffekte interpretiert werden (zumindest bis zur Ordnung zwei erscheint dies sinnvoll). Gegenständlich ist von annähernd linearen Skaleneffekten auszugehen.

Out kann demnach nicht ausgeschlossen werden; vgl jedoch die Ergebnisse des Random-Effekt-Modells im nachstehenden Abschnitt).

Tabelle 4 Zusammenfassung der OLS-Ergebnisse mit White-Standard-Abweichungen (S.E.)

Parameter	Schätzer	S.E.	t-Statistik	p(t-Statistik)
α	163.0434	30.89946	5.276577	0.0000
γ	1.244712	0.517288	2.406226	0.0166
β_a	0.229979	0.213684	1.076259	0.2825
β_b	-0.011812	0.248647	-0.047505	0.9621
β_c	0.897856	0.055651	16.13377	0.0000
β_d	0.192746	0.146314	1.317348	0.1885
β_e	0.477928	0.173373	2.756644	0.0061
β_f	-0.243813	0.184584	-1.320880	0.1874
β_g	-3.978846	1.925351	-2.066556	0.0395
β_h	0.232073	0.319231	0.726975	0.4677
β_i	0.922991	0.142663	6.469745	0.0000
β_j	0.804324	0.129628	6.204848	0.0000
β_k	-7.409905	2.258599	-3.280753	0.0011
β_R	6.47E-07	2.66E-07	2.435019	0.0154
R-Quadrat	0.914389	Residuenquadratsumme		1.59E+08
Adapt. R-Quadrat	0.911356	F-Statistik		301.5237
S.E. der Regression	658.0542	p(F-Statistik)		0.000000

Mitnahmen und Scheinkorrelationen. Um zu untermauern, dass mit den oben angewandten methodischen Maßnahmen ein großer Teil an Mitnahmen bzw Scheinkorrelationen aus den Daten erfolgreich herausgefiltert wurde, ist das soeben dargelegte Ergebnis (durchschnittlicher Brutto-Hebeleffekt von 1,24) mit einer bloßen Regression der Levels von I_G gegen die Levels von I_S zu kontrastieren. Schätzt man also[42]

$$I_G = \alpha + \beta I_S + \varepsilon,$$

so erhält man als Schätzer für den Proportionalfaktor β einen hoch signifikanten Wert von 4,99 (der keinesfalls als Hebeleffekt zu interpretieren ist); der Interzept ist nicht signifikant. Durchschnittlich wurden also je Projekt rund 20% der F&E-Ausgaben über erhaltene Förderungen finanziert; jedoch kann keinesweges davon die Rede sein, dass diese F&E-Ausgaben – hypothetischerweise – ohne Förderungen zur Gänze ausgeblieben wären. Es ist davon auszugehen, dass es sich bei der Differenz zwischen dem Proportionalitätsfaktor von

---

[42] Ein Modell, das zusätzlich den Lag von I_G als denkbaren Regressor enthält (und gleichzeitig nur die Levels von I_S enthält), wird bewusst nicht geschätzt, da es aus Struktursicht nur schwer zu interpretieren wäre (Regression von Differenzen gegen Levels).

4,99 und dem geschätzten Brutto-Hebeleffekt von 1,24 um Scheinkorrelationen handelt (also F&E-Ausgaben, die *nicht* kausal durch Förderungen verursacht wurden und daher nicht Additionalität erfassen).

Aus dieser Sicht kann das oben geschätzte (zeitlich gepoolte) Grundmodell, Gleichung (6), den weiteren Untersuchungen zu Grunde gelegt werden. Zusätzlich sollen im nächsten Abschnitt Panel-Ansätze auf ihre Zweckmäßigkeit zur Schätzung des Hebeleffektes in den vorliegenden Daten untersucht werden.

c) Fixed-Effekt- und Random-Effekt-Modelle

Hier ist kurz darzulegen, ob Panelmodelle zur Untersuchung unserer Daten und Fragestellungen geeignet sind. Mit Panelmodell (Cross-Section p und Zeitreihe t) sei ein Modell mit projekt-spezifischem Interzept α^p, ie

$$I_{G,t}^p = \alpha^p + \beta L I_{G,t}^p + \gamma \Delta I_{G,t}^p,$$

gemeint, wobei die P Parameter α^p entweder (i) als konstante unbekannte Parameter angenommen werden können (Fixed-Effekt-Modell) oder (ii) als aus einer Verteilung iid(μ, σ_α^2) gezogen (Random-Effekt-Modell).

Probleme im konkreten Fall sind die sehr kurze Zeitreihe und die Tatsache, dass – jedenfalls beim Fixed-Effekt-Modell – der (ökonomisch schwierig interpretierbare) projektspezifische Interzept zuviel aus dem Erklärungswert der globalen Parameter von Interesse, β, γ, nimmt. Das Fixed-Effekt-Modell vermag daher hier kein aussagekräftiges Ergebnis zu systematischen Mustern der Wirkungszusammenhänge zu leisten.

Das Random-Effekt-Modell liefert für das Gesamt-Sample (ohne Ausreißer) die GLS-Schätzer

$\hat{\alpha} = 57,41,$
$\hat{\beta} = 1,11,$
$\hat{\gamma} = 1,27,$

wobei der Schätzer für α nicht signifikant von null verschieden ist, während die Schätzer für β und γ hoch signifikant sind (vgl Tabelle 5).

Der Schätzer für γ ist hier signifikant größer als eins (p-Wert des zweiseitigen F-Tests von 0,0134). Dieses Modell ist hinsichtlich des Parameters γ am ehesten mit dem oben untersuchten erweiterten gepoolten Modell, (5), vergleichbar und liefert in der Tat ein ähnliches Schätzergebnis (dort Schätzer für γ von 1,24). Dies kann damit begründet werden, dass der projektspezifische Random-Interzept weitgehend die gleichen Effekte erfasst wie die im gepoolten Modell (5) als zusätzliche Regressoren verwendeten Kreuzterme. Dieses Nebenresultat gilt im Kern auch für die im folgenden Abschnitt zum Hebeleffekt durchgeführten Sub-Sample-Untersuchungen. Gegen das Random-Effekt-Modell ist dennoch einzuwenden, dass dem Aufeinandertreffen von Lags der abhängigen Variable sowie serieller Autokorrelation, geeigneterweise durch Anwendung des Differenz-Operators auf die gesamte Regressionsgleichung begegnet werden sollte; dies ist jedoch aufgrund der kurzen Zeitreihe nicht möglich. Den weiteren Analysen wird daher das zeitlich gepoolte Modell zugrunde gelegt.

Tabelle 5 Zusammenfassung der GLS-Ergebnisse für das Random-Effekt-Modell

Parameter	Schätzer	S.E.	t-Statistik	p(t-Statistik)
α	57.41357	42.15272	1.362037	0.1739
β	1.110244	0.022842	48.60588	0.0000
γ	**1.273278**	**0.110014**	**11.57378**	**0.0000**
193 Random-Effekte nicht wider gegeben				
GLS-transformierte Regression				
R-Quadrat	0.913521	S.E. der Regression		628.2029
Adapt. R-Quadrat	0.913098	Residuenquadratsumme		1.61E+08

d) Lokale Hebeleffekte und deren Bestimmungsfaktoren: Varianten des zeitlich gepoolten Grundmodells

In diesem Abschnitt wird der Hebeleffekt-Parameter, γ, für einzelne Partitionen des Samples separat geschätzt; die Parameter α und β werden gleichzeitig in ihrer (globalen bzw. lokalen) Struktur aus Modell (6) beibehalten (mit $\beta_t = 0$ für alle t). Zur teilweisen Partitionierung ist daher ΔI_S mit einer Reihe von Dummy-Variablen komponentenweise zu multiplizieren. Die sich ergebenden Effekte werden dabei zunächst als einzelne Erweiterungen zu (6), also in ihrer Totalität (Gesamteffekte), untersucht.

Dabei gelangen folgende Dummies zur Anwendung, ie für das F&E-Thema a elf sektorale Dummies $\mathbf{D}_a$, für die Innovationsart b drei Dummies $\mathbf{D}_b$ (Grundlagenforschung, angewandte Forschung, Produktentwicklung bezeichnet), für die Kooperativität c ein Dummy $\mathbf{D}_c$, für die Art des Förderprogramms d 16 Dummies $\mathbf{D}_d$ (14 Dummies für die Sondermittelprogramme, einer für FFF-Projektförderungen, einer für sonstige Förderprogramme), für die Art des Förderinstrumentes e vier Dummies $\mathbf{D}_e$ (verlorener Zuschuss, Zinszuschuss, bedingt rückzahlbares Darlehen, Haftungsübernahme) und für das Kalenderjahr t fünf Dummies (2000, 2001, 2002, 2003, 2004). Daneben wird noch der Unternehmens-Umsatz **R** als erklärender Einflussfaktor untersucht. Die Dummies seien wie folgt definiert,

$$\mathbf{D}_a = \begin{pmatrix} \mathbf{D}_{a,2000} \\ \vdots \\ \mathbf{D}_{a,t} \\ \vdots \\ \mathbf{D}_{a,2004} \end{pmatrix}, \quad \mathbf{D}_{a,t} = \begin{pmatrix} D_{a,t}^1 \\ \vdots \\ D_{a,t}^p \\ \vdots \\ D_{a,t}^P \end{pmatrix}, \quad D_{a,t}^p = \begin{cases} 1 & \text{wenn Projekt } p \text{ F\&E-Thema } a \text{ hat} \\ 0 & \text{sonst,} \end{cases}$$

wobei a = 1,...,11 die Zugehörigkeit des F&E-Themas des Projektes zu den Sektoren

(1) KFZ,
(2) Bahntechnologie,
(3) Aerospace,
(4) Werkstoffe, Grundstoffchemie,
(5) Maschinenbau,
(6) Mechatronik, Feinwerkstechnologie, Nanotechnologie,
(7) Energie, Umwelttechnik,
(8) Life Sciences (Biochemie, Biotechnologie, Pharma, Lebensmittel),
(9) Advanced Electronics, Informations- und Kommunikationstechnologie,
(10) Software,
(11) nicht-technologische Innovationen

bezeichnet;

$$\mathbf{D}_b = \begin{pmatrix} \mathbf{D}_{b,2000} \\ \vdots \\ \mathbf{D}_{b,t} \\ \vdots \\ \mathbf{D}_{b,2004} \end{pmatrix}, \quad \mathbf{D}_{b,t} = \begin{pmatrix} D_{b,t}^1 \\ \vdots \\ D_{b,t}^p \\ \vdots \\ D_{b,t}^P \end{pmatrix}, \quad D_{b,t}^p = \begin{cases} 1 & \text{wenn Projekt } p \text{ Innovationsart } b \text{ zugehört} \\ 0 & \text{sonst,} \end{cases}$$

wobei b = 1, 2, 3 die Innovationsarten

(1) Grundlagenforschung,
(2) angewandte Forschung und
(3) Produktentwicklung

bezeichnet;

$$\mathbf{D}_c = \begin{pmatrix} \mathbf{D}_{c,2000} \\ \vdots \\ \mathbf{D}_{c,t} \\ \vdots \\ \mathbf{D}_{c,2004} \end{pmatrix}, \quad \mathbf{D}_{c,t} = \begin{pmatrix} D_{c,t}^1 \\ \vdots \\ D_{c,t}^p \\ \vdots \\ D_{c,t}^P \end{pmatrix}, \quad D_{c,t}^p = \begin{cases} 1 & \text{wenn Projekt } p \text{ kooperativ ist} \\ 0 & \text{sonst,} \end{cases}$$

wobei c keine mehrfachen Ausprägungen hat und angibt, ob das Unternehmen für ein F&E-Projekt Alleinfördernehmer ist oder das geförderte Projekt gemeinsam mit (zumindest) einem anderen Unternehmen durchgeführt wird;

$$\mathbf{D}_d = \begin{pmatrix} \mathbf{D}_{d,2000} \\ \vdots \\ \mathbf{D}_{d,t} \\ \vdots \\ \mathbf{D}_{d,2004} \end{pmatrix}, \quad \mathbf{D}_{d,t} = \begin{pmatrix} D_{d,t}^1 \\ \vdots \\ D_{d,t}^p \\ \vdots \\ D_{d,t}^P \end{pmatrix}, \quad D_{d,t}^p = \begin{cases} 1 & \text{wenn Projekt } p \text{ im Programm } d \text{ gefördert} \\ 0 & \text{sonst,} \end{cases}$$

wobei $d = 1,\ldots,16$ die Sondermittelprogramme

(1) AplusB (Inkubatorförderung Academia plus Business),
(2) AERO (Aeronautik),
(3) FH-plus (Fachhochschule plus),
(4) Fit-It (Impulsprogramm Fit-It),
(5) IVS (Intelligente Verkehrssysteme und Services),
(6) K-plus (Kompetenzzentren K-plus der TiG),
(7) K-ind (Kompetenzzentren Industrie),
(8) K-net (Kompetenzzentren Network),
(9) NANO (Nanoinitiative),
(10) NatWP (Nationales Weltraumprogramm),
(11) NhWs (Nachhaltig Wirtschaften),
(12) REG-plus (Regionalwirtschaft plus),
(13) SeedF (Seed Financing),
(14) sonstige Sondermittelprogramme

und

(15) FFF-Projektförderungen,
(16) sonstige Förderprogramme (zB EU, Bundesländer)

bezeichnet;

$$\mathbf{D}_e = \begin{pmatrix} \mathbf{D}_{e,2000} \\ \vdots \\ \mathbf{D}_{e,t} \\ \vdots \\ \mathbf{D}_{e,2004} \end{pmatrix}, \quad \mathbf{D}_{e,t} = \begin{pmatrix} D_{e,t}^1 \\ \vdots \\ D_{e,t}^p \\ \vdots \\ D_{e,t}^P \end{pmatrix}, \quad D_{e,t}^p = \begin{cases} 1 & \text{wenn Projekt } p \text{ mit Instrument Typ } e \text{ gefördert} \\ 0 & \text{sonst} \end{cases}$$

wobei $e = 1,\ldots,5$ die Förderinstrument-Typen

(1) verlorener Zuschuss,
(2) Zinszuschuss,

(3) bedingt rückzahlbares Darlehen,
(4) Haftungsübernahme und
(5) sonstige

bezeichnet; und

$$\mathbf{D}_t = \begin{pmatrix} \mathbf{D}_{t,2000} \\ \vdots \\ \mathbf{D}_{t,s} \\ \vdots \\ \mathbf{D}_{t,2004} \end{pmatrix}, \quad \mathbf{D}_{t,s} = \begin{pmatrix} D_{t,s}^1 \\ \vdots \\ D_{t,s}^p \\ \vdots \\ D_{t,s}^p \end{pmatrix}, \quad D_{t,s}^p = \begin{cases} 1 & \text{wenn } t = s \\ 0 & \text{sonst,} \end{cases}$$

wobei t und s die beobachteten Jahre bezeichnen (2000 bis 2004, nach Verlust einer Beobachtung für Lag bzw Differenz).

Förderinstrument-Typen. Schätzt man γ getrennt für die einzelnen Förderinstrument-Typen, ie

$$\mathbf{I}_G = \alpha + \sum_{a=1}^{11} \beta_a \mathbf{L} \mathbf{I}_G \odot \mathbf{D}_a + \beta_R \mathbf{R} \odot \mathbf{L} \mathbf{I}_G + \sum_{e=1}^{4} \gamma_e \Delta \mathbf{I}_S \odot \mathbf{D}_e + \varepsilon,$$

so erhält man für die Kreuzterme mit den Dummies verlorene Zuschüsse, Zinszuschüsse und bedingt rückzahlbare Darlehen hoch signifikante Parameter-Schätzer (p-Wert jeweils 0,0000), und zwar wie theoretisch erwartet den geringsten Hebeleffekt $\gamma_{e=1}$ bei verlorenen Zuschüssen, einen mittleren Hebeleffekt $\gamma_{e=2}$ bei Zinszuschüssen und einen großen Hebeleffekt $\gamma_{e=3}$ bei bedingt rückzahlbaren Darlehen,

$\hat{\gamma}_{e=1} = 0,79$ (Standard-Fehler = 0,18),
$\hat{\gamma}_{e=2} = 2,81$ (Standard-Fehler = 0,72),
$\hat{\gamma}_{e=3} = 4,18$ (Standard-Fehler = 0,86),
$\hat{\gamma}_{e=4} = -0,73$ (Standard-Fehler = 0,88).

Dabei unterscheiden sich die Hebeleffekte bei bedingt rückzahlbaren Darlehen und bei verlorenen Zuschüssen in hoch signifikantem Maße (p-Wert des F-Testes von 0,0002). Der Schätzer für den Hebeleffekt bei Haftungsübernahmen, $\gamma_{e=4}$, ist zwar negativ (ca $-0,73$), aber *nicht* signifikant von null verschieden (p-Wert 0,4073). Da jedoch nur eine einzelne (!) Beobachtung zu Haftungsübernahmen vorhanden ist, sollte daraus schlichtweg nichts abgeleitet werden.

Der Vollständigkeit halber ist darauf hinzuweisen, dass im strengen Sinne Instrumente mit Selbstselektionsmechanismus im Fördervertrag (vgl oben Kapitel I Abschnitt 5.3 d)) nicht im Sample enthalten sind. Wenn auch bei bedingt rückzahlbaren Darlehen für den Fördernehmer nicht das Risiko besteht, mehr zurückzahlen zu müssen, als er an Kapital erhalten hat, sondern maximal gerade so viel, wie er zuvor erhalten hat, so nähern sie sich dennoch (im

Vergleich zu Zuschüssen) dem Selbstselektionsmechanismus an. Bedenkt man noch, dass neben einer zB bedingten 100%-Rückzahlungspflicht auch der administrative Aufwand zur Antragstellung und Förderabwicklung (zB Berichtspflichten etc) als Opportunitätskosten des Fördernehmers einzukalkulieren sind, kann auch ein bedingt rückzahlbares Darlehen als selbstselektives Förderinstrument qualifiziert werden. Jedenfalls wäre zu erwarten, dass bedingt rückzahlbare Darlehen aufgrund ihrer relativ mitnahmefeindlichen Anreizstrukturen höhere Hebeleffekte erzielen. Dies konnte hier in hoch signifikanter Weise bestätigt werden.

Sondermittelprogramme. Schätzt man γ getrennt, und zwar zum einen γ_{SMP} für Sondermittelprogramme und zum anderen $\gamma_{N\text{-}SMP}$ für FFF-Projektförderungen und Nicht-Sondermittelprogramme, ie

$$\mathbf{I}_G = \alpha + \sum_{a=1}^{11} \beta_a \mathrm{L} \mathbf{I}_G \odot \mathbf{D}_a + \beta_R \mathrm{R} \odot \mathrm{L} \mathbf{I}_G + \sum_{d=1}^{16} \gamma_d \Delta \mathbf{I}_S \odot \mathbf{D}_d + \varepsilon \quad \text{mit}$$

$$\gamma_d = \gamma_{SMP} \quad \forall d = 1,\ldots,14 \quad \text{und}$$

$$\gamma_d = \gamma_{N\text{-}SMP} \quad \forall d = 15,16,$$

so erhält man

$$\hat{\gamma}_{SMP} = 1,70 \quad (\text{Standard-Fehler} = 0,41),$$

$$\hat{\gamma}_{N\text{-}SMP} = 1,22 \quad (\text{Standard-Fehler} = 0,53),$$

die (hoch) signifikant sind und für die Sondermittelprogramme einen höheren (Brutto-) Hebeleffekt aufweisen; sich aber *nicht* signifikant voneinander unterscheiden (*p*-Wert des *F*-Testes von 0,4688).

Bezieht man dabei allerdings nur Projekte ein, die *ausschließlich* mit verlorenen Zuschüssen gefördert werden (selbstselektivere Förderinstrumente kommen im Sample praktisch nur bei Nicht-Sondermittelprogrammen zum Einsatz), so erhält man[43]

$$\hat{\gamma}_{SMP} = 2,03 \quad (\text{Standard-Fehler} = 0,52),$$

$$\hat{\gamma}_{N\text{-}SMP} = 0,74 \quad (\text{Standard-Fehler} = 0,17),$$

wobei sich die beiden Werte mit einer Signifikanz von 2,02% erheblich signifikant unterscheiden (F-Test der Restriktion $\gamma_{SMP} = \gamma_{N\text{-}SMP}$, wenn die anderen

---

[43] Dabei mussten zur Vermeidung von Multikollinearität der signifikante Dummy $\mathbf{D}_{a=11}$ und der nicht-signifikante $\mathbf{D}_{a=2}$ ausgeschieden und durch den Regressor $\mathrm{L}\mathbf{I}_G$ ersetzt werden. Da letzterer im Basismodell nicht annähernd signifikant war (0,9621), ist davon auszugehen, dass $\mathrm{L}\mathbf{I}_G$ die verlorenen Erklärungsbeiträge quasi vollständig aufzufangen vermag und unsere weiteren Überlegungen zum Parameter γ (Hebeleffekt) unbeeinträchtigt bleiben.

Parameter hinsichtlich der Partitionierung nicht restringiert werden). Damit kann mit Signifikanz festgehalten werden, dass Sondermittelprogramme bei einem Vergleich gleichartiger Förderinstrument-Typen (verlorene Zuschüsse) einen höheren Hebeleffekt aufweisen, als bei sonstigen Förderprogrammen (dieses Ergebnis ist auch für den direkten Vergleich von Sondermittelprogrammen mit jenen FFF-Projektförderungen, die ausschließlich mit verlorenen Zuschüssen operieren, repräsentativ und praktisch völlig ident).

Unternehmensgröße. Zerlegt man γ (Hebeleffekt) additiv in eine (multiplikativ) umsatzabhängige und eine umsatzunabhängige Komponente, schätzt man also im einfachsten Fall das Modell

$$\mathbf{I}_G = \alpha + \sum\nolimits_{a=1}^{11} \beta_a \mathbf{L}\mathbf{I}_G \odot \mathbf{D}_a + \beta_R \mathbf{R} \odot \mathbf{L}\mathbf{I}_G + \gamma \Delta \mathbf{I}_S + \gamma_R \mathbf{R} \odot \Delta \mathbf{I}_S + \varepsilon,$$

so zeigen die erhaltenen Parameter-Schätzer, auszugsweise

$\hat{\gamma} = 3,66$ (Standard-Fehler = 1,16),

$\hat{\gamma}_R = -2,36 \cdot 10^{-6}$ (Standard-Fehler = $9,22 \cdot 10^{-7}$),

sowie[44]

$\hat{\gamma}_R \mathrm{E}(R) = -0,91$ (Standard-Fehler $\cdot \mathrm{E}(R) = 0,36$),

dass der multiplikative Einfluss (erster Ordnung) des Umsatzes (stellvertretend für die „Unternehmensgröße") auf den Brutto-Hebeleffekt hoch signifikant negativ ist (p-Wert 0,0108). Der Zusammenhang zwischen der größenabhängigen Komponente des Hebeleffektes, γ_R, und dem Umsatz ist jedoch keineswegs linear wie eine Erweiterung des Modells um ein Polynom des Umsatzes zeigt. Eine Reihe von Potenzen sind (teilweise hoch) signifikant, jedoch schwierig zu interpretieren und vor allem im dringenden Verdacht, bloßem Data-Fitting zu dienen (also bloß zufällige Ausprägungen *dieses* Samples zu erklären). Sie werden daher hier auch nicht wiedergegeben. Sinnvoll erscheint jedoch das Grundergebnis, dass der Brutto-Hebeleffekt mit der Unternehmensgröße erheblich abnimmt. Dies kann so interpretiert werden, dass sich kleinere Unternehmen besonders hohen Markt- und Allokations-Ineffizienzen gegenüber sehen, weshalb Förderungen ein großes Hebelpotenzial zukommt.

Innovationsart. Schätzt man γ getrennt für die einzelnen Innovationsarten ($\gamma_{b=1}$ für Grundlagenforschung, $\gamma_{b=2}$ für angewandte Forschung und $\gamma_{b=3}$ für Produktentwicklung), ie

---

[44] E($\cdot$) bezeichnet den Erwartungswert-Operator.

$$I_G = \alpha + \sum_{a=1}^{11} \beta_a \operatorname{LI}_G \odot D_a + \beta_R R \odot \operatorname{LI}_G + \sum_{b=1}^{3} \gamma_b \Delta I_S \odot D_b + \varepsilon,$$

so erhält man die Parameter-Schätzer

$\hat{\gamma}_{b=1} = -1,13$ (Standard-Fehler = 1,13),

$\hat{\gamma}_{b=2} = 2,19$ (Standard-Fehler = 0,83),

$\hat{\gamma}_{b=3} = 5,40$ (Standard-Fehler = 1,67),

wobei einerseits die Parameter-Schätzer $\gamma_{b=2}$ und $\gamma_{b=3}$ hoch signifikant sind (p-Wert 0,0084 und 0,0014) und andererseits die hohen Standard-Abweichungen die absoluten Zahlen erheblich relativieren. $\gamma_{b=1}$ ist nicht signifikant (p-Wert 0,3187). Damit zeigt sich, dass unternehmerischer Grundlagenforschung den geringsten Hebeleffekt aufweist (wobei weder das negative Vorzeichen noch ein Wert kleiner + 1 mit Signifikanz belegt werden können), angewandte Forschung einen signifikant höheren (mittleren) Hebeleffekt und Produktentwicklung schwach signifikant einen wiederum höheren Brutto-Hebeleffekt aufweist. Diese Reihung nach der relativen Input-Additionalität kann also mit Signifikanz unterlegt werden (trotz großer Standard-Abweichungen). Zum einen ließe sich das Ergebnis so interpretieren, dass die bei Produktentwicklung – mutmaßlich – besonders hohen Mitnahmeeffekte mit dem hier zur Anwendung kommenden methodischen Ansatz nicht ausreichend herausgefiltert werden und eine überhöhte Additionalität vortäuschen.

Ist dies nicht der Fall, kann das Ergebnis so interpretiert werden, dass (unternehmerische) Grundlagenforschung riskant ist (Erfolgsunsicherheit bei Risikoaversion) und mit besonders großen Externalitäten behaftet ist. Das führt möglicherweise dazu, dass ein repräsentatives Unternehmen *überhaupt keine* eigenen Mittel dafür ausgibt – auch nicht im Förderungsfall (oder lediglich einen geringen Grundbetrag), womit keine Hebelung zustande kommt.

Zu untersuchen wäre jedoch auch, ob nicht im Gegenzug die gesamtwirtschaftliche *Output*-Additionalität gerade bei Grundlagenforschung erheblich überdurchschnittlich ausfällt.[45] Der gesamtwirtschaftliche Nutzen von unternehmerischer Grundlagenforschung wäre nach dem Produkt von Brutto-Hebeleffekt und Wohlfahrtseffekt zu beurteilen.

Kooperativität. Schätzt man γ getrennt für Projekte, bei denen das Unternehmen Alleinfördernehmer ist, einerseits und kooperative Projekte andererseits, ie

---

[45] Zur Verifizierung dieser Überlegung zum Output-Effekt kann jedoch aus der gegenständlich vorliegenden Datenstruktur nichts gewonnen.

$$I_G = \alpha + \sum\nolimits_{a=1}^{11} \beta_a L I_G \odot D_a + \beta_R R \odot L I_G + \gamma_c \Delta I_S \odot D_c + \gamma_c \Delta I_S \odot (I - D_c) + \varepsilon,$$

so erhält man die Parameter-Schätzer

$\hat{\gamma}_{allein} = 1,15$ (Standard-Fehler = 0,50),

$\hat{\gamma}_{kooperativ} = 3,03$ (Standard-Fehler = 0,85),

wobei beide hoch signifikant sind (p-Wert 0,0228 und 0,0004). Dabei weisen kooperative Projekte (schwach signifikant) höhere Hebeleffekte auf als Projekte, die von Alleinfördernehmern durchgeführt werden (p-Wert des F-Tests von 0,0566).

F&E-Thema. Fasst man die sektoral kategorisierten F&E-Themen der Projekte in zwei Gruppen zusammen, die (näherungsweise) danach abgegrenzt sind, ob der österreichische Rat für Forschung und Technologieentwicklung[46] für diese eher eine überdurchschnittliche Schwerpunkt-Förderung (a = 8, 9, 10; also[47] Life Sciences, Advanced Electronics, Informations- und Kommunikationstechnologie sowie Software) oder eher eine unterdurchschnittliche Förderung (a = 1, ..., 7, 11; also alle sonstigen) empfiehlt und schätzt man γ getrennt für diese beiden Gruppen, ie

$$I_G = \alpha + \sum\nolimits_{a=1}^{11} \beta_a L I_G \odot D_a + \beta_R R \odot L I_G + \sum\nolimits_{a=1}^{11} \gamma_a \Delta I_S \odot D_a + \varepsilon \text{ mit}$$

$\gamma_a = \gamma_{RFT-Schwerpunkt} \quad \forall d = 8, 9, 10$ und

$\gamma_a = \gamma_{sonstige} \quad \forall d = 1, ..., 7, 11,$

so erhält man die Parameter-Schätzer

$\hat{\gamma}_{RFT-Schwerpunkt} = 1,19$ (Standard-Fehler = 0,49),

$\hat{\gamma}_{sonstige} = 2,23$ (Standard-Fehler = 0,52),

dh jene sektoralen F&E-Themen, für die nach der zitierten Empfehlung eine besonders hohe Förderintensität vorgeschlagen wird, weisen einen unterdurchschnittlichen Hebeleffekt auf.

Dabei zeigt eine nähere Untersuchung, dass die Forschungsthemen Advanced Electronics und Informations- und Kommunikationstechnologie sowie Aerospace erheblich überdurchschnittliche Hebeleffekte aufweisen (bei hoher Signifikanz). Umgekehrt sind Life Sciences (Code 8) und Mechatronik, Feinwerkstechnologie, Nanotechnologie (Code 6) weit abgeschlagen, wobei aber nur erstere signifikant sind. Angesichts der kleinen Beobachtungsanzahl je

---

[46] Vgl Rat für Forschung und Technologieentwicklung (2003), S 4.
[47] Vgl die Definition der sektoralen Kategorien oben S 179.

sektoraler Kategorie sind diese Ergebnisse allerdings kaum einer Interpretation zugänglich.[48] Ansonsten kämen für diese Ergebnisse als mögliche Erklärung Förder- oder Forschungs-Sättigungseffekte und hohe private Gewinnerwartungen (dh Mitnahmen) in den Bereichen Life Sciences (Code 8) und Mechatronik, Feinwerkstechnologie, Nanotechnologie (Code 6) in Betracht. Es gilt jedoch zu bedenken, dass sich möglicherweise gerade in diesen Bereichen der Wohlfahrtseffekt umgekehrt verhält und das Produkt aus Brutto-Hebeleffekt und Wohlfahrtseffekt überdurchschnittlich ausfällt.[49]

Jahre. Schätzt man γ getrennt für die einzelnen beobachteten Jahre (2000 bis 2004), ie

$$\mathbf{I}_G = \alpha + \sum\nolimits_{a=1}^{11} \beta_a \, \mathbf{L}\mathbf{I}_G \odot \mathbf{D}_a + \beta_R \mathbf{R} \odot \mathbf{L}\mathbf{I}_G + \sum\nolimits_{t=2000}^{2004} \gamma_t \Delta \mathbf{I}_S \odot \mathbf{D}_t + \varepsilon,$$

so erhält man die Parameter-Schätzer

$\hat{\gamma}_{t=2000} = 1,29$ (Standard-Fehler = 0,11),

$\hat{\gamma}_{t=2001} = -2,70$ (Standard-Fehler = 2,12),

$\hat{\gamma}_{t=2002} = 3,64$ (Standard-Fehler = 1,64),

$\hat{\gamma}_{t=2003} = 2,53$ (Standard-Fehler = 0,54),

$\hat{\gamma}_{t=2004} = -0,62$ (Standard-Fehler = 0,73),

die teilweise signifikant sind (2000, 2003, 2004) und überwiegend große Standard-Fehler aufweisen. Da es sich um keine Ceteris-Paribus-Analyse handelt, sind Begründungen für die Schwankungen insbesondere in Scheinkorrelationen und in den Korrelationen zu allen anderen Dimension des Samples zu suchen.

Ceteris paribus. Versucht man all die genannten Variablen für eine Ceteris-paribus-Analyse in eine Schätzung zu integrieren (oder zumindest möglichst viele derselben), so zeigt sich, dass das Modell erheblich überspezifiziert wäre. Die einzelnen Parameter sind nicht mehr aussagekräftig und werden daher hier nicht abgedruckt. Die oben geschätzten Totalanalysen können allerdings für einzelne Fragestellungen anhand der im Anhang abgedruckten Tabellen der paarweisen Korrelationen der Variablen interpretiert werden (siehe Tabelle 8, Tabelle 9).

---

[48] Die einzelnen Werte werden aufgrund ihrer großen Unzuverlässigkeit (Stichprobenumfang) nicht wiedergegeben.

[49] Zur Verifizierung dieser Überlegung zum Output-Effekt kann jedoch aus der gegenständlich vorliegenden Datenstruktur nichts gewonnen.

2.5 Interpretation

Es soll hier zwei Fragen nachgegangen werden. Erstens ist darzulegen, inwieweit die vorliegende Arbeit mit den Ergebnissen anderer Untersuchungen vereinbar ist bzw sich von diesen abgrenzt. Unter den wenigen zu österreichischen Daten durchgeführten Untersuchungen ist insbesondere die kürzlich erfolgte FFF-Evaluierung hervorzuheben, deren ökonometrische Analysen in Schibany et al (2004) zusammengefasst sind.[50] Zweitens sind die Schlussfolgerungen zu den theoretisch gestützten Hypothesen (Kapitel I Abschnitt 6) zusammenzufassen und zu interpretieren.

Ergebnisse Input-Additionalität. Die vorliegende Arbeit schätzt den Netto-Hebeleffekt (kausal induzierte zusätzliche unternehmerische F&E-Ausgaben je Euro Förderbarwert) für das gesamte Sample (SMP und N-SMP) auf durchschnittlich rund 24% im zeitlich gepoolten Model (ein alternatives Random-Effekt-Modell bestätigt diesen Wert, indem es 27% liefert). Dabei kann das positive Vorzeichen (Crowding-In) im Random-Effekt-Modell mit (fast hoher) Signifikanz kann belegt werden.

(i) *Hypothese (i) akzeptiert:* Die untersuchten Daten sind mit einem relativen Brutto-Hebeleffekt größer eins konsistent (nicht jedoch mit der allgemeinen Alternativhypothese).

Für das Teil-Sample der Sondermittelprogramme wird der Netto-Hebeleffekt zwar größer, aber *nicht* statistisch signifikant größer als bei Nicht-Sondermittelprogrammen (überwiegend FFF-Förderungen) geschätzt. Nimmt man diesen Vergleich allerdings nur für gleichwertige Förderinstrumente vor, so scheinen SMP-Förderungen signifikant größere Hebeleffekte zu erzielen (den absoluten Zahlen kann dabei aufgrund großer Standardabweichungen nur geringe Bedeutung zugemessen werden).

Ergebnisvergleich mit FFF-Evaluierung. Schibany et al (2004) untersucht ähnliche Fragestellungen für ein teilweise überlappendes Sample und gelangt zu einem Schätzer für den Netto-Hebeleffekt von FFF-Förderungen in Höhe von rund 40%. Zieht man internationale Studienergebnisse als Vergleichsmaßstab heran, so erscheint dieser Hebeleffekt eher hoch. Grundsätzlich kann die Differenz zu den Ergebnissen der vorliegenden Arbeit auf drei Ursachen

---

[50] Zu früheren FFF-Evaluierungen vgl etwa Blecha, Hillebrand und Hochgerner (1998), S 146ff. Vgl auch Hutschenreiter, Polt und Gassler (2001). Zu internationalen Studien vgl auch die Reviews und Verweise in David, Hall und Toole (2000), Klette, Møen und Griliches (2000) und Schibany et al (2004), S 30.

zurückgeführt werden. Erstens unterscheiden sich die Schätzmodelle (und Schätzmethoden) in erheblicher Weise. Die mehrfachen, oben in Abschnitt 2.1 dargelegten Argumente legen nahe, dass Schibany et al (2004) tendenziell einen geringeren Teil an Scheinkorrelationen bzw Mitnahmen herausfiltern. Da deren Daten nicht vorliegen, kann aufgrund der erwähnten methodischen Überlegungen nur vermutet werden, dass in den 40% ein relativ großer Anteil an F&E-Ausgaben enthalten sind, die auch ohne Förder-Euro erfolgt wären. Zweiten mögliche Erklärung für die Diskrepanz sind statistische Zufälle. So schließen Schibany et al (2004) nicht aus, dass die 40% in Wirklichkeit sogar negativ sein könnten (Brutto-Hebeleffekt kleiner eins). In der vorliegenden Studie kann dies trotz des wesentlich kleineren Sampleumfanges – wenn auch nur auf Basis des Random-Effekt-Modells – mit statistischer Signifikanz ausgeschlossen werden. Was damit gezeigt werden soll, ist, dass beide Ergebnisse – insbesondere die absoluten Zahlen (im Gegensatz zu den unten folgenden komparativen qualitativen Aussagen) – mit großen statistischen Schwankungsbreiten behaftet sind und daher nicht überinterpretiert werden dürfen. Insgesamt sollen jedoch die dichten gemeinsamen Hinweise auf positive Netto-Hebeleffekte von F&E-Förderungen unterstrichen werden. Drittens kann die Ursache für die Unterschiede der beiden Untersuchungsergebnisse tatsächlich fundamentale Ursachen haben, die es nicht zu erfassen gelang.

Komparative Ergebnisse Input-Additionalität. Die vorliegende Arbeit versuchte darüber hinaus gehend auch Fragestellungen über den Einfluss einzelner Eigenschaften von Förderinstrumenten und Projekten auf die erzielte Hebelwirkung nachzugehen. Diese Ergebnisse können wie folgt interpretiert werden (es handelt sich dabei um Gesamteffekte nicht um Ceteris-paribus-Beiträge), auszugsweise die wichtigsten:

(i) *Hypothese (iii) akzeptiert:* Die untersuchten Daten sind mit einem positiven Zusammenhang zwischen (relativem Brutto-)[51] Hebeleffekt und Selbstselektivität konsistent (nicht jedoch mit der allgemeinen Alternativhypothese). Der Hebeleffekt von bedingt rückzahlbaren Darlehen ist in Übereinstimmung mit den theoretischen Überlegungen und in

---

[51] Dies gilt selbstverständlich auch für den relativen Netto-Hebeleffekt, da dieser lediglich eine monotone steigende Transformierte darstellt (Abzug der Konstante – 1). Ähnliches gilt im Übrigen auch für den absoluten Hebeleffekt.

hoch signifikantem Maße größer als jener von verlorenen Zuschüssen (für Haftungsgarantien lag nur eine Beobachtung vor).[52]

(ii) *Hypothese (iv) akzeptiert:* Die untersuchten Daten sind mit einem negativen Zusammenhang zwischen Hebeleffekt und Unternehmensgröße konsistent (nicht jedoch mit der allgemeinen Alternativhypothese). Der Hebeleffekt scheint hoch signifikant mit der Unternehmensgröße abzunehmen (mögliche Ursache: mangelnde Internalisierung, Risikoaversion und Kapitalmarktversagen treffen besonders kleine Unternehmen).

(iii) *Hypothese (v) verworfen:* Die untersuchten Daten sind *nicht* mit einem negativen Zusammenhang zwischen Hebeleffekt und Innovationsstufe konsistent, während sie mit der allgemeinen Alternativhypothese sehr wohl konsistent sind. Entgegen der theoretisch gestützten Prognose weisen Produktentwicklung und angewandte Forschung (signifikant) größere Hebeleffekte als Grundlagenforschung auf. Mögliche Erklärungen für diese Diskrepanz sind: (a) bei Produktentwicklung und angewandter Forschung sind die Messfehler größer, weil die dort größeren Mitnahmen nicht vollständig herausgefiltert wurden, (b) bei Grundlagenforschung können *zu geringe* (!) Förderungen die großen Externalitäten und hohes Risiko nicht überwinden – überhaupt kein Hebeleffekt, (c) statistisches Artefakt.

(iv) *Hypothese (vi) akzeptiert:* Die untersuchten Daten sind mit einem positiven Zusammenhang zwischen Hebeleffekt und Kooperativität konsistent (nicht jedoch mit der allgemeinen Alternativhypothese). Kooperative Projekte haben (schwach signifikant) größere Hebeleffekte als Projekte von Alleinfördernehmern.

Besonders interessant ist dabei das Ergebnis, dass bedingt rückzahlbare Darlehen aufgrund ihrer besseren Selbstselektivität in hoch signifikantem Maße höhere Hebeleffekte erzielen als verlorene Zuschüsse (oder auch Zinszuschüsse). Mit anderen Worten, diese Art von Förderinstrument vermag wohlfahrtsvernichtende Mitnahmen wirkungsvoll zu reduzieren. Dieses Ergebnis stützt einerseits die theoretische Modellierung von Anreizmechanismen oben in Kapitel I (vgl Abschnitt 5.3) und ist andererseits konsistent mit bestehenden (experimentellen) Studienergebnissen (vgl Fölster 1991). Im Übrigen sei darauf hingewiesen, dass internationale Studien (soweit überblickbar) in der Regel

---

[52] Diese Ergebnisse sind auch konsistent mit den Ergebnissen der experimentellen Untersuchungen in Fölster (1991).

nicht Effekte auf Projektebene untersuchen (sondern höher aggregierte Daten) und folglich auch nicht aus einem einzigen Datensample komparative Aussagen zu den Wirkungen unterschiedlicher Förderinstrumente ableiten können.[53]

3 Output-Additionalität: Umsatz- und Cashfloweffekt

3.1 Methodische Ansätze

Aufgabenstellung. In diesem Abschnitt über die Teiluntersuchung Output-Additionalität soll der Frage nachgegangen werden, wie F&E-Ausgaben eines Unternehmens auf Outputgrößen der (innovativen) unternehmerischen Wertschöpfung wirken. Dabei soll Antwort auf die verbleibende Hypothese (ii) gefunden werden (vgl oben S 155).

Es sei in Erinnerung gerufen, dass diese Output-Effekte dem Mechanismus der Input-Additionalität (Wirkung von staatlichen F&E-Förderungen auf die F&E-Ausgaben eines Unternehmens) logisch nachgeordnet sind. Der Gesamteffekt von staatlichen F&E-Förderausgaben auf Outputgrößen ergibt sich dann multiplikativ aus relativem Brutto-Hebeleffekt und Output-Effekt.

Outputgrößen. Als Outputgrößen kommen dabei etwa Umsatz, Gewinn und Cashflow in Betracht (also zB: Wie ist die Wirkung von F&E-Ausgaben auf den Umsatz des Unternehmens?). Dabei misst die Größe Cashflow (siehe Definition unten) am besten den ökonomischen Gewinn und kann als private (direkt und indirekt generierte) Wertschöpfung interpretiert werden; jedoch konnten in der verfügbaren Stichprobe nicht alle Unternehmen diese Größe messen und weitergeben. Der Bilanzgewinn wäre eine Alternative (verzerrt durch Buchführungsregeln, die diversen Zwecken dienen), wurde in der zugrunde liegenden Datenerhebung jedoch nicht weiter verfolgt. Der Umsatz hingegen ist eine einfach zu messende und mit geringer Hemmschwelle kommunizierbare Größe; sie ist besonders dann aussagekräftig, wenn Annahmen über die Umsatzabhängigkeit der Profitabilität getroffen werden können. In Abschnitt 3.4 soll erstens über ein ökonometrisches Modell auf Basis einer Cobb-Douglas-Produktionsfunktion die Elastizität des Umsatzes (Cross-Section-Modell) und zweitens daraus abgeleitet des Cashflows geschätzt werden.

---

[53] Vgl auch die Bewertung von F&E-Förderprogramm-Evaluationen in Papaconstantinou und Polt (1998), die einen entsprechenden Bedarf für Studien konstatiert, die unterschiedliche F&E-Förderinstrumente vergleichen.

Effekte auf die soziale Wohlfahrt[54] könnten über das BIP und sektorale Input-Output-Koeffizienten zu einem großen Anteil gemessen werden (zu beachten ist, dass die *indirekten* Effekte innerhalb des Sektors geförderter F&E-Aktivitäten bereits erfasst werden). Dieser Ansatz kann von der vorliegenden Arbeit jedoch nicht abgedeckt werden. Die oben angesprochenen privaten Gewinneffekte (gemessen über Cashflows) können jedoch als erste Annäherung an Richtung und relative Größenordnungen sozialer Wohlfahrtseffekte gelten, da die beiden Größen im Allgemeinen korreliert sind.

3.2 Daten

Sample-Umfang. Aus der Fragebogen-Erhebung[55] ergab sich ein Gesamtdatensatz mit einem Sample-Umfang (nach Ergänzen von Vorwissen und nach Ausscheiden von Ausreißern, jedoch vor Ausscheiden unvollständiger Datensätze) von 70 (innovativen) Unternehmen (Fördernehmern) mit den Datensatzelementen Jahresumsatz (2000 bis 2003), Cashflow (2000 bis 2003), jährliche F&E-Ausgaben (2000 bis 2003), jährliche Marketing- und Vertriebes-Ausgaben (2000 bis 2003), Mitarbeiterzahl, Sektorzugehörigkeit, zur Struktur des Produktmarktes (Marktrang, angebotsseitige Marktkonzentration, nachfrageseitige Marktkonzentration) sowie ein Verknüpfungsschlüssel zu den Eigenschaften der projektspezifischen F&E-Förderungen des Unternehmens (siehe Datensatz oben in Abschnitt 2 zur Input-Additionalität; zB Eigenschaft Sondermittelprogramm-Teilnehmer). Zuvor mussten sieben Datensätze als Ausreißer ausgeschieden werden, weil im Beobachtungszeitraum erhebliche Unternehmensteile integriert bzw abgetrennt wurden oder andere signifikante außerordentliche Ereignisse vorzuliegen scheinen (diagnostiziert über extreme Brüche im Umsatzwachstum; zwei Datensätze), die elementarsten Daten (zB F&E-Ausgaben) nicht zur Verfügung stehen bzw inkonsistent sind (drei Datensätze) oder es sich um keinen Fördernehmer im Sinne der Fragestellung handelte (zwei Datensätze). Es verbleiben damit die genannten 70 Datensätze (Fördernehmer).

Unvollständigkeiten der Datensätze. Da es sich bei dem Sample um einen relativ geringen Umfang handelt, soll für Datensatz-Elemente deren Vollständigkeit über die 70 Unternehmen separat wiedergegeben werden. Dabei liegt für 59 Unternehmen eine komplette Zeitreihe der F&E-Ausgaben vor, 60 Datensätze enthalten vollständige Umsatzdaten (67 den Umsatz für 2003), 47 Datensätze enthalten vollständige Daten zu Marketingausgaben, 42 Datensätze enthalten Mitarbeiterdaten, 51 Datensätze enthalten vollständige Cashflow-Daten (55 den

---

[54] Siehe zur Definition des Wohlfahrtseffektes oben Kapitel I Abschnitt 5.3 h).
[55] Diese Daten wurden unter Einem mit jenen zur Intput-Additionalität erhoben.

Cashflow für 2003), 69 Datensätze enthalten vollständige Marktstrukturdaten. 15 Unternehmen sind im Beobachtungszeitraum ausschließliche Sondermittelprogramm-Teilnehmer, 22 Unternehmen nehmen ausschließlich an sonstigen Förderprogrammen teil, während die restlichen 33 Unternehmen sowohl an Sondermittelprogrammen als auch an sonstigen Förderprogrammen beteiligt sind.

Für das zentrale – unten zu schätzende – Modell zum Umsatz- und zum Cashfloweffekt ergibt sich daraus ein Sample mit einem Umfang von 33 Unternehmen und mit den in Tabelle 6 wiedergegebenen Struktureigenschaften.

Tabelle 6 Umsatz des Unternehmens, F&E-Ausgaben, Marketing-Ausgaben und Cashflows diskontiert mit dem BIP-Deflator auf Basis 2003, in tausend Euro, für das Sample vollständiger Daten ($n = 33$), hingegen Mitarbeiterzahl (gesamt, nicht F&E-Mitarbeiter) nur für ein Teilsample von 21 Fördernehmern; Marktrang, Konzentrationsindizes dimensionslos

Größe	Jahr	Mittelwert	Median	Minimum	Maximum	Standardabweichung	Schiefe	Kurtosis
Umsatz	2003	143.097	37.700	650	1.544.700	275.941	4,16	21,52
	2002	137.111	37.316	654	1.448.790	259.901	4,08	20,98
	2001	140.657	34.308	672	1.650.415	291.339	4,41	23,28
	2000	134.139	32.231	618	1.438.029	258.866	4,06	20,82
Mitarbeiterzahl		854	487	7	7.611	1.627	3,64	15,66
F&E-Ausgaben	2003	3.297	2.000	80	25.300	4.582	3,50	17,27
	2002	3.068	1.755	41	21.920	4.048	3,20	15,33
	2001	2.934	1.861	31	19.014	3.622	2,80	12,77
	2000	2.687	1.442	0	19.933	3.732	3,15	14,90
Marketing-Ausgaben	2003	9.553	3.179	30	99.100	18.981	3,62	16,67
	2002	9.418	3.161	25	94.921	18.403	3,52	15,90
	2001	9.950	2.893	31	119.252	22.042	4,05	19,92
	2000	9.878	2.742	42	120.126	22.267	4,05	19,83
Cashflow	2003	6.760	3.900	-71.500	55.002	20.497	-0,88	8,80
	2002	6.543	2.243	-77.180	79.799	21.946	-0,43	11,03
	2001	2.907	3.640	-81.122	36.065	18.433	-2,78	14,60
	2000	6.991	3.048	-25.312	87.431	17.165	3,17	16,16
Marktrang		2,88	2	1	18	3,19	3,68	17,18
Angebotsseitiger Konzentrationsindex		3,21	3	2	4	0,65	-0,22	2,33
Nachfrageseitiger Konzentrationsindex		4,00	4	4	4	0,00	–	–

3.3 Definitionen und Notation

I_t^i	Gesamte F&E-Ausgaben (in tausend Euro, einschließlich über Förderungen finanzierte Anteile, diskontiert mit dem BIP-Deflator auf das Jahr 2003) des Unternehmens i im Jahr t für sämtliche seiner (geförderten und nicht geförderten) F&E-Aktivitäten
$i = 1, \ldots, N$	Unternehmensindex
$t = 2000, 2001, \ldots, 2004$	Jahr
M_t^i	Gesamte Marketing- und Vertriebs-Ausgaben (in tausend Euro, diskontiert mit dem BIP-Deflator auf das Jahr 2003) des Unternehmens i im Jahr t
L_t^i	Gesamte Personalkosten (in tausend Euro, diskontiert mit dem BIP-Deflator auf das Jahr 2003) des Unternehmens i im Jahr t; geschätzt über gesamte Mitarbeiterzahl des Unternehmens mal durchschnittliche sektorale Lohnkosten je Mitarbeiter
R_t^i	Umsatz (in tausend Euro, diskontiert mit dem BIP-Deflator auf das Jahr 2003) des Unternehmens i im Jahr t
Π_t^i	Free Cashflow (in tausend Euro, diskontiert mit dem BIP-Deflator auf das Jahr 2003) des Unternehmens i im Jahr t mit folgender Definition (unter Bereinigung um außerordentliche Ereignisse):

	Operatives Ergebnis vor Zinsen und Steuern (EBIT) − Körperschaftssteuer + Abschreibungen − Nettoaufwendungen Anlagen (CAPX) + Veränderung langfristige Rückstellungen (Pensionen, Abfertigungen) + Veränderung Netto-Umlaufvermögen (ohne liquide Mittel und zinstragende Verbindlichkeiten) + Nicht-operativer Free Cashflow ――――――――――――――――――― Free Cashflow
$Rang^i$	Marktrang von Unternehmen i am Produktmarkt seines Kerngeschäftes (bzw bei Diversität deren Mittelwert)
CI_A^i	Index des angebotsseitigen Markt-Konzentrationsgrades auf dem Kern-Produktmarkt des Unternehmens i mit folgender Definition: ein Index von 1 entspricht $CR_1 = 0{,}8$ (wenige Anbieter)[56], von 2 einer $CR_2 = 0{,}8$, von 3 einer $CR_4 = 0{,}8$, von 4 einer geringeren Konzentration (viele Anbieter)
CI_N^i	Index des nachfrageseitigen Markt-Konzentrationsgrades auf dem Kern-Produktmarkt des Unternehmens i mit folgender Definition: ein Index von 1 entspricht $CR_1 = 0{,}8$ (wenige Nachfrager), von 2 einer $CR_2 = 0{,}8$, von 3 einer $CR_4 = 0{,}8$, von 4 einer geringeren Konzentration (viele Nachfrager)
$K_t^i, K_{I,t}^i, K_{M,t}^i, X_t^i, k, \lambda, \mu_x, u, v_x, \eta_x, \phi^i, \varphi^i, a, b$	Struktur-Parameter (Interpretation siehe unten)
$c, \alpha, \beta, \gamma, \gamma_x, \delta$	Regressions-Parameter (Interpretation siehe unten)
ε^i	Regressions-Fehler

―――――――――

[56] Das Maß CR_x gibt den kumulierten Marktanteil der x größten Marktteilnehmer an.

D_x^i Dummy-Variable zu Eigenschaft x, mit Wert 1, wenn x für Unternehmen i im Beobachtungszeitraum zutrifft, sonst 0

3.4 Modelle und Schätz-Ergebnisse

a) Strukturmodell und Regressionsmodell

Modell. In der Folge wird von einer Cobb-Douglas-Produktionsfunktion der Form

$$R_t^i = k\left(K_t^i\right)^\alpha \left(L_t^i\right)^\beta \left(K_{I,t}^i\right)^\gamma \left(K_{M,t}^i\right)^\delta e^{\lambda t + u} \text{ bzw}$$

(7) $\quad R_t^i = k\left(X_t^i\right)^{\alpha+\beta} \left(K_{I,t}^i\right)^\gamma \left(K_{M,t}^i\right)^\delta e^{\lambda t + u}$ mit $\left(X_t^i\right)^{\alpha+\beta} = \left(K_t^i\right)^\alpha \left(L_t^i\right)^\beta$,

ausgegangen (dazu sogleich), die neben der Konstante k und den üblichen Inputfaktoren Kapital, K, und Arbeit, L, (zusammengefasst unter X, mit partiellen Elastizitäten α, β) auch K_I, Kapital, das durch unternehmerische Aktivitäten zur Produkt- und Prozessinnovation generiert wurde (bewerteter immaterieller Wissensstock, der auch Funktion der Markteintrittsbarriere und der Risikoprämie hat), und K_M, das durch Marketing- und Vertriebsausgaben generierte Kapital (immaterielles Markenkapital und Kundenbeziehungen, denen auch Funktion der Produktdifferenzierung bzw Markteintrittsbarriere zukommt) mit den partiellen Elastizitäten γ, δ umfasst; e ist die Basis des natürlichen Logarithmus, λt erfasst den Zeittrend und u die Zufallskomponente aller anderen nicht gemessenen Variablen.[57]

Cobb-Douglas-Form versus alternative Produktionsfunktionen. Einfachste alternative Produktionsfunktion wäre die limitationale (Leontief-) Produktionsfunktion, die fixe Input-Verhältnisse impliziert. In der gegenständlichen Untersuchung soll die Produktivitätswirkung des Wissensstockes (generiert aus F&E-Aktivitäten) näher untersucht werden. Gerade dieser Produktionsfaktor scheint aber nicht in einem fixen Verhältnis zu den anderen inkludierten Produktionsfaktoren zu stehen. Das ist schon daraus ersichtlich, dass es Unternehmen gibt, die keine F&E-Aktivitäten entfalten (obwohl sie Technologie in Anspruch nehmen). Dies lässt die limitationale Leontief-Funktion im Vergleich zur (häufig

---

[57] Zu Größen, Interpretation und Komplikationen vgl Grabowski und Mueller (1978) und Griliches (1979), dessen Modell der gegenständlichen Untersuchung in adaptierter Form zu Grunde liegt. Dabei wird dem industrieökonomischen Paradigma des Structure-Conduct-Performance-Ansatzes Folge geleistet.

eingesetzten) Cobb-Douglas-Funktion als relativ inadäquat erscheinen. Darüber hinaus ist letztere für die mathematisch-analytische Handhabung zweckmäßig. Komplexere Produktionsfunktionen (auf Basis umfangreicherer Daten) wären nur zur Untersuchung der *Zusammenhänge* der einzelnen Produktionsfaktoren erforderlich. Da solche Fragestellungen aber nicht Thema der gegenständlichen Untersuchung sind, kann die Cobb-Douglas-Spezifizierung plausiblerweise als ausreichend adäquat angenommen werden.

Wie zu zeigen sein wird, folgt aus dieser Modellannahme die Annahme konstanter partieller Elastizitäten im log-linearen Schätzmodell.

Endogene technologische Innovationen. Des Weiteren stellen wir an unsere Produktionsfunktion die Anforderung, dass technologischer Fortschritt endogen sein soll. Auf diese Weise können Prozessinnovationen als (teilweise) mittels unternehmensinterner F&E-Aktivitäten generiert erklärt werden (durch die Akkumulierung eines innovativen technologischen Wissensstockes mittels F&E-Ausgaben). Es soll dabei a priori keine Festlegung erfolgen, ob die unternehmensspezifischen technologischen Innovationen arbeits- oder kapitalvermehrend wirken. Vielmehr soll endogener technologischer Fortschritt über die Größe technologischer Wissensstock als eigenständiger Produktionsfaktor integriert werden.

Allgemeiner (exogener) technologischer Fortschritt werden von der Konstante k und dem Zeitterm λt mit abgedeckt.

Inputfaktoren. Die Inputfaktoren K, L, K_I, K_M können mit dem zur Verfügung stehenden Datensatz wie folgt angenähert werden.

Der physische Kapitalstock K von Unternehmen i zum Zeitpunkt t kann gegenständlich nur teilweise und indirekt qua Hilfsgrößen geschätzt werden. Geht man davon aus, dass die Kapitalabschreibung durchschnittlich 10% per annum (tatsächlicher realer[58] Wertverlust) beträgt und die Mittelherkunft für Kapitalerhaltung und -erweiterung ausschließlich und diesen erschöpfend aus dem Vorjahres-Cashflow (Cashflow gleich – zukünftige – Kapitalausgaben) erfolgt, so lässt sich das Kapital von Unternehmen i als Funktion vergangener Cashflows anschreiben, ie

$$K_t^i = \eta_K \left(\Pi_t^i + 0,9 \Pi_{t-1}^i + 0,9^2 \Pi_{t-2}^i + 0,9^3 \Pi_{t-3}^i + \ldots \right) e^{\mu_K t + \nu_K} \text{ bzw}$$

---

[58] Es ist daran zu erinnern, dass sämtliche Zeitreihen mit dem BIP-Deflator auf das Jahr 2003 diskontiert wurden. Des Weiteren ist festzuhalten, dass die Sensitivität – der unten zu schätzenden Parameter – gegenüber dem genauen Abschreibungsfaktor sich als relativ gering erweist.

$$K_t^l = \eta_K \, e^{\mu_K t + v_K} \sum_{n=0}^{\infty} 0,9^n \Pi_{t-n}^l,$$

wenn man das aktuelle Cashflow-Ergebnis antizipativ mit einbezieht[59] und wobei die Konstante η_K, der Trendterm $\mu_K t$ und der Zufallsterm v_K in die entsprechenden Variablen in (7), also k, λt und u, hineingezogen werden können. Da die Zeitreihe des Datensatzes vom Jahr 2003 lediglich bis zum Jahr 2000 zurückreicht, können lediglich vier Elemente dieser unendlichen Reihe erfasst werden, gleichzeitig scheidet eine Formulierung als Panel-Modell aus[60] und wurde als Basisjahr $t = 2003$ gewählt (der Zeitindex $t = 2003$ wird zur Vereinfachung der Notation weggelassen), ie

$$K^l = \sum_{n=0}^{3} 0,9^n \Pi_{2003-n}^l.$$

Angenommen das Modell ist grundsätzlich plausibel wird damit (lediglich) gut ein Drittel des Kapitals quantitativ erfasst.[61] Der nicht erfasste Teil kann zu einem Teil über die Größen K_I und K_M erfasst werden und geht zum anderen Teil in den Term der nicht beobachteten Größen ein. Problematisch an dieser kurzen Zeitreihe ist zum Zweiten, dass sie insbesondere nicht einen gesamten Konjunkturzyklus abdeckt und daher möglicherweise systematisch verzerrt (allerdings fällt der Extrempunkt des Konjunkturzyklus mit dem Jahr 2001 etwa in die Mitte des beobachteten Zeitraumes). Die Daten zeigen, dass der so konstruierte Kapitalwert plausible und signifikante Resultate leistet.

---

[59] Die Einbeziehung zukünftiger diskontierter Cashflows wäre durchaus denkbar, jedoch zeigt sich, dass diese ab einem Lead von +2 keinen signifikanten Beitrag mehr leisten. Dies mag unter anderem auch in der Ungenauigkeit der unternehmensinternen Cashflow-Prognosen liegen.

[60] Dies rechtfertigt die soeben vorgenommene Eliminierung des Zeittrendes aus den beobachteten Variablen.

[61] Dies ist mit Hilfe der Annahme eines über die Zeit annähernd konstanten Kapitalstockes einfach abzuschätzen; bei einer konstanten Abschreibungsrate von 10% per annum geht durch die Reihe der unberücksichtigten Terme ein Anteil von $0,9^4 = 65,61\%$ verloren (eine proportionale Skalierung um den Faktor $1 / (1 - 0,6561)$ erscheint zu unzuverlässig und wurde nicht vorgenommen). Umgekehrt überschätzt der Gesamt-Cashflow allerdings die Kapitalausgaben, da er insbesondere auch der Gewinnausschüttung dient.

Der Inputfaktor Arbeit kann für Unternehmen i aus dem Produkt der gesamten Mitarbeiterzahl von i und den durchschnittlichen Lohnkosten je Mitarbeiter[62] des für i relevanten Sektors gemessen werden.

Der Inputfaktor K_I wird als kumulierte jährliche F&E-Ausgaben (mit konstanter realer Abschreibung von 20% per annum[63]) auf Basis der Zeitreihe 2000 bis 2003 modelliert, ie

$$K_I^i = \eta_I \, e^{\mu_I t + v_I} \sum_{n=0}^{3} 0,8^n I_{2003-n}^i,$$

wobei die Konstante η_I, der Trendterm $\mu_I t$ und der Zufallsterm v_I ebenfalls in die entsprechenden Variablen in (7), also k, λt und u, hineingezogen werden können. Daher sei

$$K_I^i = \sum_{n=0}^{3} 0,8^n I_{2003-n}^i.$$

Analog wird der Inputfaktor K_M als kumulierte jährliche Marketing- und Vertriebs-Ausgaben (mit konstanter realer Abschreibung von 20% per annum[64]) auf Basis der Zeitreihe 2000 bis 2003 modelliert, ie

$$K_M^i = \eta_M \, e^{\mu_M t + v_M} \sum_{n=0}^{3} 0,8^n M_{2003-n}^i$$

wobei die analogen Größen η_M, $\mu_M t$ und v_I gleichfalls in die entsprechenden Variablen in (7) hineingezogen werden können, weshalb K_M wie folgt definiert sei,

$$K_M^i = \sum_{n=0}^{3} 0,8^n M_{2003-n}^i.$$

Aufgrund der datenbedingten Festlegung auf eine Cross-Section-Untersuchung ohne Zeitreihe kann in (7) der Zeitindex entfallen, ie

(8) $\quad R^i = k \left(X^i \right)^{\alpha+\beta} \left(K_I^i \right)^{\gamma} \left(K_M^i \right)^{\delta} e^u \quad \text{mit} \quad \left(X^i \right)^{\alpha+\beta} = \left(K^i \right)^{\alpha} \left(L^i \right)^{\beta},$

wobei der Zeittrend in Absenz einer Zeitreihe λt nicht mehr messbar ist und in die Konstante k hineingezogen wird (es bleibt u als Zufallsvariable mit Erwartungswert null).

---

[62] Quelle: SourceOECD, Datenbank STAN, für Österreich im Jahr 2002.
[63] Es zeigt sich, dass die Sensitivität gegenüber dem genauen Abschreibungsfaktor relativ gering ist; als Anhaltspunkt sei auf Grabowski und Mueller (1978) verwiesen.
[64] Vgl Fn 63.

Marktstruktur. Diese Produktionsfunktion ist um eine Strukturkomponente zu erweitern, die einen Umsatzaufschlag bei Marktmacht modelliert. Im Datensatz stehen dazu für Unternehmen i drei einander ergänzende Kennzahlen zum Produktmarkt (für das Basisjahr $t = 2003$) zur Verfügung, und zwar der Marktrang, *Rang*, ein angebotsseitiger Konzentrationsindex, $CI_A = (1, ..., 4)$ mit 1 für wenige Anbieter und 4 für viele Anbieter[65], und ein nachfrageseitiger Konzentrationsindex, $CI_N = (1, ..., 4)$ mit 1 für wenige Nachfrager und 4 für viele Nachfrager analog CI_A. Die Marktmacht (im Sinne von Lerner[66]), φ, ist eine Funktion dieser Größen und sei wie folgt geschätzt,

$$\varphi^i = \left(a \cdot Rang^i \cdot CI_A^i \cdot \frac{1}{CI_N^i} \right)^{-1b} \text{ bzw}$$

$$\varphi^i = \left(a\phi^i \right)^{-1b} \text{ mit } \phi^i = Rang^i \cdot CI_A^i \frac{1}{CI_N^i},$$

wobei a und b konstante Faktoren sind. Multipliziert man die Produktionsfunktion in (8) mit φ, so ergibt folgendes adaptiertes Modell für den Umsatz,

(9) $\quad R^i = k\left(X^i\right)^{\alpha+\beta} \left(K_I^i\right)^{\gamma} \left(K_M^i\right)^{\delta} \left(a\phi^i\right)^{-1b} e^u.$

Regressionsmodell. Logarithmiert man (9) auf Basis des natürlichen Logarithmus, so erhält man schließlich folgendes (log-) lineares Regressionsmodell,

(10) $\quad \log\left(R^i\right) = c + \alpha \log\left(K^i\right) + \beta \log\left(L^i\right) + \gamma \log\left(K_I^i\right) + \delta \log\left(K_M^i\right) - b \log\left(\phi^i\right) + \varepsilon^i,$

wobei

$$\alpha \log\left(K^i\right) + \beta \log\left(L^i\right) = (\alpha + \beta)\log\left(X^i\right),$$

---

[65] Ein Index von 1 entspricht einer $CR_1 = 0{,}8$; Index 2 einer „halb" so großen Konzentration von $CR_2 = 0{,}8$; Index 3 einem „Viertel" der Basis-Konzentration definiert als $CR_4 = 0{,}8$; Index 4 entspricht einer geringeren Konzentration.

[66] Der Marktmachtgewinn resultiert aus der (teilweisen) Abschöpfung von Konsumentenrente. Es sei angenommen, dass die marginale Kostenfunktion unabhängig von Umsatz und Marktmacht ist und das Produkt aus Marktmacht (Lerner-Index) und Umsatz den Marktmachtgewinn repräsentiert (welcher also ausschließlich aus zusätzlichem Umsatz resultiert). Es sei daher vereinfachend die Produktionsfunktion mit eins plus Marktmacht (Lerner-Index) multipliziert. Die hier geschätzte Marktmachtkennzahl sei als eine lineare Annäherung an 1 + Lerner-Index interpretiert, der den Umsatz multiplikativ vermehrt.

$$K^i = \sum_{n=0}^{3} 0,9^n \Pi^i_{2003-n},$$

$$K^i_I = \sum_{n=0}^{3} 0,8^n I^i_{2003-n},$$

$$K^i_M = \sum_{n=0}^{3} 0,8^n M^i_{2003-n},$$

$$\phi^i = Rang^i \cdot CI^i_A \frac{1}{CI^i_N}$$

und wobei $\log(k) - b\log(a)$ in der Konstante c zusammengefasst wurde, die erwartungsneutrale Zufallsvariable u in den Fehlerterm ε aufgenommen wurde und $\log(\cdot)$ den Operator des natürlichen Logarithmus bezeichnet. Dieses Modell ist linear im interessierenden Parameter γ. Schätzt man dieses Modell, so zeigt sich zunächst, dass die erklärende Variable $\log(L^\beta)$ erheblich nicht signifikant ist und wesentlich mehr Rauschen als Erklärungswert beiträgt. Diese rauschende Variable muss daher fallen gelassen werden, was auch mit dem geringen Stichprobenumfang zusammenhängt. Daher sei

$$\beta = 0$$

und damit schließlich

(11) $\log(R^i) = c + \alpha \log(K^i) + \gamma \log(K^i_I) + \delta \log(K^i_M) - b \log(\phi^i) + \varepsilon^i,$

wobei

$$K^i = \sum_{n=0}^{3} 0,9^n \Pi^i_{2003-n},$$

$$K^i_I = \sum_{n=0}^{3} 0,8^n I^i_{2003-n},$$

$$K^i_M = \sum_{n=0}^{3} 0,8^n M^i_{2003-n},$$

$$\phi^i = Rang^i \cdot CI^i_A \frac{1}{CI^i_N}.$$

b) Cross-Section-Modell: Schätz-Ergebnisse

Schätzt man nunmehr dieses restringierte Modell mittels OLS für den größtmöglichen vollständig zur Verfügung stehenden Datensatz von 30 Unternehmen, so erhält man folgende Parameter-Schätzer,

$\hat{c} = 1,077,$

$\hat{\alpha} = 0,238,$

$\hat{\gamma} = 0,216,$

$\hat{\delta} = 0,601,$

$\hat{b} = 0,085,$

wobei ein White-Test ergibt, dass die Varianzen des Fehlerterms mit hoher Signifikanz[67] Heteroskedastizität aufweisen, weshalb Heteroskedastizität-konsistente (White-) Standard-Abweichungen für die Parameter-Schätzer zu ermitteln sind. Die Residuen sind nicht mit den Regressoren korreliert, was die Konsistenz der OLS-Schätzer gewährleistet. t-Tests zeigen, dass die Parameter-Schätzer trotz des relativ geringen Sampleumfanges überwiegend (schwach) signifikant von null verschieden sind (vgl p-Werte in Tabelle 7); lediglich der Schätzer für b ist eindeutig nicht signifikant, wurde jedoch beibehalten, da auch er mehr Erklärungswert als Rauschen beiträgt. Der interessierende Schätzer für γ ist mit einem p-Wert von 0,0221 signifikant von null verschieden. Der Erklärungswert des gesamten Modells ist hoch signifikant.

Tabelle 7 Zusammenfassung der OLS-Ergebnisse mit White-Standard-Abweichungen (S.E.)

Parameter	Schätzer	S.E.	t-Statistik	p(t-Statistik)
c	1.077424	0.837306	1.286775	0.2100
α	0.238005	0.152896	1.556641	0.1321
γ	**0.216012**	**0.088551**	**2.439394**	**0.0221**
δ	0.600782	0.137897	4.356740	0.0002
b	0.085440	0.201830	0.423329	0.6757
R-Quadrat	0.822630	Residuenquadratsumme		15.53481
Adapt. R-Quadrat	0.794251	F-Statistik		28.98715
S.E. der Regression	0.788284	p(F-Statistik)		0.000000

Interpretation. Zunächst ist festzuhalten, dass die Parameter α, γ und δ die partiellen Elastizitäten der erklärten Variable hinsichtlich der jeweiligen erklärenden Variable darstellen, weil, zB,

$$\text{partielle Elastizität von } R \text{ gegenüber } K_I \equiv \frac{\partial R^I}{\partial K_I} \frac{K_I}{R^I} = \frac{\partial \log(R^I)}{\partial \log(K_I)} = \gamma.$$

---

[67] Der p-Wert der χ^2-Statistik beträgt 0,0034.

Das bedeutet (näherungsweise) einem um 1% höheren Wissensstock K_I im Unternehmen i entspricht ein um γ% (also 0,22%) höherer Umsatz R im Unternehmen i (bei einer Standardabweichung von rund 0,09 Prozentpunkten).[68] Um das Bild zu verdeutlichen, dies würde bei einer angenommen konstanten Cashflow-Marge[69] von zB 5 bis 10% einem um rund 2,2 bis 4,3% höheren Cashflow entsprechen. Gemäß unserer Definition für K_I fließen aufgrund der angenommenen Abschreibung von 20% per annum (lineare reale Abschreibung über 5 Jahre) die F&E-Ausgaben des aktuellen Jahres (in unserem Sample $t = 2003$) mit einem Gewicht von rund einem Drittel,

$$\frac{1}{\sum_{n=0}^{3} 0,8^n} = \frac{0,2}{1-0,8^4} \approx 33,9\%,$$

in die Variable K_I ein. Geht man zum Zwecke einer Grobabschätzung davon aus, dass die jährlichen realen F&E-Ausgaben eines Unternehmens über den Beobachtungszeitraum etwa konstant blieben, so lässt sich schließen, dass rund ein Drittel der partiellen Elastizität γ auf die jahressimultanen F&E-Ausgaben entfällt. Anders gewendet, um 1% höheren jährlichen F&E-Ausgaben des Unternehmens i entspricht ein um rund 0,073% höherer Umsatz R des Unternehmens i im selben Jahr. Dies würde bei einer Cashflow-Marge (Cashflow-Umsatz-Quotient) von zB 5 bis 10% einem um rund 0,73 bis 1,46% höheren Cashflow entsprechen.

Cashflow- und Wohlfahrtseffekt. Unterstellt man plausiblerweise zwischen privatem Gewinn (Cashflow) und sozialer Wohlfahrt eine von null verschiedene positive Korrelation, so ließe sich – bei dichterer Datenlage – daraus ein Schätzer für den Wohlfahrtseffekt (wie oben in Kapitel I Abschnitt 5.3 h) definiert) gewinnen. Bei gegebener spärlicher Datenlage vermag dies allenfalls ein vager erster Anhaltspunkt zu sein. Dieser lautet wie folgt. Die partielle F&E-Ausgaben-Elastizität des Cashflows ergibt sich auf Basis der F&E-Ausgaben-Elastizität des Umsatzes (0,0732) und der durchschnittlichen Cashflow-Marge

---

[68] Die anderen partiellen Elastizitäten interessieren hier nicht. Die Summe der partiellen Elastizitäten des Umsatzes hinsichtlich sämtlicher der Produktionsfaktoren nimmt den plausiblen Wert von 1,0548 an (dies entspricht etwa konstanten Skalenerträgen, wobei weder steigende noch sinkende mit statistischer Signifikanz ausgeschlossen werden können).

[69] In unserem Sample schwankt der Median der Cashflowmarge im Beobachtungszeitraum von 6,6 bis 10,5% und sein Mittelwert zwischen 5,1 und 9,4% bei einem Gesamtdurchschnitt von 8,2738% (mit erwartungsgemäß ganz erheblichen Schwankungen über die Unternehmen).

(8,2738%, gepoolt über den Beobachtungszeitraum 2000 bis 2003) mit 0,8844. Multipliziert man diese mit dem Quotienten aus durchschnittlichem Cashflow zu durchschnittlichen F&E-Ausgaben (diskontiert mit dem BIP-Deflator und gepoolt über den Beobachtungszeitraum), $\Pi / I = 1{,}9357$, so erhält man einen ersten Schätzer für den Hebel der F&E-Ausgaben auf den privaten wirtschaftlichen Gewinn (Cashflow) in Höhe von 1,7120 (mit einer von γ abgeleiteten Standardabweichung in der ganz erheblichen Höhe von 0,7018). Dieser Cashflow-Effekt bedeutet, dass durchschnittlich 1 Euro an unternehmerischen F&E-Ausgaben 1,71 Euro an Cashflow für dieses Unternehmen entsprechen.

Rechnet man von diesem Schätzer zurück, welchem γ ein privater Wertschöpfungseffekt (Cashflow-Effekt) von 1 entsprechen würde, kommt man auf einen kritischen Wert von $\gamma = 0{,}2160 / 1{,}7120 = 0{,}1262$. Ein einseitiger F-Test auf H_0: $\gamma < 0{,}1262$ gegen die allgemeine Alternativhypothese liefert einen p-Wert von 0,1601, weshalb nur mit sehr schwacher Signifikanz von einem privaten Wertschöpfungseffekt größer eins ausgegangen werden kann.

Einschränkende Anmerkungen. Zu diesen Zahlen sind jedoch einige Vorsicht gebietende Anmerkungen zu machen.

Erstens muss die Kausalitätsfrage hier weitgehend offen bleiben.[70] Es erscheint dabei einerseits plausibel einen kausalen Zusammenhang zwischen einer Intensivierung der Innovationstätigkeit und einem gesteigerten Umsatz oder Cashflow zu vermuten; jedoch ist nicht zu übersehen, dass wohl auch umgekehrt ein höherer Umsatz ceteris paribus (qua höheren Cashflow) zu gesteigerten F&E-Ausgaben führt. Insbesondere ermöglichen die vorliegenden Daten keine Aussagen über zeitliche Strukturen der Zusammenhänge.

Zweitens ist der Sampleumfang sehr gering und die Standardabweichungen hoch (Ergebnisse mit schwacher Signifikanz).

Drittens musste in unserem sehr einfachen Modell eine Reihe von relevanten Variablen unberücksichtigt bleiben bzw konnten diese nur sehr grob gemessen werden. Dabei konnten insbesondere aufgrund der fehlenden Panelstruktur jene Komplikationen, die aus Skaleneffekten, Multikollinearität und Simultaneität resultieren, nicht berücksichtigt werden.[71]

---

[70] Die bei der Schätzung der Input-Additionalität angewandten Methoden zur Eingrenzung dieses Problems sind hier aufgrund der Datenstruktur nicht verwertbar.

[71] Vgl dazu zB Griliches (1979), S 106ff.

Conclusio. Damit ist abschließend eine signifikant positive Elastizität des Umsatzes sowie des Cashflows gegenüber F&E-Ausgaben zu konstatieren, jedoch eine Interpretation der genauen Höhe der Zahlen – wegen statistischer Unzuverlässigkeit – nicht leistbar. Immerhin kann mit (sehr schwacher) statistischer Signifikanz ein privater Wertschöpfungseffekt (Cashflow-Effekt) größer eins bestätigt werden. Dazu wäre eine umfangreichere Datenerhebung als jene, die der vorliegenden Arbeit zugrunde liegt, und die ihren zentralen Fokus auf Output-Effekte legt, vorzunehmen.

(i) *Hypothese (ii) akzeptiert:* Die untersuchten Daten sind mit einem relativen Brutto-Wertschöpfungseffekt größer eins konsistent (nicht jedoch mit der allgemeinen Alternativhypothese). Die Daten tendieren (mit sehr schwacher Signifikanz) zu einem Cashflow-Effekt größer eins.

c) Partitionierte Analyse

Sondermittelprogramme versus sonstige. Es soll noch untersucht werden, ob sich die partiellen Elastizitäten bei Fördernehmern aus den Sondermittelprogrammen (SMP) von jenen anderer Programme unterscheiden (N-SMP). Das soeben untersuchte Sample enthält 5 SMP-Fördernehmer und 11 N-SMP-Fördernehmer (die restlichen Fördernehmer sind im Beobachtungszeitraum sowohl an SMP als auch an N-SMP beteiligt). Diese zwei Teilgruppen sind zu klein, um auch nur annähernd signifikante Parameter-Schätzungen vornehmen zu können.[72] Es bleibt daher nur die Möglichkeit, im Schätzmodell auf solche Parameter zu verzichten, die den Sampleumfang besonders stark einschränken. Ein solcher Ansatz hat zum Preis, dass die Schätzer weniger aussagekräftig sind und keinesfalls mit jenen aus dem obigen Modell vergleichbar sind. Dennoch kann eine solche Schätzung aufzeigen, ob eine bestimmte partielle Elastizität (und zwar jene des Umsatzes hinsichtlich des Wissensstockes) innerhalb eines Teiles eines solchen neuen Samples größer oder kleiner ist als im anderen Teil des Samples. Dies kann wie folgt vorgenommen werden.

Scheidet man im obigen Schätzmodell (11) die Variablen Cashflow, also Π_t und damit K, die Marketingausgaben mit Ausnahme des Jahres $t = 2003$, also M_t für $t = 2000, 2001, 2002$, sowie (zur Verminderung von Rauschen) die Marktmachtkennzahl, ϕ, aus und führt anderseits hinsichtlich des interessierenden Para-

---

[72] Dies gilt in noch drastischerer Weise für andere mögliche (interessante) Dimensionen zur Partitionierung des Samples.

meters γ eine partitionierende Dummy-Variable D_{SMP} ein, so bleibt folgendes reduziertes Modell,

(12) $\quad \log(R^i) = c + \gamma_{SMP} D^i_{SMP} \log(K^i_I) + \gamma_{N\text{-}SMP}(1 - D^i_{SMP}) \log(K^i_I) + \delta \log(K^i_M) + \varepsilon^i$,

wobei

$$K^i_I = \sum_{n=0}^{3} 0,8^n I^i_{2003-n},$$

$$K^i_M = M^i_{2003},$$

$$D^i_{SMP} = \begin{cases} 1 & \text{wenn } i \text{ SMP-Teilnehmer und kein N-SMP-Teilnehmer} \\ 0 & \text{wenn } i \text{ N-SMP-Teilnehmer und kein SMP-Teilnehmer} \\ \text{n.d.} & \text{sonst} \end{cases}$$

und wobei der Sampleumfang auf Beobachtungen mit $D^i_{SMP} \in \{0,1\}$ beschränkt sei (Teilnehmer, die im Beobachtungszeitraum 2000 bis 2003 sowohl an SMP als auch an N-SMP beteiligt sind, werden zur Gänze ausgeschieden). Für ein solches Modell liegen für 24 Beobachtungen komplette Datensätze vor (8 SMP-Teilnehmer, 16 N-SMP-Teilnehmer). Schätzt man (12) für diese Daten, so erhält man folgende (White-konsistente) Parameter-Schätzer,

$\hat{c} = 3,43$ (Standard-Fehler $= 1,16$),

$\hat{\gamma}_{SMP} = 0,41$ (Standard-Fehler $= 0,22$),

$\hat{\gamma}_{N\text{-}SMP} = 0,34$ (Standard-Fehler $= 0,23$),

$\hat{\delta} = 0,56$ (Standard-Fehler $= 0,21$),

wobei die Schätzer für γ_{SMP} und $\gamma_{N\text{-}SMP}$ nur eine (sehr) schwache Signifikanz erreichen (p-Werte von 0,0820 und 0,1557); die (nicht partitionierten) Schätzer für c und δ sind hoch signifikant. Es zeigt sich, dass bei SMP-Teilnehmern der Schätzer für die Umsatz-Elastizität gegenüber dem Wissensstock und damit gegenüber F&E-Ausgaben relativ höher liegt.[73] Diese Aussage kann allerdings kaum mit Signifikanz unterlegt werden (zweiseitiger F-Test mit H$_0$: $\gamma_{SMP} = \gamma_{N\text{-}SMP}$ gegen die allgemeine Alternativ-Hypothese liefert einen p-Wert von 0,2081; dh mit einer Irrtums-Wahrscheinlichkeit von rund 20,8% handelt es sich *nicht* um ein statistisches Artefakt). Analoges gilt für die Cashflow-Elastizität gegenüber Wissensstock bzw F&E-Ausgaben (bzw für den Cashflow-Effekt).

Das bedeutet, Sondermittelprogramm-Teilnehmer tendieren im Vergleich zu Nicht-Sondermittelprogramm-Teilnehmern dazu, mit ihren F&E-Ausgaben

---

[73] Ein ähnliches Bild ergibt sich bei anderen Modell-Konfigurationen.

höhere Umsätze und Cashflows zu generieren. Dieses Ergebnis kann allerdings mit dem hier zur Verfügung stehenden Datensatz praktisch kaum mit statistischer Signifikanz unterlegt werden (sie liegt an der Grenze zwischen nicht und sehr schwach signifikant). Soweit Sondermittelprogramme höhere Input-Hebeleffekte aufweisen (vgl oben Abschnitt 2), schlagen diese allerdings über das Produkt von Input-Effekt und Output-Effekt auf die hier diskutierten Outputgrößen der F&E-Aktivitäten, nämlich Umsatz und Cashflow, voll durch.

3.5 Interpretation

Zusammenfassend sind hier die zentralen Ergebnisse zur Output-Additionalität wiederzugeben und zu interpretieren. Dabei ist insbesondere auch die Qualität der Aussagen darzulegen.

Ergebnisse Output-Additionalität. Um 1% höheren jährlichen unternehmerischen F&E-Ausgaben entspricht ein um rund 0,073% höherer Umsatz des jeweiligen Unternehmens im selben Jahr (partielle Elastizität von 0,073); umgerechnet in absolute Effekte und auf Cashflows (über fixe Cashflow-Margen) bedeutet dies, dass 1 Euro unternehmerische F&E-Ausgaben durchschnittlich etwa 1,71 Euro Cashflow für dieses Unternehmen entsprechen. Für die wohlfahrtsökonomische Betrachtung ist von Relevanz, dass (bereits) dieser private Wertschöpfungseffekt bei sehr schwacher Signifikanz größer eins ist. Diese Zahlen sind jedoch aufgrund methodischer Bedenken (vgl oben Abschnitt 3.4; die Richtung der Kausalität muss ungeklärt bleiben), des geringen Sample-Umfanges und hoher Varianzen nur sehr eingeschränkt für Schlussfolgerungen offen. Das positive Vorzeichen präsentiert sich klar mit statistischer Signifikanz. Die Marktmacht erweist sich als nicht signifikanter Parameter. Bei Sondermittelprogramm-Teilnehmern tendieren die Umsatz- und Cashflow-Effekte zu überdurchschnittlichen Werten (allerdings kaum signifikant).

Ergebnisvergleich mit FFF-Evaluierung. Schibany et al (2004) untersucht ähnliche Fragestellungen für ein teilweise überlappendes Sample und gelangt zu einem Schätzer für die partielle Elastizität der Produktivität von rund 0,05. Diese Zahl ist unter Berücksichtigung der Konfidenzintervalle mit den 0,073 der vorliegenden Arbeit durchaus vergleichbar. Gleichwohl ist zu beachten, dass sich die methodischen Vorgangsweisen (trotz gemeinsamer Grundidee) erheblich unterscheiden. So wurde in der vorliegenden Arbeit (wie auch bei der Input-Additionalität) angestrebt, weitest möglich von ökonomischen Struktur-Überlegungen auszugehen, um zu einer bestmöglichen Interpretierbarkeit zu gelangen. Es wurde dazu etwa der Versuch unternommen, die Produktionsfaktoren als Kapitalstöcke und nicht als Flussgrößen Eingang finden zu lassen und zudem neben dem Wissensstock (aus F&E-Ausgaben) auch einen Marketingstock (aus Marketing- und Vertriebsausgaben) sowie die Marktstruktur zu berücksichtigen. Das theoretisch nicht fundierte Hinzufügen von Dummy-Variablen bringt hingegen notorisch den schalen Beigeschmack des Data-Fitting mit sich (also die Gefahr, bloß zufällige Ausprägungen im Sample im Sinne einer Überinterpretation zu erklären; bei dem geringen hier analysierten Sample-Umfang wäre dies undenkbar). Abschließend wird jedoch gelten, dass aufgrund der hohen Korrelationen zwischen unterschiedlichen Parameter-Formulierungen die hier verglichene qualitative Kern-Aussage („positiver Produktivitätseffekt von F&E-Ausgaben") in den beiden Untersuchungen in ähnlicher methodischer Güte verifiziert wurde und die Aussagen konsistent erscheinen.

Damit kann abschließend davon ausgegangen werden, dass der Effekt von F&E-Ausgaben auf die private Wertschöpfung bei den Fördernehmern größer eins ist. Geht man (in Übereinstimmung mit zahlreichen empirischen Untersuchungen) davon aus, dass dieser Wertschöpfungszuwachs bei anderen Unternehmen (ie Nicht-Fördernehmer) und privaten Haushalte weitere (positive) indirekte Wertschöpfungs-Effekte induziert (zusätzlich zu dem Faktor 1,71 bei Fördernehmern), so kann F&E-Ausgaben jedenfalls ein Multiplikator größer eins zugesprochen werden, vermutlich sogar ein Multiplikator der über dem durchschnittlichen Investitionsmultiplikator liegt. Diese Fragestellung bleibt weiteren Untersuchungen vorbehalten. Um den Multiplikator von F&E-Förderausgaben auf die gesamtwirtschaftliche Wertschöpfung zu erhalten ist der F&E-Ausgaben-Multiplikator noch mit dem Brutto-Hebeleffekt zu multiplizieren (also durchschnittlich noch um den Faktor 1,24 zu vermehren); dieser beträgt also (ohne indirekte Wertschöpfungseffekte außerhalb des Fördernehmerkreises) rund 2,12. Setzte man vermehrt Förderinstrumente ein, die überdurchschnittliche Hebeleffekte aufweisen, ließe sich dieser Wert nach den dargelegten Analysen erheblich steigern.

IV Zusammenfassende Schlussfolgerungen

Nicht zuletzt aufgrund fehlender ökonomischer Aussagen werden in der innovationspolitischen Praxis F&E-Fördersysteme regelmäßig ad hoc eingerichtet und fallen dadurch in ihrer Effektivität und Effizienz suboptimal aus. Die vorliegende Arbeit hat den Versuch unternommen, ökonomische Kriterien für eine wohlfahrtssteigernde Gestaltung des Fördersystems für industrielle Forschung und Innovation zu identifizieren und einen Katalog von möglichen förderpolitischen Maßnahmen zu entwerfen.

Es wurden Markt- und Systemversagensfälle formuliert. Dabei wurde insbesondere gezeigt, wie Förderwürdigkeit unter Risikoneutralität und Risikoaversion formuliert werden kann. Auf systemischer Seite wurden analysiert, wie sich aus Förderrisiko, Mitnahmeeffekten (Ex-ante-Anreizen bei Informationsasymmetrie) und Moral-Hazard (Ex-post-Anreizen unter Informationsasymmetrie) wohlfahrtsökonomische Nachteile ergeben. Dabei wurde die bewusste Änderung der Varianz des Förderprojektes während der Projektdurchführung als Wechsel zu besonders innovativen Projektvarianten interpretiert (positives Risk-Shifting), die individuell risikoreich sind und überdurchschnittliche Wohlfahrtseffekte aufweisen. Diese Abweichungen vom Ex-ante-Fördervertrag wurden von Moral-Hazard abgegrenzt, um differenzierende förderpolitische Maßnahmen entwerfen zu können.

Förderpolitische Maßnahmen wurden auf drei Ebenen abgeleitet. Erstens wurde gezeigt, welche organisatorisch institutionelle Maßnahmen die Effektivität und Effizienz eines F&E-Fördersystems zu erhöhen vermögen (zB zur Förderrisiko-Reduktion eine politische Entkoppelung der Fördermittel vom Haushaltsbudget eines Staates sowie eine unabhängige und transparente Evaluierung; zB Förderstellen-Konzentration zur Vermeidung eines Suchkosten-intensiven Förderdschungels und zur Generierung von Netzwerkeffekten innerhalb von Forschungsfeldern bei komplementärer Einrichtung eines Diversitäts-Fördertopfes; uam). Umsetzungsmöglichkeiten wurden jeweils skizziert (zB Stiftungscharakter und politische Weisungsfreiheit der Förderstellen, Double-blind-Verfahren bei der Förderantrags-Evaluierung, Einrichtung einer Förderstellen-Plattform, öffentliche Verantwortung durch Berichts-Transparenz, uam).

Zweitens wurde untersucht, wie F&E-Förderinstrumente möglichst anreizkompatibel und wohlfahrtssteigernd gestaltet werden können. Es wurden Ex-ante- und Ex-post-Förderungen einander gegenübergestellt und gezeigt, dass beide relative Vorteile aufweisen (dazu wurden die Dimensionen Mitnahmen, Moral-Hazard, Risk-Shifting und die Wirkung bei der Beseitigung unterschiedlicher Marktversagensgründe untersucht). Es wurde gezeigt, inwieweit auf der Dimension des Gewinn-Erwartungswertes Ex-ante-Anreizkompatibilität (Selbstselektivität) mit realen Förderinstrumenten erreicht werden kann (zB Stock-Option-Förderung, entgeltliche Haftungsübernahme, bedingt rückzahlbares Darlehen) und bei welchen Parameter-Konfigurationen Förderinstrumente Mitnahmen aufweisen bzw wirkungslos sind. Des Weiteren wurde auf der Dimension Varianz des Projektgewinnes die Ex-post-Anreizkompatibilität (Anreiz zu positivem Risk-Shifting) für mehrere Förderinstrumente und Parameter-Konfigurationen untersucht. Des Weiteren wurden förderpolitische Potenziale zu Ex-post-Anreizkompatibilität auf der Dimension Gewinn-Erwartungswert (Moral-Hazard) analysiert (zB Interessenkonvergenz durch Wohlfahrtsbeteiligung, Informationskonvergenz durch Ex-post-Bewertungselemente). Abschließend wurden die relativen Vorteile einzelner Förderinstrument-Typen einander gegenübergestellt, ein Screening-Prozess vorgeschlagen, um zwischen Typen von Föderanträgen zu unterscheiden (zB zwischen Marktversagen wegen Risikoaversion und Marktversagen wegen positiver Externalitäten) und auf mitnahmenresistente wohlfahrtsrelevante Selektionskriterien hingewiesen (zB Sektorzugehörigkeit, Unternehmensgröße, kooperative Projektdurchführung).

Drittens wurden auf der Ebene des Fördervergabeverfahrens dessen anreizeffiziente Gestaltungsmöglichkeiten diskutiert. Es wurde skizziert welche Transparenz-förderlichen Maßnahmen gesetzt werden können, um Förderrisiko zu minimieren. Um Mitnahmen und Moral-Hazard einzugrenzen, wurden die Möglichkeiten eines wettbewerblichen Verfahrens, befristeter Fördersperrzeiten (Supergame) und von Bonus-Pönale-Systemen erörtert.

Daneben wurde die Notwendigkeit der Abstimmung von F&E-Förderpolitik mit anderen innovationspolitisch relevanten Politikbereichen (zB Bildung, Wettbewerb, geistiges Eigentum, uam) dargelegt und auf zahlreiche Komplementär-Effekte hingewiesen.

Schließlich wurden aus diesen theoretischen Überlegungen sechs Hypothesen abgeleitet, um anhand von Daten aus dem F&E-Fördersystem Österreichs einzelne Elemente der theoretischen (und förderpolitisch relevanten) Überlegungen mit der Empirie zu konfrontieren. Daraus ergab sich das Programm für den empirischen Teil der Untersuchung.

Der erste Teil der empirischen Untersuchung zeichnete sich dadurch aus, dass er die Untersuchung des Hebeleffektes von Förderinstrumenten auf Projekt-Ebene vornahm. Dabei wurde versucht, Scheinkorrelationen und Mitnahmen möglichst weitgehend herauszufiltern (zB Regression der jährlichen Differenzen statt der Levels, strukturnahe Integration Hebeleffekt-unabhängiger Parameter). Im

Ergebnis wurde der durchschnittliche relative Brutto-Hebeleffekt auf rund 1,24 (bzw 1,27) geschätzt (signifikant größer eins). Besonders wertvoll ist auch das Ergebnis, dass bedingt rückzahlbare Darlehen – aufgrund ihrer besseren Selbstselektivität – in hoch signifikantem Maße höhere Hebeleffekte erzielen als verlorene Zuschüsse (oder auch Zinszuschüsse). Dies ist mit den theoretischen Untersuchungen zur Selbstselektivität konsistent und verleiht damit dieser eine zusätzliche Qualität an Aussagewert. Die Untersuchung weiterer Arten von Förderinstrumenten wird – nach deren innovationspolitischer Einführung – Aufgabe zukünftiger Untersuchungen sein.

Der Umsatz-Effekt (und indirekt der Cashflow-Effekt) von unternehmerischen F&E-Ausgaben wurde anhand einer Cobb-Douglas-Produktionsfunktion mit separaten Kapitalstöcken aus F&E-Ausgaben bzw aus Marketing-Ausgaben und unter Einbeziehung einer Formulierung der Marktstruktur geschätzt. Der relative Brutto-Cashflow-Effekt wurde auf 1,71 geschätzt. Er liegt (sehr schwach) signifikant größer als eins.

Geht man (in Übereinstimmung mit zahlreichen empirischen Untersuchungen) davon aus, dass dieser Wertschöpfungszuwachs bei anderen Unternehmen (ie Nicht-Fördernehmer) und privaten Haushalte weitere (positive) indirekte Wertschöpfungs-Effekte induziert (zusätzlich zu dem Faktor 1,71 bei Fördernehmern), so kann F&E-Ausgaben jedenfalls ein Multiplikator größer eins zugesprochen werden, vermutlich sogar ein Multiplikator der über dem durchschnittlichen Investitionsmultiplikator liegt. Diese Fragestellung bleibt weiteren Untersuchungen vorbehalten. Um den Multiplikator von F&E-Förderausgaben auf die gesamtwirtschaftliche Wertschöpfung zu erhalten ist der F&E-Ausgaben-Multiplikator noch mit dem Brutto-Hebeleffekt zu multiplizieren und beträgt somit als Untergrenze (ohne indirekte Wertschöpfungseffekte außerhalb des Fördernehmerkreises) rund 2,12. Dabei handelt es sich um einen Durchschnittswert, der beispielsweise durch den vermehrten Einsatz von Förderinstrumenten mit überdurchschnittlichen Hebeleffekten (zB Stock-Option-Förderungen, entgeltliche Haftungsübernahmen, entgeltliche bedingt rückzahlbare Darlehen) nach den dargelegten Analysen potenziell erheblich gesteigert werden könnte.

Die Eingrenzung der ökonometrischen Komplikationen der Schätzung des Wertschöpfungseffektes, die Schätzung der gesamten indirekten Effekte sowie sektorspezifischer Wertschöpfungseffekte muss umfangreicheren Datensätzen und weiteren Untersuchungen vorbehalten bleiben.

Anhang

Tabelle 8.. SMP-geförderte F&E-Projekte: paarweise Korrelationskoeffizienten der Parameter (ohne Leereinträge, Jahre nur horizontal)

Tabelle 9.. N-SMP-geförderte F&E-Projekte: paarweise Korrelationskoeffizienten der Parameter (ohne Leereinträge, Jahre nur horizontal)

Tabelle 8 SMP-geförderte F&E-Projekte: paarweise Korrelationskoeffizienten der Parameter (ohne Leereinträge, Jahre nur horizontal)

215

Bibliographie

Aggarwal, R. (ed.). 1993. Capital Budgeting under Uncertainty: New and Advanced Perspectives. Prentice-Hall.

Aghion, P. und P. Howitt, 1998. Endogenous Growth Theory. MIT Press.

Akerlof, G. A., 1970. The Market for Lemons: Qualitative Uncertainty and the Market Mechanism. Quarterly Journal of Economics 84 (November), 488-500.

Alchian, A. A. und H. Demsetz, 1972. Production, Information Costs, and Economic Organization. American Economic Review 62, 5 (December), 777-795.

Atkinson, A. B. und J. E. Stiglitz. 1969. A New View of Technological Change. Economic Journal 79, 315 (September), 573-578.

Bartholomew, S. 1997. National Systems of Biotechnology Innovation: Complex Interdependence in the Global System. Journal of International Business Studies 28, 2 (2. Quartal), 241-266.

Bester, H., 2003. Theorie der Industrieökonomik. Springer.

Bingham, R. D. 1978. Innovation, Bureaucracy, and Public Policy: A Study of Innovation Adoption by Local Government. Western Political Quarterly 31, 2 (Juni), 178-205.

Blecha, K., G. Hillebrand und J. Hochgerner (Hrsg), 1998. Forschung für die wirtschaftliche Entwicklung. Wirkungsanalyse der wirtschaftsbezogenen Forschungs- und Entwicklungsmittel des Bundes. Schriftenreihe der Gesellschaft zur Förderung der Forschung, Bd 1. Guthmann-Peterson, Wien.

Bönte, W., 2003. Does Federally Financed Business R&D Matter for US Productivity Growth? Applied Economics 35, 1619-1625.

Brealey, R. A. and S. C. Myers. 2000. Principles of Corporate Finance, sixth edition. McGraw-Hill.

Brennan, M. J. and L. Trigeorgis (eds.). 1999. Project Flexibility, Agency, and Competition: New Developments in the Theory and Application of Real Options. Oxford University Press.

Bundesministerium für Bildung und Forschung, 2000. Bundesbericht Forschung 2000 – BUFO 2000. BMBF Publik.

Bundesministerium für Bildung und Forschung, 2002. Faktenbericht Forschung 2002. BMBF Bericht, Referat Öffentlichkeitsarbeit.

Bundesministerium für Bildung, Wissenschaft und Kultur, 2002b. Österreichischer Forschungs- und Technologiebericht 2002. Lagebericht gem. § 8 FOG über die aus Bundesmitteln geförderte Forschung, Technologie und Innovation in Österreich. Wien.

Bundesministerium für Wirtschaft und Arbeit (Hrsg), 2001. Innovationsbericht 2001. Erstellt von Joanneum Research und WIFO.

Campbell, J. Y., A. W. Lo und A. C. MacKinlay. 1997. The Econometrics of Financial Markets. Princeton University Press.

Capron, H. und B. Pottelsberghe de la Potterie, 1998. Public Support to R&D Programmes. An Integrated Assessment Scheme. In: OECD (1998), Kapitel 4.

Clement, W., B. Klement und G. Turnheim, 2003. Theoretische Grundlagen, Organisation und Arbeitsweise von Fonds und Stiftungen zur Finanzierung von Forschung, Technologie und Innovation. OeNB-Jubiläumsfonds (unveröffentlicht).

Clement, W., G. Turnheim, H. Schneider, und W. Hanisch, 2002. Analyse des nationalen Innovationssystems, Szenario Kompetenzen der Forschungs- und Entwicklungsförderung. IWI und AMC.

Clement, W., W. Hanisch, B. Klement und G. Turnheim, 2004. Treffsicherheit und Wirksamkeit der Forschungs- und Innovationsförderung des Bundes aus der Sicht der Unternehmen - am Beispiel der Förderprogramme, die den Schwerpunkt der Sondermittelvergabe 2000-2003 betreffen. Im Auftrag des BMWA (in Vorbereitung, unveröffentlicht).

Coase, R., 1960. The Problem of Social Cost. Journal of Law and Economics 3, 1, 1-44.

Coez, D. T. und E. Helpman, 1995. International R&D Spillovers. European Economic Review 39, 859-887.

Cox, J., S. Ross and M. Rubinstein. 1979. Option Pricing: A Simplified Approach. Journal of Financial Economics 7, 3, 229-263.

Dachs, B., S. Diwisch, K. Kubeczkoz, K. Leitner, D. Schartinger, M. Weber, H. Gassler, W. Polt, A. Schibany und G. Streicher, 2003. Zukunftspotentiale der österreichischen Forschung. Studie im Auftrag des Rats für Forschung und Technologieentwicklung. ARC und Joanneum Research.

Dasgupta, P., P. Hammond und E. Maskin, 1979. The Implementation of Social Choice Rules: Some Results on Incentive Compatibility. Review of Economic Studies 46, 185-216.

Dasgupta, P., R. J. Gilbert und J. E. Stiglitz. 1982. Invention and Innovation Under Alternative Market Structures: The Case of Natural Resources. Review of Economic Studies 49, 4 (Oktober), 567-582.

David, P. A., B. H. Hall und A. A. Toole, 2000. Is Public R&D a Complement or Substitute for Private R&D? A Review of the Econometric Evidence. Research Policy 29, 497-529.

Der Standard, 2004a. Die neue Forschungs-GmbH. FFF, ASA, TIG und BIT werden zusammengelegt - FWF wird reformiert, bleibt aber selbstständig. http://www.derstandard.at/, 15.4.2004.

Der Standard, 2004b. Haus der Forschung (Grafik). http://www.derstandard.at/, 15.4.2004.

Dixit, A. K. und R. S. Pindyck, 1994. Investment under Uncertainty. Princeton University Press.

Dodgson, M. und R. Rothwell, 1994. The Handbook of Industrial Innovation. Edward Elgar.

Dosi, G., 1997. Opportunities, Incentives and the Collective Patterns of Technological Change. Economic Journal 107, 444 (September), 1530-1547.

Duffie, D., 1996. Dynamic Asset Pricing Theory. 3. Aufl. Princeton.

Edquist, C. (Hrsg), 1997. Systems of Innovation. Technologies, Institutions and Organizations. Science, Technology and the International Economy Series (Hrsg J. Mothe). Pinter, London.

Edquist, C., L. Hommen und M. McKelveyz, 2001. Innovation and Employment: Process versus Product Innovation. Edward Elgar, London.

Eichberger, J. and I. R. Harper. 1997. Financial Economics. Oxford University Press.

Eichberger, J. und I. R. Harper, 1997. Financial Economics. Oxford University Press.

Eliasson, G. und Å. Eliasson, 1996. The Biotechnological Competence Bloc. In: Revue d'Economie Industrielle, 78-40, Trimestre.

Ettliez, J. E., 1980. Manpower Flows and the Innovation Process. Management Science 26, 11 (November), 1086-1095.

Felderer, B., C. Haerpfer, C. Helmenstein und K. Ritzberger, 2001. Forschungsfinanzierung in Österreich. Kurzbericht, Research Communication. IHS.

Fellner, W., 1967. Measures of Technological Progress in the Light of Recent Growth Theories. American Economic Review 57, 5 (Dezember), 1073-1098.

Financial Times Deutschland, 2003. Innovation - Keine Experimente. Der neueste Bericht zur technologischen Leistungsfähigkeit Deutschlands ist alarmierend: Unternehmen streichen ihre Entwicklungsetats zusammen, der Staat vernachlässigt die Forschungsförderung. Die Hightech-Branche droht international den Anschluss zu verlieren. 26.2.2003, Hamburg.

Fölster, S., 1991. The Art of Encouraging Invention. A New Approach to Government Innovation Policy. Gotab, Stockholm.

Fudenberg, D. und J. Tirole, 1992. Game Theory. MIT Press.

Grabowski, H. G. und D. C. Mueller, 1978. Industrial Research and Development, Intangible Capital Stocks, and Firm Profit Rates. Bell Journal of Economics 9, 2 (Autumn), 328-343.

Green, R., 1984. Investment Incentives, Debt und Warrants. Journal of Financial Economics 13, 115-136.

Greene, W. H. 2000. Econometric Analysis, fourth international edition. Prentice Hall.

Griliches, Z., 1979. Issues in Assessing the Contribution of Research and Development to Productivity Growth. Bell Journal of Economics 10, 1 (Spring), 92-116.

Grinblatt, M. And S. Titman. 2001. Financial Markets and Corporate Strategy, second international edition. McGraw-Hill.

Grossman, S. J. und O. D. Hart, 1983. An Analysis of the Principal-Agent Problem. Econometrica 51, 7-45.

Grossmann, S. und J. Stiglitz, 1980. On the Impossibility of Informationally Efficient Markets. American Economic Review 70, 393-408.

Guellec, D. und B. van Pottelsberghe de la Potterie, 2001. R&D and Productivity Growth: Panel Data Analysis of 16 OECD Countries. OECD Economic Studies 33, II.

Gugler, K. und R. Siegbert, 2002. Market Power versus Efficiency Effects of Mergers and Research Joint Ventures: Evidence from the Semiconductor Industry. Working Paper Universität Wien, Harvard University.

Hall, B. H. und J. Mairesse, 1995. Exploring the Relationship between R&D and Productivity in French Manufacturing Firms. Journal of Economics 65, 263-293.

Huisman, K. J. M., 2001. Technology Investment: A Game Theoretic Real Options Approach. Kluwer.

Hutschenreiter, G. und K. Aiginger, 2001. Steuerliche Anreize für Forschung und Entwicklung. Internationaler Vergleich und Reformvorschläge für Österreich. Studie des WIFO im Auftrag des RFT.

Hutschenreiter, G., W. Polt und H. Gassler, 2001. Möglichkeiten zur Erhöhung der österreichischen Forschungsquote – Abschätzung der Effekte öffentlicher auf private F&E-Ausgaben. WIFO und Joanneum Research.

Jensen, M. und W. Meckling, 1976. Theory of the Firm: Managerial Behavior, Agency Costs and Ownership Structure. Journal of Financial Economics 3, 305-360.

Jörg, L. und R. Falk, 2004. Evaluation of the Austrian Industrial Research Promotion Fund (FFF) and the Austrian Science Fund (FWF). Background report 3.1.2. FFF: Internal Functioning and Customer Satisfaction. Technopolis, WIFO.

Klement, B., 2002. Annuity Markets: Effects of Non-Exclusive Contracts on Adverse Selection. Master's dissertation, London School of Economics. Unveröffentlicht.

Klement, B., 2003. Real Options: Scope and Limitations of Financial Options Approaches. Diplomarbeit, Wirtschaftsuniversität Wien. Unveröffentlicht.

Klement, B., 2004a. Theoretische Aspekte der F&E-Förderung. In: Clement et al (2004), Kapitel 3.

Klement, B., 2004b. Ökonometrische Auswertung. In: Clement et al (2004), Kapitel 5.

Klement, B., 2005. Zur Wirksamkeit von F&E-Förderinstrumenten. Working Group on Industrial Economics/AGI Working Paper No. 2 (2005), Wien.

Klette, T. J., J. Møen und Z. Griliches, 2000. Do Subsidies to Commercial R&D Reduce Market Failures? Microeconometric Evaluation Studies. Research Policy 29, 471-495.

Klodt, H., 1995. Grundlagen der Forschungs- und Technologiepolitik. WiSo-Kurzlehrbücher, Reihe Volkswirtschaft. Vahlen, München.

Kommission der Europäischen Gemeinschaften (Hrsg) und Eurostat, 2000. Towards a European Research Area. Key Figures 2000. Science, Technology and Innovation.

Kommission der Europäischen Gemeinschaften, 1999. Tätigkeiten der Europäischen Union im Bereich der Forschung und technologischen Entwicklung. Jahresbericht 1999. Vorlage der Kommission, 16.06.1999, KOM(99) 284.

Kommission der Europäischen Gemeinschaften, 2001. European Trend Chart on Innovation. Synthesis Report 2001.

Kommission der Europäischen Gemeinschaften, 2002. Benchmarking National RTD Policies: First Result. Commission Staff Working Paper. SEC (2002) 129.

Kommission der Europäischen Gemeinschaften, 2003a. In die Forschung investieren: Aktionsplan für Europa. Mitteilung vom 30.4.2003, KOM(2003) 226 endgültig.

Kommission der Europäischen Gemeinschaften, 2003b. Third European Report on Science & Technology Indicators 2003. Community Research: Studies.

Kommission der Europäischen Gemeinschaften, 2003c. Raising EU R&D Intensity. Improving the Effectiveness of the Mix of Public Support Mechanisms for Private Sector Research and Development. Luxemburg.

Laffont, J.-J. und J. Tirole, 1993. A Theory of Incentives in Procurement and Regulation. MIT Press.

Leland, H. and D. Pyle. 1977. Informational Asymmetries, Financial Structure and Financial Intermediation. Journal of Finance 32, 371-387.

Leo, H., G. Schwarz, M. Geider, S. Pohn-Weidinger und W. Polt, 2002. Die direkte Technologieförderung des Bundes. WIFO und Joanneum Research.

Lundvall, B.-Å. (Hrsg), 1992, National Systems of Innovation. Towards a Theory of Innovation and Interactive Learning. Pinter, London.

Mansfield, E., J. Rapoport, A. Romeo, S. Wagner und G. Beardsley, 1977. Social and Private Rates of Return from Industrial Innovations. Quarterly Journal of Economics 91, 2 (May), 221-240.

Martin, S. und J. T. Scott, 2000. The Nature of Innovation Market Failure and the Design of Public Support for Private Innovation. Research Policy 29, 437-447.

Martinsen, R. und G. Simonis (Hrsg), 1995. Paradigmenwechsel in der Technologiepolitik?, Opladen.

Mas-Colell, A., M. D. Whinston und J. R. Green, 1995. Microecnomic Theory. Oxford University Press.

Merton, R. C. 1973. Theory of Rational Option Pricing. Bell Journal of Economics and Management Science 4, 1, 141-183.

Metcalfe, J. S., 1994. Evolutionary Economics and Technology Policy. Economic Journal 104, 425 (Juli), 931-944.

Ministerrat der österreichischen Bundesregierung, 2000. Erklärung der Bundesregierung zu aktuellen Fragen der Forschungs- und Technologiepolitik. Ministerratsbeschluss 11.7.2000.

Modigliani, F. and M. H. Miller. 1958. The Cost of Capital, Corporation Finance, and the Theory of Investment. American Economic Review 48 (June), 261-297.

Myers, S. and N. Majluf. 1984. Corporate Financing and Investment Decisions when Firms Have Information Investors Do Not Have. Journal of Financial Economics 13, 187-221.

Nelson, R. R. (Hrsg.), 1993. National Systems of Innovation: A Comparative Study. Oxford University Press.

Nelson, R. und S. Winter, 1982. An Evolutionary Theory of Economic Change. Harvard University Press.

OECD und Bundesministerium für Bildung und Forschung, 2000c. Benchmarking Industry-Science Relationships. Proceedings of the Joint German – OECD Conference Berlin, 16.-17.10.2000.

OECD, 1994. Frascati Manual. 5. Aufl, Paris.

OECD, 1996. Regulatory Reform and Innovation. Paris.

OECD, 1997a. National Innovation Systems. Paris.

OECD, 1997b. Government Venture Capital for Technology-Based Firms.

OECD, 1997c. Diffusing Technology to Industry: Government Policies and Programmes. Paris.

OECD, 1998. Policy Evaluation in Innovation and Technology: Towards Best Practices. Paris.

OECD, 1999. Managing National Innovation Systems. Paris.

OECD, 2000a. Science, Technology and Industry Outlook 2000. Paris.

OECD, 2000b. Science, Technology and Industry Outlook 2000. Highlights. Paris.

OECD, 2001a. Public Funding of R&D: Emerging Policy Issues. DSTI/STP 2001/2, Paris.

OECD, 2001b. Innovative People. Mobility of Skilled Personnel in National Innovation Systems. OECD Proceedings.

OECD, 2002a. Science, Technology and Industry Outlook 2002. Paris.

OECD, 2002b. Benchmarking Industry-Science Relationships. Paris.

OECD, 2002c. Dynamising NIS. Paris.

OECD, 2003. Entrepreneurship and Local Economic Development. Programme and Policy Recommendations. Paris.

OECD, Kommission der Europäischen Gemeinschaften und Eurostat, 1996. Proposed Guidelines for Collecting and Interpreting Technological Innovation Data. Oslo Manual.

Österreichische Bundesregierung, 2001. Regierungsprogramm der Österreichischen Bundesregierung für die XXI. Gesetzgebungsperiode. Wien.

Österreichische Bundesregierung, 2003a. Österreichischer Forschungs- und Technologiebericht 2003. Bericht der Bundesregierung an den Nationalrat gem. § 8 (2) FOG über die Lage und Bedürfnisse von Forschung, Technologie und Innovation in Österreich, Mai 2003.

Österreichische Bundesregierung, 2003b. Regierungsprogramm der Österreichischen Bundesregierung für die XXII. Gesetzgebungsperiode. Wien

Papaconstantinou, G. und W. Polt, 1998. Policy Evaluation in Innovation and Technology: An Overview. In: OECD (1998), Kapitel 1.

Partha, D. and J. Stiglitz. 1980. Uncertainty, Industrial Structure, and the Speed of R&D. Bell Journal of Economics 11, 1 (Spring), 1-28.

Penner-Hahn, J. D., 1998. Firm and Environmental Influences on the Mode and Sequence of Foreign Research and Development Activities. Strategic Management Journal 19, 2 (Februar), 149-168.

Polt, W., C. Rammer, D. Schartinger, H. Gassler und A. Schibany, 2001. Benchmarking Industry-Science Relations in Europe – the Role of Framework Conditions. Conference Paper.

Porter, M., 1990. The Competitive Advantage of Nations. Free Press.

Porter, M., 1990. The Competitive Advantage of Nations. Free Press.

Rat für Forschung- und Technologieentwicklung, 2001. Forschungsstrategie Austria. „2,5% + plus". Wohlstand durch Forschung und Innovation.

Rat für Forschung und Technologieentwicklung, 2001. Vision 2005. Durch Innovation zu den Besten.

Rat für Forschung- und Technologieentwicklung, 2002. Nationaler Forschungs- und Innovationsplan. Wien.

Rat für Forschung und Technologieentwicklung, 2003. Empfehlung 2003 zum Offensivprogramm 2, 11. August 2003.

Rechnungshof, 2003. Wahrnehmungsbericht des Rechnungshofes. Teilgebiete der Gebarung des Bundes. Zl 860.019/002-E1/03, Reihe Bund 2003/2. Wien.

Rogerson, W., 1985. Repeated Moral Hazard. Econometrica 53, 69-76.

Romer, P. M. und Z. Griliches, 1993. Implementing a National Technology Strategy with Self-Organizing Industry Investment Boards.

Romer, P., 1986. Increasing Returns and Long-Run Growth. Journal of Political Economy 94 (5), 1002-1037.

Ross, S. A. 1977. The Determinants of Financial Structure: The Incentive Signaling Approach. Bell Journal of Economics 8, 23-40.

Rothschild, M. und J. Stiglitz, 1976. Equilibrium in Competitive Insurance Markets: An Essay on the Economics of Imperfect Information. Quarterly Journal of Economics 90 (November), 629-649.

Sah, R. K. und J. E. Stiglitz, 1987. The Invariance of Market Innovation to the Number of Firms. RAND Journal of Economics 18, 1 (Frühling), 98-108.

Salter, A. J. und B. R. Martin, 2001. The Economic Benefits of Publicly Funded Basic Research: A Critical Review. Research Policy 30, 509-532.

Schibany, A., G. Streicher, N. Gretzmacher, M. Falk, R. Falk, N. Knoll, G. Schwarz und M. Wörter, 2004. Evaluation FFF. Impact Analysis. Background Report 3.2. Joanneum Research, WIFO, KOF.

Schülein J. A. und S. Reitze, 2002. Wissenschaftstheorie für Einsteiger. WUV Universitätsverlag.

Schumpeter, J., 1934. The Theory of Economic Development. Harvard University Press.

Shapiro, C. und H. R. Varian, 1998. Information Rules. A Strategic Guide to the Network Economy. Harvard Business School Press.

Shapiro, C., 2002. Competition Policy and Innovation. STI Working Papers 2002/11, OECD.

Simonis, G., 1995. Ausdifferenzierung der Technologiepolitik – vom hierarchischen zum interaktiven Staat. In: Martinsen und Simonis (1995).

Solow, R. M., 2000. Growth Theory: an Exposition. The Redcliffe Lectures, delivered in the University of Warwick, 1969; Nobel Prize lecture, 1987; The Siena Lectures, delivered in the University of Siena, 1992. 2. Aufl. Oxford University Press.

Spence, A. M., 1973. Job Market Signaling. Quarterly Journal of Economics 87, 355-374.

Statistik Austria, 2002. Schnellbericht Innovation in österreichischen Unternehmen 1998–2000. Wien.

Statistik Austria, 2003a. Statistisches Jahrbuch Österreichs 2003. Wien.

Stifterverband für die deutsche Wissenschaft, 2003. FuE Info. Nr 1/2003.

Stoneman, P., 1995. Handbook of the Economics of Innovation and Technical Change. Edward Elgar.

Sutton, J., 1998. Technology and Market Structure. Theory and History. MIT Press.

Symeonidis, G., 1996. Innovation, Firm Size and Markte Structure: Schumpeterian Hypotheses and Some New Themes. OECD Economics Department Working Paper 161.

Tirole, J., 1988. The Theory of Industrial Organization. MIT Press.

Trigeorgis, L. 1996. Real Options: Managerial Flexibility and Strategy in Resource Allocation. MIT Press.

Turnheim, G. (Koordinator), 2002. Endbericht: Basiskonzept zur Umsetzung des Zieles „Wachstumsschub in der angewandten Forschung u. Entwicklung durch Stärkung der außeruniversitären Forschung und Entwicklung". Im Auftrag des RFT und BMVIT.

Valdés, B., 1999. Economic Growth. Theory, Empirics and Policy. Edward Elgar.

Forschungsergebnisse der Wirtschaftsuniversität Wien

Herausgeber: Wirtschaftsuniversität Wien –
vertreten durch a.o. Univ. Prof. Dr. Barbara Sporn

Band 1 Stefan Felder: Frequenzallokation in der Telekommunikation. Ökonomische Analyse der Vergabe von Frequenzen unter besonderer Berücksichtigung der UMTS-Auktionen. 2004.

Band 2 Thomas Haller: Marketing im liberalisierten Strommarkt. Kommunikation und Produktplanung im Privatkundenmarkt. 2005.

Band 3 Alexander Stremitzer: Agency Theory: Methodology, Analysis. A Structured Approach to Writing Contracts. 2005.

Band 4 Günther Sedlacek: Analyse der Studiendauer und des Studienabbruch-Risikos. Unter Verwendung der statistischen Methoden der Ereignisanalyse. 2004.

Band 5 Monika Knassmüller: Unternehmensleitbilder im Vergleich. Sinn- und Bedeutungsrahmen deutschsprachiger Unternehmensleitbilder – Versuch einer empirischen (Re-)Konstruktion. 2005.

Band 6 Matthias Fink: Erfolgsfaktor Selbstverpflichtung bei vertrauensbasierten Kooperationen. Mit einem empirischen Befund. 2005.

Band 7 Michael Gerhard Kraft: Ökonomie zwischen Wissenschaft und Ethik. Eine dogmenhistorische Untersuchung von Léon M.E. Walras bis Milton Friedman. 2005.

Band 8 Ingrid Zechmeister: Mental Health Care Financing in the Process of Change. Challenges and Approaches for Austria. 2005.

Band 9 Sarah Meisenberger: Strukturierte Organisationen und Wissen. 2005.

Band 10 Anne-Katrin Neyer: Multinational teams in the European Commission and the European Parliament. 2005.

Band 11 Birgit Trukeschitz: Im Dienst Sozialer Dienste. Ökonomische Analyse der Beschäftigung in sozialen Dienstleistungseinrichtungen des Nonprofit Sektors. 2006

Band 12 Marcus Kölling: Interkulturelles Wissensmanagement. Deutschland Ost und West. 2006.

Band 13 Ulrich Berger: The Economics of Two-way Interconnection. 2006.

Band 14 Susanne Guth: Interoperability of DRM Systems. Exchanging and Processing XML-based Rights Expressions. 2006.

Band 15 Bernhard Klement: Ökonomische Kriterien und Anreizmechanismen für eine effiziente Förderung von industrieller Forschung und Innovation. Mit einer empirischen Quantifizierung der Hebeleffekte von F&E-Förderinstrumenten in Österreich. 2006.

www.peterlang.de